Schnellstahl und Schnellbetrieb

im

Werkzeugmaschinenbau.

Von

Fr. W. Hülle,

Ingenieur, Oberlehrer an der Königlichen Höheren Maschinenbauschule in Stettin.

Mit 256 Textfiguren.

Springer-Verlag Berlin Heidelberg GmbH

1909.

Sonderabdruck aus

WERKSTATTSTECHNIK

Zeitschrift für Anlage und Betrieb von Fabriken und für Herstellungsverfahren.

ISBN 978-3-642-50472-3 ISBN 978-3-642-50781-6 (eBook)
DOI 10.1007/978-3-642-50781-6

Herausgegeben von

Dr.-Ing. G. SCHLESINGER

Professor an der Technischen Hochschule zu Berlin.

URSPRÜNGLICH ERSCHIENEN BEI VERLAG VON JULIUS SPRINGER IN BERLIN 1909
Softcover reprint of the hardcover 1st edition 1909

Vorwort.

Der leitende Gedanke der vorliegenden Arbeit war, den Einfluß der Schnellstähle auf die Bauart unserer Werkzeugmaschinen zu untersuchen. Der große Erfolg dieser Stähle ist in den Leistungen der modernen Werkzeugmaschinen verkörpert, die eine erfreuliche Entwickelung bekunden.

In unserer wetteifernden Industrie müssen heute zum Gelingen eines Unternehmens alle Faktoren zusammenwirken. Jeder Ingenieur muß daher alle Neuerungen und Fortschritte studieren, durch die er die Konkurrenzfähigkeit seines Betriebes heben kann. Das dankbarste Arbeitsfeld bietet ihm hier die Fabrikation, deren erster Grundsatz sein soll: „gut und billig". Um dieses Ziel zu erreichen, ist ein eingehendes Studium der modernen Werkzeugmaschinen erforderlich.

Ruhige Geschäftszeiten pflegen weitschauende Firmen für Verbesserungen der Konstruktion ihrer Maschinen zu benutzen, um bei flottem Geschäft mit neuen und verbesserten Maschinen auf dem Markt erscheinen zu können.

Durch das zahlreiche Material dieser Arbeit hoffe ich meinen Fachgenossen nach beiden Richtungen Rat und Anregung geben zu können.

Stettin, Juni 1909. **Fr. W. Hülle.**

Inhalts - Verzeichnis.

I.

Der Schnellbetrieb und die Entwicklung der Schnellstähle.

Wohl kaum hat ein zweiter Faktor auf die Entwicklung der Metallbearbeitung einen so gewaltigen Einfluß ausgeübt, als die sozialen Verhältnisse und Kämpfe im gewerblichen Leben. Mit den höheren Ansprüchen an die Lebensbedürfnisse des einzelnen stiegen die Löhne. Die Sozialpolitik schuf Gesetze und Einrichtungen, die für die Volkswohlfahrt immer größere Aufwendungen erheischten. Hierzu traten die ständigen Lohnkämpfe und der erbitterte Wettbewerb im Handel und Gewerbe selbst. Diese einzelnen Tatsachen forderten, um die Erzeugnisse der Industrie auf dem Weltmarkt konkurrenzfähig zu halten, eine rationelle Ausnutzung der Arbeitskräfte. Den einzelnen Betrieben wurde gewissermaßen zur Lebensbedingung, immer mehr menschliche Arbeit der leistungsfähigeren Maschine zuzuweisen und dem Arbeiter selbst eine mehr „bedienende Stellung“ einzuräumen. Durch diese wirtschaftlichen Kämpfe erschloß sich dem Ingenieur ein großes Arbeitsfeld zur Entfaltung seiner schöpferischen Kraft. Galt es doch, durch weitere Vervollkommnung der Werkzeuge und Werkzeugmaschinen die einzelnen Arbeitsverfahren auszubauen, sie in ihrer Leistung und der Güte ihrer Arbeit zu verbessern und so der Einführung des Schnellbetriebes die Wege zu bahnen.

Interessant dürfte an dieser Stelle ein Rückblick auf die Anfänge der mechanischen Metallbearbeitung sein. Bei den niedrigen Arbeitslöhnen früherer Zeiten galt in der Metallbearbeitung allgemein der Grundsatz: die Arbeitsstücke soweit als möglich von Hand fertig zu stellen und die Werkzeugmaschinen als Zierstücke der Werkstätte nach Möglichkeit zu schonen. Schon beim Gießen und Schmieden zielte man auf möglichst genaue Abmessungen hin. Die Übergänge zwischen den einzelnen Querschnitten bearbeitete man von Hand, während sich die mechanische Bearbeitung meist nur auf die Paß- und Gleitflächen erstreckte. Die Handarbeit spielte daher eine viel größere Rolle als heute. Die Werkzeugmaschinen jener Zeit leisteten daher nur wenig. Sie arbeiteten nicht nur mit kleinen Schnittgeschwindigkeiten, sondern auch mit leichten Schnitten. Noch in den 60er Jahren galt eine Drehbank, die in der Stunde etwa 5 kg Späne lieferte, als außergewöhnlich stark.

Das rasche Steigen der Arbeitslöhne im Verein mit der stets schärfer werdenden Konkurrenz zwang bald zu einer wirtschaftlicheren Ausnutzung der Arbeitskräfte. So kam der Anstoß, die Handarbeit mehr und mehr durch Maschinenarbeit zu ersetzen. Die volle Durchführung dieses Gedankens scheiterte jedoch an der Unzulänglichkeit der damaligen Werkzeuge. Bei der ungleichmäßigen Beschaffenheit der bis dahin bekannten Baustoffe, Roheisen und Schweißeisen, vermochten die selbst noch unvollkommenen Werkzeuge stärkeren Schnitten und größeren Schnittgeschwindigkeiten nicht standzuhalten.

Einen entscheidenden Einfluß auf das Vordringen der Maschinenarbeit hatten erst die Erfindungen Bessemers und Thomas (1860). Das durch das Bessemer- und Thomas-Verfahren gewonnene Flußeisen zeigt nämlich durch sein gleichmäßigeres Gefüge für die Bearbeitung mittels Schneidwerkzeuge bessere Eigenschaften als das spröde Gußeisen und das sehnige, schlackendurchsetzte Schweißeisen. Das ungleichmäßige Gefüge der Schweißeisensorten ließ bei schweren Schnitten keine größeren Schnittgeschwindigkeiten zu, ohne die Schneiden des Arbeitsstahles zu gefährden. Beim Gußeisen wirkten die Sprödigkeit und die harte Gußhaut hemmend. So verlangt auch die heutige Werkstattpraxis, um ein Ausbrechen der Schneiden zu vermeiden, bei dem Bearbeiten des spröden und harten Gußeisens kleinere Schnittgeschwindigkeiten als beim homogenen Flußeisen.

Auch für die Werkzeugtechnik war mit dem Auftauchen des Flußstahles ein großer Fortschritt verknüpft. In seiner Eigenschaft als Werkzeugstahl gestattet er unter Zuhilfenahme härtesteigernder Zusätze, wie Mangan, Chrom, Wolfram, Werkzeuge mit ziemlich hoher Schneidhaltigkeit zu erzeugen, die noch in unserer heutigen Metallbearbeitung eine große Rolle spielen.

Seitdem also unsere Hüttenwerke Flußeisen erzeugen, fing man an, um Arbeitslöhne zu sparen, weniger genau zu schmieden und zu gießen, baute dafür aber schwerere Werkzeugmaschinen, die bei größeren Schnittgeschwindigkeiten stärkere Schnitte nahmen. Hiermit war schon ein gewisser Schritt in der Verwirklichung des Schnellbetriebes getan.

Eine Grenze für die Schnittgeschwindigkeit und zugleich für die Stärke des Schnittes ergab sich durch die übermäßige Erhitzung der Werkzeuge, die sich schon bei 150° C in der Schneidhaltigkeit unangenehm bemerkbar machte. Wollte man die Schnittdauer genügend ausnutzen, so ließ selbst der beste Werkzeugstahl nur mäßige Schnittgeschwindigkeiten und Späne zu. Die nächste Verbesserung mußte sich daher, um den Schnellbetrieb auszubauen, auf die Werkzeuge erstrecken. Einen wesentlichen Vorsprung brachten hier die sogenannten Selbsthärter. Diese Werkzeugsstähle traten zuerst in England auf, und zwar unter dem Namen ihres Erfinders Mushet als Mushetstahl. Der Mushetstahl ist selbsthärtend, weil er, bei dunkler Rotglut bearbeitet und dann in Luft abgekühlt, außergewöhnlich hart wird. Er verhält sich also umgekehrt wie der gewöhnliche Werkzeugstahl. Diese Eigenart ist auf den höheren Gehalt an Mangan (Mn), Chrom (Cr), Wolfram (W) und Silizium (Si) zurückzuführen, und zwar ist hier Mangan der eigentliche Träger des Selbsthärtens. Die Analyse dieses Mushetstahles ist:

1,8 C*), 1,7 Mn, 0,9 Si, 10,5 W, 0,015 P*), 0,007 S*), 0,008 Cu*).

Der Mushetstahl war in seiner Leistung den bisher bekannten Stählen bei weitem überlegen. Man kann ihn mit Recht als den Vorboten aller neueren Schnellstähle ansehen. Die Herstellung eines guten Mushetstahls ist jedoch sehr schwer, weil sie von vielen Äußerlichkeiten abhängt. Dies wirkte auf die allgemeine Einführung sehr hemmend, obwohl sich die Stähle sehr gut bewährten. Das Bestreben nach Verbesserungen brachte bald in dem Sandersonstahl einen Konkurrenten.

Der Sandersonstahl ist in seiner Zusammensetzung dem Mushetstahl sehr ähnlich, aber leichter herzustellen. Seine leichtere Herstellung erklärt sich durch den geringeren Gehalt an härtesteigernden Begleitstoffen. Soll jedoch dieser Stahl die gleiche oder gar eine höhere Härte als der Mushetstahl erlangen, so muß er aus einer wesentlich höheren Temperatur allmählich erkalten. In dieser hohen Hitze liegt die Kennzeichnung des Sandersonstahles.

*) C = Kohlenstoff, P = Phosphor, S = Schwefel, Cu = Kupfer.

In Deutschland und Österreich waren es die naturharten Chromstähle der Bismarck- bezw. Poldihütte, welche in ihrer Eigenschaft als Schnellstähle den Schnellbetrieb anbahnten. Der Bismarckstahl zeigt einen wenig höheren Gehalt an Kohlenstoff, Mangan und Silizium als der Mushet-Stahl, und anstelle von Wolfram besitzt er größtenteils Chrom. Sein größter Härtegrad wird erzielt, wenn er aus der höchsten zulässigen Hitze allmählich erkaltet.

Einen durchschlagenden Erfolg für den Schnellbetrieb in der Metallbearbeitung brachten in Amerika die Erfindungen Taylors und Whites, Direktoren der Betlehem-Stahlwerke in Pennsylvanien. Auf der Pariser Weltausstellung (1900) wurden in Europa zuerst die erstaunlichen Leistungen des Taylor-White-Stahles vorgeführt. Dieser Schnellstahl hat im Verein mit ähnlichen Stahlmarken eine ganze Umwälzung in der neuzeitlichen Metallbearbeitung hervorgebracht.

Der Taylor-White-Stahl soll zum Unterschied von den bis dahin bekannten Selbsthärtern einen möglichst geringen Gehalt an Mangan und Silizium besitzen, hingegen als Charakteristik einen hohen Gehalt an Chrom und Wolfram. Die Behandlung dieses Chrom-Wolfram-Stahles schreibt vor, ihn bis über 900° C zu erhitzen, dann rasch abzukühlen, hierauf bis etwa Braunglut wieder zu erwärmen und schließlich langsam erkalten zu lassen. Die Grundlage dieses Härteverfahrens bildet jedoch ein hochlegierter Chrom-Wolfram-Stahl, der arm an Mangan und Silizium ist.

Die späteren Schnellstähle zeigen in ihrer Zusammensetzung keine wesentlichen Unterschiede. Bei allen neueren Marken ist jedoch das Bestreben zu erkennen, durch einen größeren Wolframgehalt die Härte und Schneidhaltigkeit zu erhöhen. Die Erfahrung hat aber gelehrt, daß zu viel Wolfram die Herstellung der Stähle sehr erschwert. Man darf wohl annehmen, daß 25 % die Grenze bilden.

Über die Zusammensetzung einiger Schnellstähle möge die nebenstehende Tabelle von O. Thallner Auskunft geben.

Das Härten der meisten Schnellstähle erfolgt durch langsames Erkalten an der Luft oder durch rasches Abkühlen in einem Luftstrom oder schließlich nach einem ähnlichen Geheimverfahren wie bei dem Taylor-White-Stahl. Die Erklärung für das Selbsthärten der Schnellstähle ist in dem Verhalten des Kohlenstoffes in Gegenwart eines hohen Chrom-Wolfram-Gehaltes zu suchen. Erhitzt man nämlich gewöhnlichen Stahl auf etwa 800°—900° C, so ist aller Kohlenstoff als Härtungskohle vertreten. Bei etwa 700° C. scheidet sich bei langsamem Erkalten eine Eisenverbindung — Eisenkarbid — aus, die den Stahl weich macht. Will man demnach bei gewöhnlichem Stahl Glashärte erzielen, so muß er abgeschreckt, also künstlich gehärtet werden, damit aller Kohlenstoff als Härtungskohle zurückbleibt und sich nicht in Eisenkarbid umwandelt. Bei hohem Chrom- und Wolframgehalt liegt jedoch die Umwandlungstemperatur des Kohlenstoffs nicht bei 700°, sondern viel tiefer. Sie sinkt sogar bis unter die Lufttemperatur, sobald die Anfangshitze des Stahles genügend hoch war. Wird nämlich naturharter Stahl auf etwa 900°—1000° erhitzt, so tritt die Umwandlung des Kohlenstoffs erst unterhalb der Lufttemperatur ein. Derartiger Stahl braucht daher nicht abgeschreckt zu werden, da sich weder bei allmählichem Erkalten an der Luft noch bei rascherem Erkalten in einem Luftstrom Eisenkarbid ausscheidet. Sie sind also auch gegen Hitzen bis etwa 700° ziemlich unempfindlich.

Maschine ziemlich konstant, während ein Hauptnachteil der gewöhnlichen Werkzeuge bei dem leichten Stumpfwerden ihrer Schneiden in dem außergewöhnlichen Ansteigen des Arbeitsbedarfs der Maschine zu suchen ist. Diese Arbeitsvergeudung fällt also bei Schnellstählen fort. Die oben erwähnten Zeitverluste, die durch das Auswechseln, Härten und Nachschärfen der gewöhnlichen Werkzeuge eintreten, werden geringer und ebenso die hierdurch entstehenden Kosten. Die Folge dieser Schnellstähle waren die bereits erwähnten Umwälzungen in der Metallbearbeitung.

Die wichtigste Frage für die Werkstattpraxis ist jedoch, die bekannten Vorzüge der Schnellstähle in wirtschaftlicher Weise auszu-

Marke	Prozente					Bemerkung
	C	Mn	Si	Cr	W	
Bedel & Cie.	0,9	0,47	0,2	8,1	22,8	C = Kohlenstoff
Österreichischer Phönixstahl .	0,67	0,14	0,15	3,7	20,7	Mn = Mangan
Englischer Novostahl	0,76	0,42	0,33	2,95	18,85	Si = Silizium
Österreichischer Rapidstahl. .	0,93	0,23	0,24	7,19	24,5	Cr = Chrom
Universalstahl	0,6	0,14	0,42	6,5	23,5	W = Wolfram
Armstrong, Witworth & Cie.	0,78	0,49	0,44	3,4	12,44	
Deutscher Stahl	0,60	0,24	0,23	3,7	30,20	
Kejsarstahl	0,87	0,27	0,11	1,22	18,77	

Der Hauptvorzug der Schnellstähle für die Metallbearbeitung liegt nun in der hohen Arbeitshitze (bis zur dunklen Rotglut), die sie vertragen, ohne weich zu werden. Der beste unserer gewöhnlichen Werkzeugstähle hält bekanntlich Hitzen von höchstens 250°—300° C stand. Ja, sogar bei 150° C macht sich schon bei dauernder Erwärmung ein Abnehmen in der Härte des Stahles unangenehm bemerkbar. Die Erhitzung der neueren Stähle kann hingegen auf 600°—700° C gesteigert werden, ohne daß sich eine Abnutzung der Schneiden bemerkbar macht. Infolge dieser größeren Schneidhaltigkeit eignen sich die Schnellstähle nicht nur für starke Schruppspäne und höhere Schnittgeschwindigkeiten, sondern sie zeichnen sich auch durch eine große Schnittdauer aus. In diesen drei Punkten liegen die unverkennbaren Vorzüge der Schnellstähle. Durch die größere Schnittgeschwindigkeit und schweren Schnitte erzielen wir in erster Linie eine wesentlich größere Leistung als Grundbedingung für den Schnellbetrieb. Die große Schnittdauer vermindert das sonst häufige Auswechseln der Drehstähle und die hiermit verbundene Unterbrechung der Arbeit. Außerdem hält die große Schneidhaltigkeit den Arbeitsbedarf der

nutzen. Viele Schwierigkeiten und Anfeindungen waren hierbei zu überwinden. Einmal verstand man anfangs nicht, die Stähle sachgemäß zu behandeln, und zum andern genügten die vorhandenen Werkzeugmaschinen nicht, die vollen Leistungen zu erzielen. Eine längere Versuchsreihe vermochte erst über die näheren Arbeitsbedingungen der Schnellstähle Aufschluß zu geben. Soweit unsere heutigen Erfahrungen reichen, gibt es zwei Wege für die wirtschaftliche Ausnutzung der Schnellstähle:

1. Den Stahl zum Schruppen schwerer Flußeisen-, Flußstahl-, Stahlguß- und Gußstücke zu benutzen unter Anwendung schwerer Schnitte bei mäßig hohen Schnittgeschwindigkeiten. Bei dieser Verwendungsart kommt außer der großen zulässigen Arbeitswärme die Widerstandsfähigkeit der Schnellstähle gegenüber dem außerordentlich starken Schnittdruck in Frage. Die starken Schruppspäne werden hierbei nicht mehr geschnitten sondern förmlich vom Werkstück abgerissen. Nicholson ließ bei seinen Versuchen Schnellstahl auf weichen Stahl arbeiten und erzielte dabei die erstaunliche Leistung von 232 kg Späne pro Stunde bei 130 mm Schnittgeschwindigkeit. Der Schnittdruck betrug bei 68,6 qmm Span-

querschnitt etwa 14000 kg, ein deutliches Zeichen für die Inanspruchnahme von Werkzeug und Maschine. Diese Zahlen stellen nicht einmal die Höchstgrenze der Leistungsfähigkeit unserer heutigen Schnellstähle dar. Die bei starken Schnitten freiwerdenden Wärmemengen können durch die starken Späne und Stichel genügend abfließen, sodaß eine Überhitzung und ein Weichwerden des Stahles nicht zu befürchten ist. In der Eigenschaft als Schruppstahl kommt der Schnellstahl namentlich den Hüttenwerken zu gute zur Bearbeitung schwerer Schmiede- und Gußstücke. Die Umwandlung, die sich auf Grund dieser Erkenntnis in der Metallbearbeitung vollzogen hat, ist, daß in den meisten Werkstätten unserer Eisen- und Stahlindustrie nur noch roh geschmiedet und gegossen wird und die rohen Arbeitsstücke mit Schnellstählen weiter bearbeitet werden. Dieses Verfahren ist wesentlich billiger als das genaue Schmieden. Auf den Hüttenwerken geht man neuerdings sogar soweit, daß man für den Versand die rohen Schmiedestücke, um Fracht zu sparen, vorschruppt.

Seit unsere Maschinenindustrie aus Gründen der höheren Festigkeit immer mehr Stahlguß- und Schmiedestahlteile verwendet, sind die Schnellstähle auch für die Maschinenbauwerkstätten nicht zuletzt von großer Bedeutung. Selbst bei Gußeisen ist der Schnellstahl von höchster Wichtigkeit, um einen Betrieb lebensfähig zu halten, wenn auch hier die Schnittgeschwindigkeit infolge der Ungleichartigkeit in der Zusammensetzung des Gußeisens nicht die hohen Werte erreicht wie beim Stahl. Auch die Massenfabrikation macht von obigen Fortschritten Gebrauch, indem sie aus dem rohen Walzeisen fertige, profilierte Gegenstände dreht unter Vermeidung jeder Schmiedearbeit.

2. Die Schnittdauer und Schnittgeschwindigkeit des Stahles in ausgiebiger Weise auszunutzen. Dieser Weg läßt nur mäßige bezw. leichte Schnitte zu, dafür aber umso höhere Schnittgeschwindigkeiten. Eine Grenze bieten hier die sich entwickelnden Wärmemengen, die bei den dünnen Spänen und schwächeren Sticheln einen genügenden Abfluß haben müssen. Als Schlichtstahl war der Schnellstahl den größten Anfeindungen ausgesetzt, weil die bei den höheren Schnittgeschwindigkeiten bearbeiteten Flächen zu rauh waren und weitergehenden Ansprüchen nicht genügten. Als Grenze für seine Belastung bietet der Schnellstahl in beiden Fällen ein bequemes Kennzeichen. Beim Abschälen laufen nämlich die Späne durch die große Erhitzung blau an, ohne daß sich der Arbeitsstahl merkbar abnutzt. Der Grund hierfür liegt in der starken Wärmeentwicklung, indem sich ein großer Prozentsatz der zugeführten mechanischen Arbeit bei der hohen Schnittgeschwindigkeit in Wärme umsetzt. Diese Wärmemengen müssen abgeleitet werden, was bei der hohen zulässigen Temperatur des Stahles meist ohne künstliche Kühlungsmittel erfolgen kann. Die Folge ist, daß die ganze Wärme infolge des vorherrschenden großen Temperaturunterschiedes in die herabfallenden Späne, das Werkstück und den Stahl übergeht und durch dessen Oberflächen an die Luft ausstrahlt. Hierzu sei jedoch bemerkt, daß sich beim Schlichten die höhere Schnittgeschwindigkeit in der Erhitzung der arbeitenden Teile weit mehr fühlbar macht als der größte Schnittwiderstand beim Schruppen. Der Grund liegt wohl in den kleineren Ausstrahlungsflächen des schwächeren Spanes, der kleineren Schneide u. dergl. Die Schnittgeschwindigkeiten liegen deshalb bei schwachen Spänen unterhalb der erwarteten Grenze. Die höchsten Schnittgeschwindigkeiten soll man jedoch nicht ständig zulassen, sondern sich im Interesse einer größeren Schnittdauer mit kleineren Werten begnügen.

Auch die Preisfrage des Schnellstahles, die manche Betriebe zurückschreckte, hat eine glückliche Lösung gefunden, nachdem es gelungen ist, kurze Stücke von Schnellstählen in längere Stiele oder Scheiben einzulöten, einzuschweißen oder einzusetzen und mit Schneiden zu versehen (Fig. 1).

Nicholson ermittelte durch eine längere Versuchsreihe folgende Werte für die Schnittgeschwindigkeit in mm/sek. des Schnellstahles bei längster Schnittdauer und einem Schaftquerschnitt von 38×38 mm.

Mittelwerte
für die Schnittgeschwindigkeit in mm/sek.
für die Dreherei

Material	Spanquerschnitt in qmm			
	2,5	7,5	15	30
Gußeisen:				
weich	550	435	320	260
mittelhart	290	240	175	130
hart	190	155	120	95
Im Mittel	340	275	205	160
Stahl:				
weich	660	510	345	250
mittelhart	535	380	260	190
hart	290	210	160	100
Im Mittel	495	365	255	180

Der Schnittdruck erreichte bei den Nicholsonschen Versuchen bei den 3 Materialhärten des Gußeisens und Stahles und den obigen Schnittgeschwindigkeiten folgende Werte in kg:

Material	Spanquerschnitt in qmm			
	2,5	7,5	15	30
Gußeisen:				
weich	220	470	1130	2000
mittelhart . . .	390	840	1630	3250
hart	470	930	1680	2530
Stahl:				
weich	460	1190	2400	4870
mittelhart . . .	400	1150	2500	4690
hart	600	1760	3200	6890

H. Fischer hat im Auftrage des Vereins deutscher Werkzeugmaschinenfabriken die in Deutschland gebräuchlichen Schnittgeschwindigkeiten zusammengestellt (siehe WT. 1907 S. 109 und Zeitschrift für Werkzeuge und Werkzeugmaschinen 1906). Hierbei ergab sich für die Bestimmung des Schnittdruckes für Schruppdrehbänke $W_{kg} = 13 \times$ Spitzenhöhe in mm, für allgemeine Drehbänke $W_{kg} = 6{,}5 \times$ Spitzenhöhe in mm, für Schrupphobelmaschinen $W_{kg} = 5 \times$ Hobelbreite in mm, für allgemeine Hobelmaschinen $W_{kg} = 2{,}5 \times$ Hobelbreite in mm.

Fig. 1.
Fräser mit Schnellstahl-Zähnen.

Auch stimmen die vorstehenden Werte mit den bei uns in Deutschland üblichen Geschwindigkeiten ziemlich gut überein. Sie wären noch für Stahlguß zu ergänzen, bei dem man eine Schruppgeschwindigkeit bis 250 mm/sek. im Mittel zulassen kann. Bei Hobelmaschinen sind Schnittgeschwindigkeiten bis 200 mm/sek. üblich, doch ist bei diesen Maschinen an eine rationelle Ausnutzung des Schnellstahles kaum zu denken, solange der Rücklauf in einem bestimmten Verhältnis beschleunigt wird, da sonst die Massendrücke zu hoch ansteigen. Bei Lochbohrmaschinen liegt die zulässige Umfangsgeschwindigkeit des Bohrers zwischen 300 und 430 mm/sek. und der Vorschub pro Umdrehung zwischen 0,1 und 0,4 mm. Für Stirnfräser liegt die Schnittgeschwindigkeit bei etwa 320 mm/sek. bei einer Zuschiebung von 0,4 mm/sek. und bei Walzenfräsern bei 180 bis 320 mm/sek. und die Zuschiebung bei 1,5 bis 2,4 mm/sek.

Der durch die Erfindung des Schnellstahles rühmlichst bekannte Taylor hat zur Aufklärung der richtigen Schnittgeschwindigkeit Versuche durchgeführt und veröffentlicht. Taylor ordnet dabei die Schnittgeschwindigkeiten nach dem Schaftquerschnitt der Arbeitsstähle. Er sagt damit, daß der gegebene Stichelschaftquerschnitt eine bestimmte Wärmemenge abzuleiten vermag. Es sind daher für jeden Rohstoff Schnittgeschwindigkeit und Spanquerschnitt so zu wählen, daß die auf den Stahl entfallende Wärme leicht abfließen kann. Auf Grund dieser Voraussetzung ergeben sich naturgemäß für kleine Spanquerschnitte und weiche Stoffe auffallend hohe Werte, die hier vergleichshalber angeführt werden.

Schaftquerschnitt 25,4 × 38 qmm

Material	Schnittgeschwindigkeit in mm/sek. bei einem Spanquerschnitt von qmm						
	2,6 qmm	Schnitt-druck kg	7,7 qmm	Schnitt-druck kg	15,4 qmm	Schnitt-druck kg	30 qmm
Gußeisen: weiches	800	220	520	530	380	900	310
mittleres	420	330	260	820	190	1400	150
hartes	230		150		110		90
Im Mittel	485	—	310	—	230	—	185
Stahl: weicher	1500	—	855	—	600	—	—
mittlerer	760	—	430	—	300	—	—
harter	345	—	195	—	135	—	—
Im Mittel	870	—	490	—	350	—	—

Schaftquerschnitt 12,7 × 19 mm

Material	Schnittgeschwindigkeit in mm/sek. bei einem Spanquerschnitt von qmm			
	2,6 qmm	Schnitt-druck kg	7,7 qmm	Schnitt-druck kg
Gußeisen:				
weiches .	690	220	340	530
mittleres .	350	333	170	760
hartes . .	200		100	
Im Mittel	415		200	
Stahl:				
weicher .	1015		—	—
mittlerer .	510	504	—	—
harter . .	231		—	—

Die zum Teil recht erheblich höheren Schnittgeschwindigkeiten erklären sich auch durch die gleichmäßigere Beschaffenheit des amerikanischen Eisens. Jedenfalls wird auch bei uns noch eine weitgehendere Ausnutzung des Schnellstahles anzustreben sein.

Der Arbeitsbedarf der Schnellarbeitsmaschinen wird naturgemäß mit der Stärke des Spanes und der Größe der Schnittgeschwindigkeit zunehmen. Anders verhält sich der Arbeitsbedarf pro kg/Std. Späne, den Hartig mit ζ bezeichnet. Dieser Wert weicht nicht sehr von den bisher bekannten Zahlen ab. Aus Nicholsons Versuchen ergaben sich folgende Werte für ζ.

Dieselbe Tatsache ergaben auch die Taylorschen Versuche.

II.

Der Schnellbetrieb und die Entwicklung der Schnellarbeitsmaschinen.

Die Einführung der Schnellstähle in der Metallbearbeitung mußte, wie schon erwähnt, auch in dem Werkzeugmaschinenbau Umwälzungen hervorbringen. Die hier entstandenen Neuerungen kennzeichnen sich nicht nur durch die äußere Bauart der Schnellarbeitsmaschinen, sondern auch durch die konstruktive Durchbildung ihrer Einzelteile.

Mit dem Auftauchen der neuen Arbeitsstähle traten an den Werkzeugmaschinenkonstrukteur Aufgaben heran, deren Lösung erst besondere Erfahrungen erforderte. Der Schwerpunkt dieser Aufgaben war:

1. mit den zu entwerfenden Schnellarbeitsmaschinen die größere Arbeitsleistung der Schnellstähle voll ausnutzen zu können und
2. dem weit größeren Schnittdruck der neuen Stähle in der Konstruktion Rechnung zu tragen, um den ruhigen Gang der Maschine als Vorbedingung für gute Arbeit nicht zu gefährden.

Beide Forderungen bedingen als grundlegendes Konstruktionsgesetz: alle Schnellarbeitsmaschinen in besonders kräftiger und stabiler Bauart auszuführen, damit sie den weit größeren Anstrengungen ohne Erschütterungen standhalten.

Werte für ζ

Material	Spanquerschnitt in qmm				Mittelwert	Hartigsche Werte
	2,5	7,5	15	30		
Gußeisen: weich.	0,053	0,033	0,039	0,036	0,040	
mittelhart	0,088	0,052	0,065	0,069	0,069	$\zeta = 0,069$
hart.	0,100	0,075	0,051	0,047	0,069	
					0,06	
Stahl. weich	0,100	0,086	0,086	0,086	0,09	$\zeta = 0,072$ Schmiedeeisen
mittelhart	0,081	0,078	0,084	0,080	0,081	
hart	0,110	0,104	0,105	0,102	0,105	$\zeta = 0,104$ Stahl
					0,092	

Eine eigenartige Erscheinung zeigt die vorstehende Zusammenstellung. Die Werte für ζ nehmen meist mit der Stärke der Späne ab. Das gleiche gilt vom Schnittwiderstande auf 1 qmm Spanquerschnitt bezogen. Die Maschinen werden daher wirtschaftlicher arbeiten beim Schruppen.

Ein klares Bild von dem Einfluß, den die Schnellstähle auf die Entwicklung der Werkzeugmaschinen ausgeübt haben, gibt ein Vergleich über den Arbeitsbedarf älterer und neuerer Maschinen. Während früher der Antrieb einer Werkzeugmaschine selten mehr als 3 bis 5 PS erforderte, verlangen die neueren schwersten Schnelldrehbänke bis zu 90 PS. Die natürliche Folge für den äußeren Aufbau der Schnellarbeitsmaschinen war, das Bett möglichst als ein Gußstück herzustellen, um auf diese Weise eine größere Stabilität anzustreben. In diesem Bestreben kamen die Fortschritte der modernen Gießereitechnik sehr zustatten.

Neben der allgemeinen kräftigeren Bauart trat bei den Schnellarbeitsmaschinen mit besonderem Nachdruck das Bedürfnis nach einer größeren Zahl von Antriebsgeschwindigkeiten und Vorschüben hervor. Die Werkstattpraxis hatte die neuen Arbeitsstähle für ihre eigenen Zwecke erst auszuprobieren. Hierbei ergaben die vorhandenen Maschinen infolge ihrer unzulänglichen Bauart nur mangelhafte Resultate. Die größere Leistungsfähigkeit der Schnellstähle verlangte einmal größere Schnittgeschwindigkeiten und Vorschübe und zum andern größere Übersetzungen für das Durchziehen der Treibriemen. Die Forderung nach einem größeren Geschwindigkeitswechsel wurde noch verschärft durch das Nebeneinanderarbeiten von gewöhnlichen Werkzeugen und Schnellstählen. Viele Betriebe benutzen nämlich zum Schruppen schwerer Stahl- und Eisenstücke vorzugsweise Schnellstähle und zum Schlichten gewöhnliche Werkzeuge. Dabei stellte die Praxis nicht selten die Bedingung, daß die Maschine auch allen vorkommenden leichteren Arbeiten dienen sollte. Für eine derartige Mannigfaltigkeit reichte der Geschwindigkeitswechsel der älteren Maschinen nicht aus. Allerdings wird durch die neuerdings geforderte Vielseitigkeit der ideale Grundgedanke einer Arbeitsmaschine gestört. Denn wird eine Maschine, die für größere Leistungen berechnet ist, auch nur zeitweise für leichte Arbeiten benutzt, so arbeitet der Betrieb unwirtschaftlich. Die Aufgabe des Werkzeugmaschinenbaues sollte daher darin gipfeln, jede Maschine einem kleineren Bereich von stets wiederkehrenden Arbeiten, also Sonderzwecken, anzupassen, um bei diesen möglichst billig arbeiten zu können.

Die hauptsächlichste Vervollkommnung der Werkzeugmaschinen für den Schnellbetrieb mußte sich daher auf die Ausgestaltung der Antriebe für die Haupt- und Schaltbewegung erstrecken. Der Antrieb der neueren Schnellarbeitsmaschinen war daher

1. für größere Leistungen und
2. für einen größeren Geschwindigkeitswechsel

einzurichten. Hierzu gesellte sich als weitere Forderung des Schnellbetriebes, zur rationellen Ausnutzung der Arbeitskräfte die Bedienung der Schnellarbeitsmaschinen rasch und einfach zu gestalten, ohne den Arbeiter Fahrlässigkeiten auszusetzen.

Der Antrieb der Schnellarbeitsmaschinen mit rotierender Hauptbewegung. (Schnelldrehbänke usw.)

a) Der verbesserte Stufenriemen.

Mit der Größe der Schnittgeschwindigkeit, dem Querschnitt der Späne und den Abmessungen des Werkstückes wächst naturgemäß die Belastung der Maschine. Ihr größeres Lastmoment verlangt ein entsprechendes Kraftmoment, das beim Transmissionsantrieb durch den Riemen hervorzubringen ist. Soll hierbei ein gleichmäßiger, ruhiger Gang der Maschine erzielt werden, so darf der Riemen trotz seiner stärkeren Belastung nicht gleiten. Diese Bedingung würde bei den früher üblichen kleinen Riemengeschwindigkeiten große Übersetzungen, breite und schwere Riemen verursachen. Letztere haben wieder breite und schwere Stufenscheiben zur Folge. Für das Umlegen sind aber breite und schwere Riemen sehr mühsam. Sie wirken, abgesehen von dem höheren Kostenpunkt, einer schnellen Bedienung direkt entgegen.

In dieser Beziehung bietet sich jedoch dem Konstrukteur ein einfaches und billiges Gegenmittel, das in einer größeren Riemengeschwindigkeit besteht. Diese Erkenntnis führte auch zu einer Erhöhung der Umläufe der Deckenvorgelege von 100 bis auf 250 in der Minute und mehr. Die Vorzüge einer großen Riemengeschwindigkeit sind unverkennbar. Zunächst läßt die höhere Riemengeschwindigkeit eine kleinere Durchzugskraft des Riemens zu $\left(N = \frac{P_{min} \cdot V_{max}}{75}\right)$, wodurch der Antrieb an Sicherheit für ruhigen Gang gewinnt. Der Riemen selbst wird schmaler und leichter und mit ihm auch die Stufenscheibe. Eine weitere Folge ist die geringere Belastung der Wellen und die verminderte Lagerreibung, die dem Riemen ebenfalls ein leichteres und sicheres Durchziehen gestattet. Wir gewinnen also durch die höhere Arbeitsgeschwindigkeit des Riemens nicht nur einen zuverlässigeren sondern auch einen billigeren Antrieb.

Ein zweites Mittel, das zur höheren Sicherheit schwer belasteter Riementriebe führt, ist ein großes Arbeitsfeld zwischen Riemen und Scheibe. Bei der Stufenscheibe wird dies von besonderer Bedeutung, sobald der Riemen auf den äußersten Stufen liegt. Das größere Arbeitsfeld zwischen Riemen und Scheibe verlangt aber größere Stufendurchmesser und Stufenbreiten, eine Verbesserung, durch die sich die neueren Stufenscheiben besonders kennzeichnen.

b) Die Hilfsmittel für einen bequemeren Geschwindigkeitswechsel beim Stufenriemen.

Die Stufenscheibe besitzt für einen häufigeren Geschwindigkeitswechsel einen schwerwiegenden

Nachteil: Das Riemenumlegen ist nämlich mühsam und zeitraubend. Dieser Mangel war schon längst bekannt. Er machte sich aber bei den Schnellarbeitsmaschinen umso mehr bemerkbar, da der Riemen zum Regeln der Schnittgeschwindigkeit öfters die Stufen wechseln muß. Der gewöhnliche Stufenriemen genügt daher den erhöhten Anforderungen des Schnellbetriebes nicht mehr. Diese Tatsache führte zu einer Reihe von Vervollkommnungen der Umlegerkonstruktionen.

Wenn auch von keinem vollständigen Erfolg begleitet, so war doch wenigstens bahnbrechend auf diesem Gebiete der Bamag-Riemenumleger (Fig. 2). Sein Grundgedanke ist, mit einer drehbaren Gabel den Stufenriemen umlegen zu zogen. Dieser legt die Stange s mit der Gabel herum, wobei letztere den Riemen auf die Nachbarstufe bringt. Zur besseren Führung des Riemens dient noch eine Blechscheide, die sich lose in dem Ringe dreht. Ohne Mitwirkung von Hand wird das Riemenumlegen kaum zu bewerkstelligen sein. Es erfordert, wenn Zeitersparnis erzielt werden soll, immerhin eine gewisse Geschicklichkeit.

Dieselbe Erleichterung bietet der Riemenumleger von Ludw. Loewe & Co., Berlin. Dieser Umleger (Fig. 3) ist z. B. mit den Lagern a und b an Decke und Maschine zu befestigen. Der gelenkige Riemenführer f führt sich in dem Auge e, das an dem Gasrohr c festgeklemmt wird.

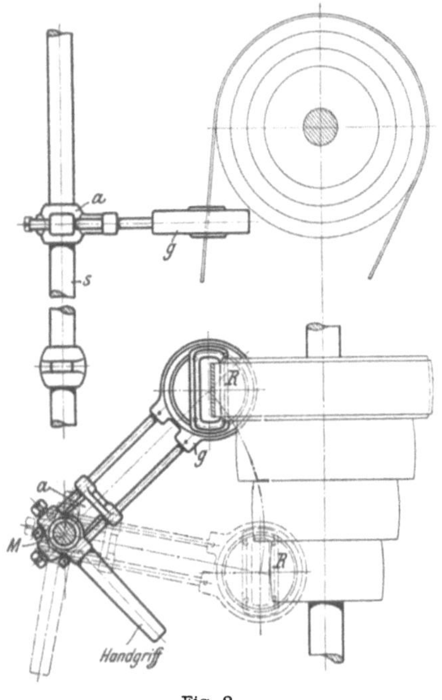
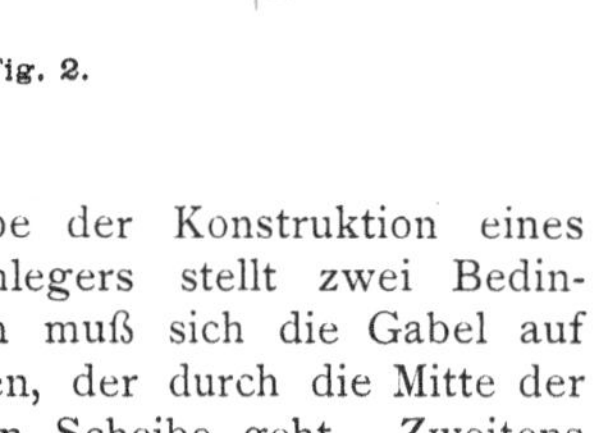

Fig. 2.

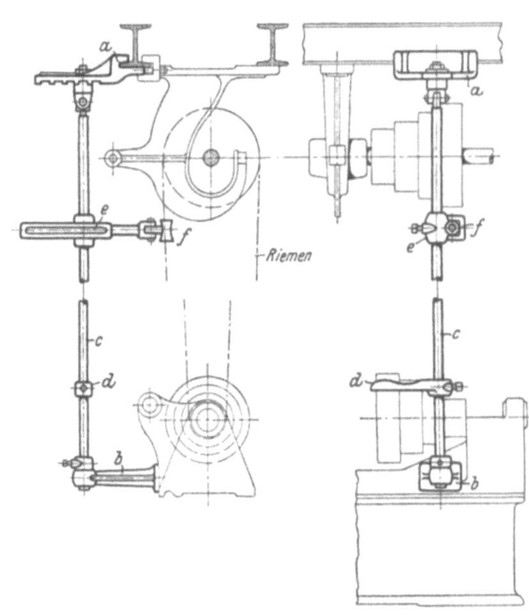

Fig. 3.

können. Die Aufgabe der Konstruktion eines derartigen Riemenumlegers stellt zwei Bedingungen. Zum ersten muß sich die Gabel auf einem Kreise bewegen, der durch die Mitte der größten und kleinsten Scheibe geht. Zweitens muß sich die Gabel selbst auf den jedesmaligen Scheibenabstand einstellen können.

Die erste Forderung erfüllt der Bamag-Riemenumleger durch die als ringförmiger Riemenführer ausgebildete Gabel g, die sich auf dem Kreisbogen R R bewegt. Die Einstellbarkeit der Gabel auf den jedesmaligen Scheibenabstand ist durch das Doppelauge a geschaffen, in dem sich die 2 Führerstangen radial verschieben. Der Stufenwechsel wird mit dem unteren Handgriff voll-

Mit dem Handgriff d ist das Riemenumlegen zu bewerkstelligen; doch wird auch hier der Arbeiter meistens von Hand nachhelfen müssen. Ein Vergleich beider gibt dem Bamag-Umleger den Vorzug, daß er durch die steife und doppelt geführte Gabel kräftiger erscheint und eher anfaßt als der gelenkige Riemenführer.

Ein besseres Mittel für die Vereinfachung des Riemenumlegens wäre, den Riemen durch Ziehen von einer Stufe auf die Nachbarstufe auflaufen zu lassen. Dieser Weg verlangt zwischen den einzelnen Stufen der Scheibe konische Übergänge, wie in Fig 4 angegeben. Durch den Riemenführer f am Deckenvorgelege läßt sich der Riemen unter Mitwirkung von Hand leicht von einer Stufe auf die andere bringen. Der Umleger, der hier anstelle der früheren Kreisbewegung eine gerade Bewegung auszuführen hat, besteht aus einer hochgängigen Schraube und der zugehörigen Mutter mit den Augen für die beiden ausziehbaren Führerstangen von f. Zur sicheren Führung ist noch parallel zur Stellspindel eine besondere Führungsstange vorgesehen. Die Einstellung des Riemens und somit der Schnittgeschwindigkeit der Maschine erfolgt durch Ziehen an einer Kette, die durch das Kettenrad auf die Stellspindel wirkt. Der Stufenwechsel läßt sich bei dieser Konstruktion selbst im Betriebe bei einiger Geschicklichkeit vollziehen, weil der Riemen leichter auf die Nachbarstufe aufläuft. Die Kritik muß hier allerdings einwenden, daß die Scheibe entsprechend länger und schwerer wird und ebenso der Spindelstock der Maschine. Die größere Bequemlichkeit und Zeitersparnis muß daher diese Nachteile mit in Kauf nehmen.

Eine noch größere Erleichterung in der Bedienung der Stufenscheibe wird bei der vorstehenden Konstruktion (Fig. 4) erreicht, wenn im Deckenvorgelege an die Stelle der Stufenscheibe eine zylindrische Trommel tritt. Der Riemen läßt sich bei einem derartigen Antriebe viel leichter verschieben, da er nur an der Maschine die Stufen zu nehmen hat und sich am Deckenvorgelege auf einer glatten Trommel hin- und herbewegen kann. Allerdings erfordert ein solcher Riementrieb, um die erforderliche Spannkraft der Riemen zu bekommen, eine besondere Spannvorrichtung.

Den vorstehenden Grundgedanken hat die Norton Grinding Company in Worcester bei ihren schweren Rundschleifmaschinen in doppelter Weise ausgebaut, indem sie einmal zum Anspannen des Treibriemens die Stufenscheibe selbst benutzt und zum anderen besondere Spannrollen.

Will man die Stufenscheibe selbst zum Anspannen des Treibriemens benutzen, so muß sie schwingend gelagert sein. Die schwingende Stufenscheibe ist in Fig. 5 durchgeführt (D. R. P. 174 224). Ihre Anwendung setzt voraus, die Scheibe selbst auf einer Vorgelegewelle anzuordnen und diese durch ein Rädervorgelege auf die Hauptspindel arbeiten zu lassen. Hierzu sitzt die Stufenscheibe S mit dem Rade r_1 auf der Vorgelegewelle, die in den Lagern A und B läuft. Um beim Anspannen des Riemens den Eingriff des Rädervorgeleges $\frac{r_1}{R_1}$ zu wahren, muß die Stufenscheibe mit den Lagerarmen A und B um die Hauptspindel schwingen. Die Folge dieser Konstruktion ist, daß die schwingende Stufenscheibe förmlich in dem Riemen hängt und durch ihr Gewicht letzteren anspannt. Die Riemenverschiebung bewirkt ein Umleger U, der als Schieber mittels Feder und Nut auf einer Leitschiene L an A und B geführt ist und bei jeder Stufe durch eine Fallsperre festgehalten wird. Um den Stufenwechsel zu vollziehen, faßt daher der Arbeiter den Handgriff des Umlegers, entriegelt und verschiebt diesen bis zur gewünschten Stufe. Allerdings wird die Verschiebung des ziemlich langen Riemens beim Stillstand der Maschine keinen geringen Kraftaufwand erfordern und sich am besten im Betriebe vollziehen, weil der laufende Riemen sich bequemer einstellen läßt. Ein Nachteil, der diesem Antriebe anhaftet, ist, daß sich mehrere ausrückbare Rädervorgelege schwer anbringen lassen. Große Übersetzungen lassen sich daher

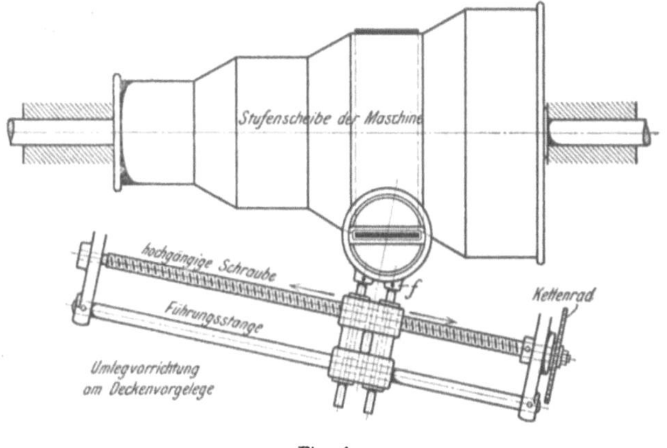

Fig. 4.

mit dieser Anordnung schwer erreichen. Der Antrieb ist aber für Schnellbohrmaschinen und Schleifmaschinen wohl geeignet. So wird auch der vorstehende Antrieb bei der Norton-Schleifmaschine zur Bewegung des Werkstückes benutzt.

Bei schweren Antrieben wird die Stufenscheibe zweckmäßig eine unveränderliche Lage auf der Hauptwelle erhalten, damit sie auf größere Rädervorgelege arbeiten kann. So gestattet der in Fig. 6 angegebene Antrieb, durch Umlegen eines Handhebels mit und ohne Vorgelege zu arbeiten. Die Stufenscheibe S sitzt hierzu mit r_1 auf einer langen Laufbuchse B lose auf der Hauptwelle. Die Kupplung K wird daher rechts die Buchse B mit der Hauptwelle verbinden, so daß die Stufenscheibe direkt arbeitet. Links hingegen schaltet K die Vorgelege mit der Übersetzung $\varphi = \frac{r_1}{R_1} \cdot \frac{r_2}{R_2}$ ein. Bei dieser Ausführung ist allerdings der Riemen mittels Spannrollen im Sinne der Figur 7 anzuspannen. Der Geschwindigkeitswechsel verlangt daher, daß der Treibriemen sich gleichzeitig an 4 Stellen verschiebt, und zwar wird an der Stufenscheibe die Riemenverschiebung von Hand mittels des Umlegers U eingeleitet, während sich der Riemen auf den langen Spannrollen und der Haupttrommel selbst einläuft. Die vorstehende Norton-Konstruktion läßt sich auch in entsprechender Weise für Spindelstöcke umbauen, bei denen die Vorgelege neben der Stufenscheibe liegen.

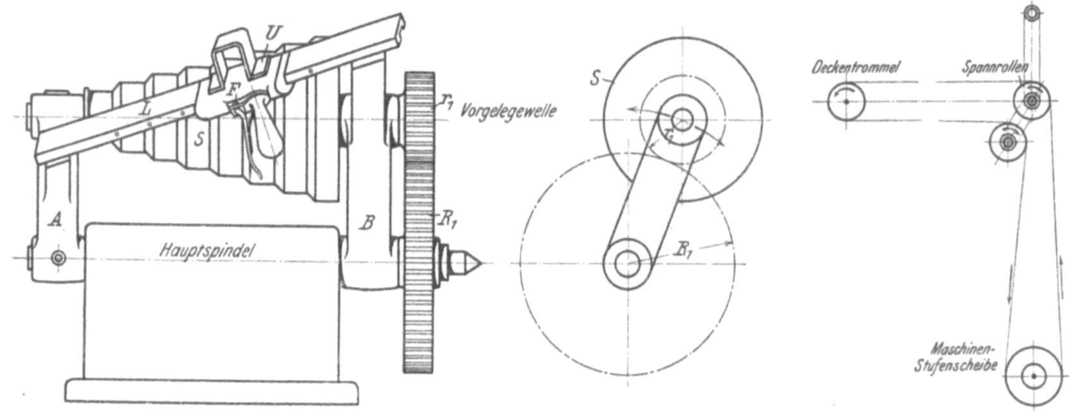

Fig. 5.

Fig. 7.

Soll unter Beibehaltung der beiden Stufenscheiben eine leichtere Riemenverschiebung erzielt werden, so ist vor allem ein kürzerer Riemen anzustreben, da der Triebriemen zwischen Maschine und Deckenvorgelege für ein glattes Verschieben in der Regel zu lang und zu straff gespannt ist. Will man hier also eine Verbesserung erreichen, so müssen die zwei Stufenscheiben im Deckenvorgelege oder auch an der Maschine in einem entsprechenden Abstande liegen. Außerdem muß der kürzere Riemen beim Stufenwechsel eine größere Nachgiebigkeit zeigen. Diesen Gedanken hat die Werkzeugmaschinenfabrik Paul Heuer, Leipzig, ihrem Viktoria-Deckenvorgelege zugrunde gelegt (Fig. 8). Das Viktoria-Deckenvorgelege verkörpert den vorstehenden Gedanken durch zwei nebeneinander liegende Stufenscheiben mit je 15 Stufen, über die ein kurzer Riemen mit

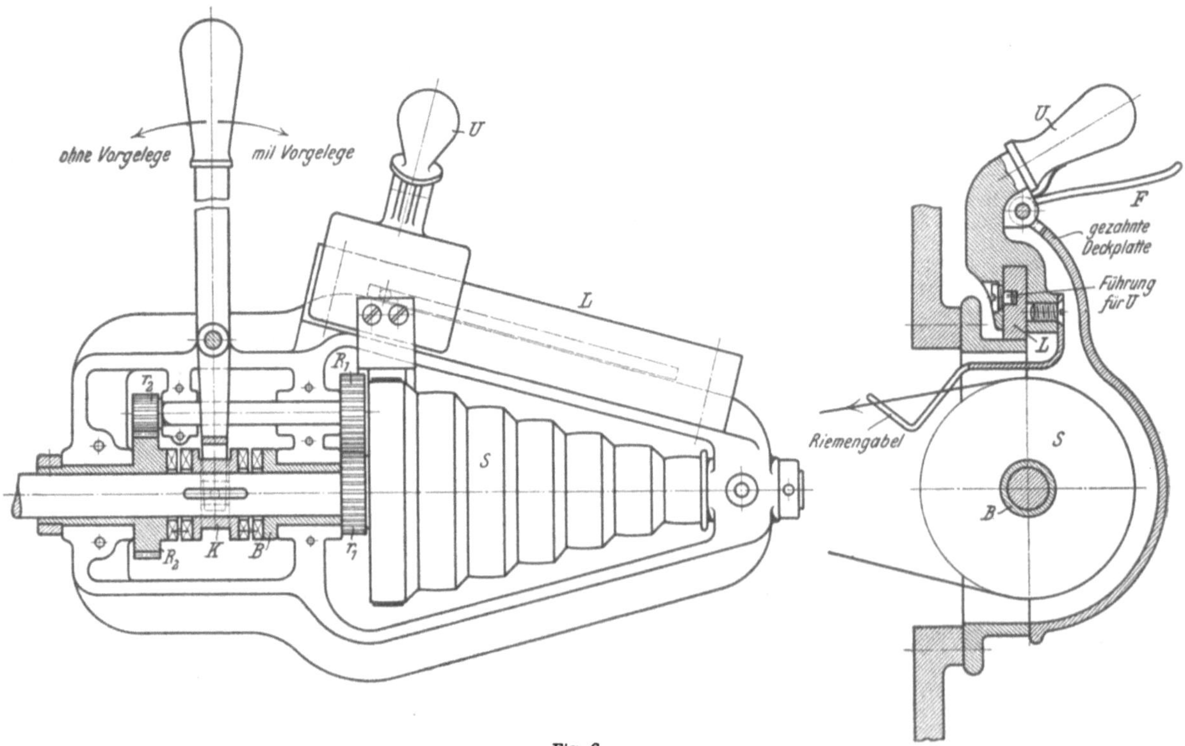

Fig. 6.

Spannrolle läuft. Zum leichten Verschieben des letzteren sind die Übergänge zwischen den einzelnen Stufen der Scheibe wiederum konisch gehalten. Die Riemenverschiebung bewirkt ein Riemenrücker, der beide Züge des Riemens mit je einer Gabel a und b faßt. Hierin liegt schon eine größere Sicherheit gegenüber den vorhergehenden Bauarten. Zum Einstellen des Riemens dient eine hochgängige Leitspindel L, die mit Hilfe einer weiteren Führungsspindel F den Riemenrücker parallel zur Trommelwandung verschiebt. Der Riemen wird sich beim Verschieben jedesmal etwas recken und ohne Schwierigkeit auf die nächste Stufe auflaufen. Die zum Durchziehen des Riemens erforderliche Spannkraft erzeugt eine Spannrolle S, die gegen den unteren Riemenzug drückt. Sie ist nach Art eines Flaschenzuges an dem Riemenrücker aufgehängt und wird durch ein Gewicht gegen den Riemen gedrückt. Zur handlichen Bedienung ist auf der Stellspindel ein Kettenzug vorgesehen. Der Geschwindigkeitswechsel kann daher durch Ziehen an der Kette ausgeführt werden, wobei sich der Riemen ohne Bedenken auf die gewünschte Stufe bewegt. Mit dieser Konstruktion ist daher ein hoher Grad der Vereinfachung des Riemenumlegens erreicht.

Die Amerikaner versuchen das Riemenumlegen ganz zu umgehen und benutzen statt dessen im Deckenvorgelege ausrückbare Rädervorgelege. Unter Anwendung von Reibungskuppelungen gestatten diese Deckenvorgelege nicht nur eine sehr bequeme Handhabung, sondern sie schonen auch die Riemen. Nach vorstehenden Gesichtspunkten ist auch das in Fig. 8a schematisch angedeutete und in Fig. 8b als Schaubild dargestellte Deckenvorgelege gebaut. Es gewährt sechs verschiedene Umläufe, die durch zwei Antriebsriemen und drei Rädervorgelege geschaffen sind. Die beiden ersteren sind abwechselnd durch die Reibungskuppelung k_1 zu benutzen, welche durch eine besondere Steuerstange bedient wird. Die Rädervorgelege werden ebenfalls durch Reibungskuppelungen k_2 und k_3 eingeschaltet. Zur Handhabung der letzteren dient eine einzige Steuerstange H. Sie ist ähnlich wie beim Bickford-Getriebe in einem ⊤ Schlitz geführt, um ohne Fehler bedient zu werden. Rückt man nämlich H

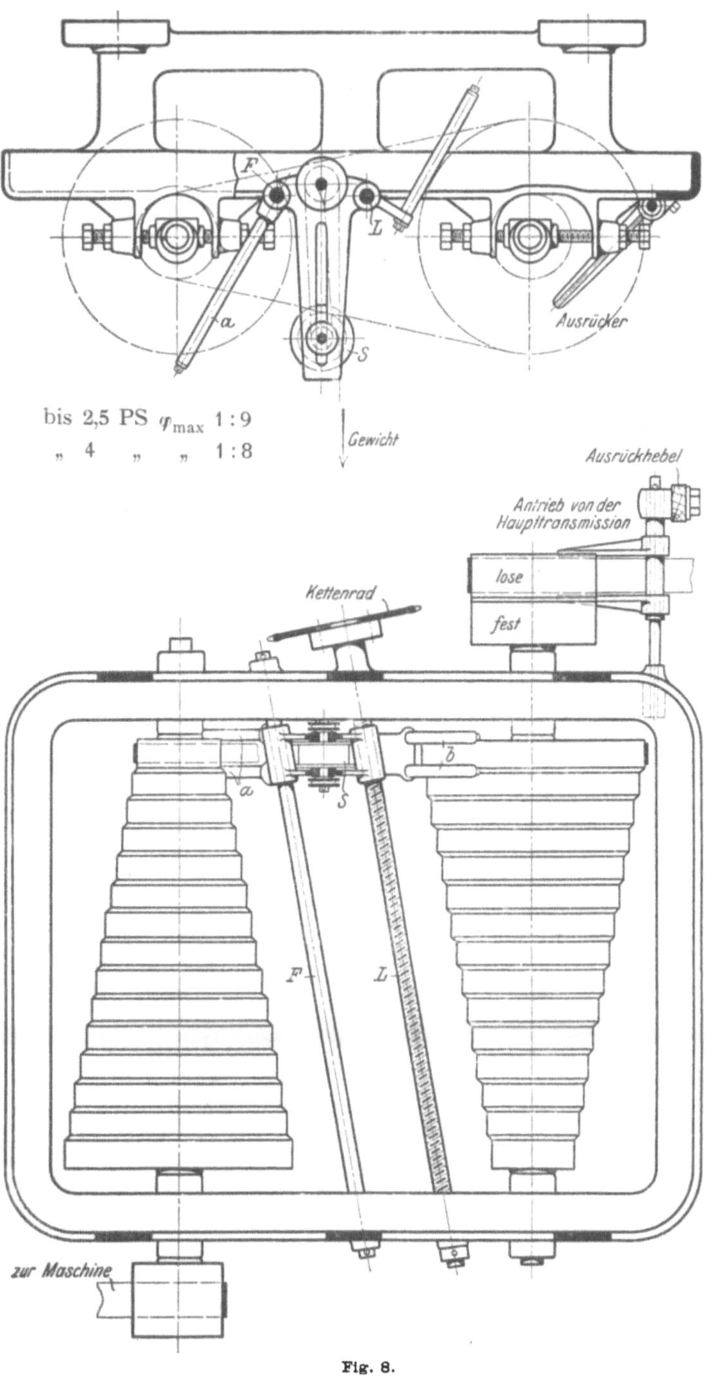

Fig. 8.

auf Lücke 1 ein, so wird mittels der Stange s_1 die Kuppelung k_2 in r_6 oder r_4 eingeschaltet. Für das Einschalten von k_3 ist H nach 2 zu bewegen.

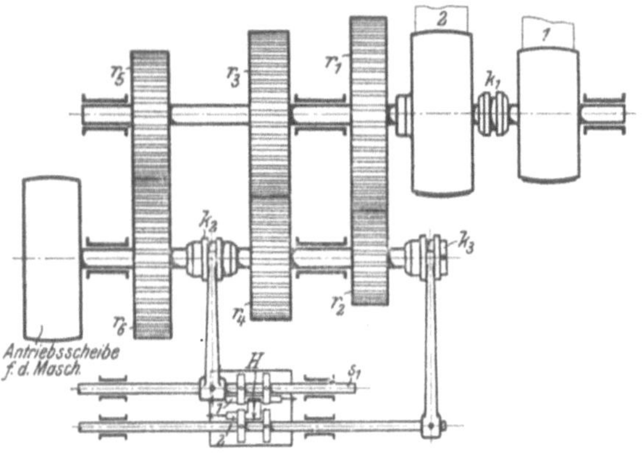

Fig. 8 a.

Fig. 8 b.

c) Die Hilfsmittel für einen größeren Geschwindigkeitswechsel.

α) Das mehrfache Deckenvorgelege.

Die Vorbedingung für den wirtschaftlichen Betrieb einer Maschine ist, bei allen Arbeiten ihre volle Leistung auszunutzen. Die strenge Durchführung dieses Grundgesetzes wird jedoch erschwert durch die Verschiedenheit der Werkstücke in ihren Abmessungen und der Beschaffenheit des Materials, sowie durch die Güte der einzelnen Arbeitsstähle. Es ist daher eine billige Forderung jeder Werkstatt, um rationell arbeiten zu können, von ihren Maschinen einen ausreichenden Wechsel in der Schnittgeschwindigkeit zu verlangen.

Mit diesem Verlangen nach einem größeren Geschwindigkeitswechsel machte sich noch ein anderer Nachteil der Stufenscheibe fühlbar. Der Stufenriemen gestattet bekanntlich nur eine stufenweise Änderung der Umdrehungen. Der Geschwindigkeitswechsel ist daher sehr beschränkt, sodaß nur in den seltensten Fällen die volle Schnittgeschwindigkeit ausgenutzt werden kann. Seitdem in unseren Werkstätten Schnellstahl und gewöhnliche Werkzeuge nebeneinander arbeiten, machte sich dieser Mangel umso bemerkbarer. Durch eine größere Stufenzahl der Scheibe läßt sich hier zwar eine Verbesserung schaffen, die aber zu einer übermäßig schweren Maschine führt.

Ein praktisches Mittel, um in dem Antriebe der Maschine zu einer größeren Reihe von Umdrehungen zu gelangen, ist ein Deckenvorgelege mit verschiedenen Umläufen. Ein derartiges Vorgelege verlangt natürlich eine entsprechende Anzahl von Treibriemen, von denen immer nur ein Riemen arbeiten darf, während die übrigen lose mitlaufen. Diese Bedingung ist beim zweifachen Deckenvorgelege in Fig. 9 in der Weise erfüllt, daß für beide Riemen je eine Fest- und Losscheibe eingebaut ist. Werden beide gemeinsam verschoben, so können sie nie zu gleicher Zeit auf ihre Arbeitsscheiben gelangen.

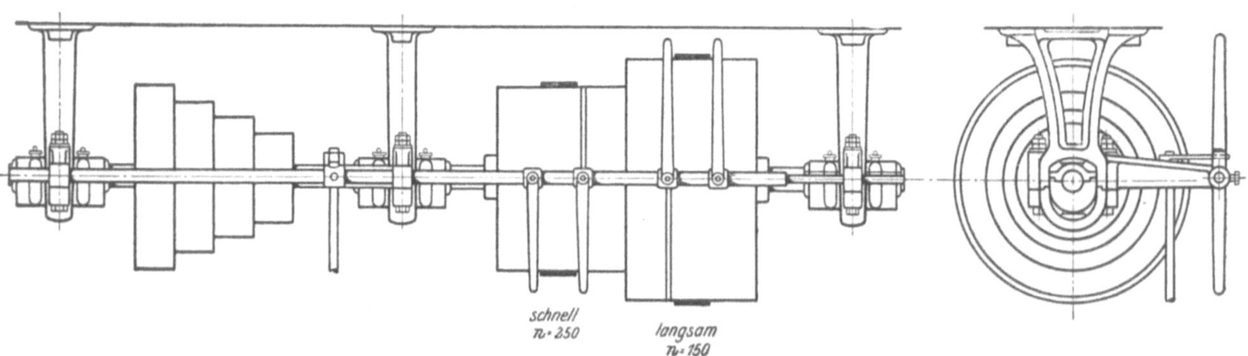

Fig. 9.

Dem mehrfachen Deckenvorgelege muß man von praktischer Seite entgegenhalten, daß es bei mehreren Riemen teuer und wenig übersichtlich ist. Es erfordert daher eine größere Aufmerksamkeit in der Bedienung und außerdem viel Platz. Durch das ständige Mitlaufen der losen Riemen wird viel Energie vergeudet. Bei dem doppelten Deckenvorgelege treten diese Mängel weniger zutage. Es wird daher auch sehr viel bei Schnellarbeitsmaschinen angewandt.

Wünscht man am Deckenvorgelege einen noch größeren Geschwindigkeitswechsel, so ist er mit Riemen und Stufenscheibe anzustreben oder auch nach Fig. 8. So gestattet das nach diesem Grundgesetz gebaute, bereits erwähnte Viktoria-Deckenvorgelege 15 Geschwindigkeiten.

d) Der Geschwindigkeitswechsel mittels Stufenscheibe und mehrfacher Rädervorgelege.

Die einfache Stufenscheibe versagt als Antriebsorgan selbst bei hohen Riemengeschwindigkeiten, sobald es sich um größere Leistungen handelt, ein Fehler, der sich namentlich bei Drehbänken zeigte, die zum Schruppen schwerer Stahl- und Eisenstücke mittels Schnellstahls dienen sollten. Diese Arbeiten stellen an den Antrieb der Schnellarbeitsmaschinen höhere Anforderungen. Infolge der vielseitigen Anwendung dieser Maschinen hat die Konstruktion ihres Spindelstocks in der Regel drei Bedingungen zu genügen:

1. dem Schruppen schwerer Werkstücke mit dem Schnellstahl bei höheren Schnittgeschwindigkeiten,
2. dem Schlichten mit einem gewöhnlichen Stahl bei normalen Schnittgeschwindigkeiten,
3. dem Schlichten mit einem Schnellstahl bei sehr hohen Geschwindigkeiten.

Damit der Riemen bei den größeren Schruppwiderständen gleichmäßig durchzieht, muß er nicht nur mit einer höheren Geschwindigkeit arbeiten sondern auch mit einer größeren Übersetzung. Die letzte Forderung stellt auch das Schlichten schwerer Werkstücke mit einem gewöhnlichen Stahl, um die normale Schnittgeschwindigkeit nicht zu überschreiten. Die hierdurch bedingte größere Übersetzung läßt sich im Spindelstock nur durch mehrfache Rädervorgelege schaffen. Mit dieser Einrichtung ist zugleich der Vorzug verbunden, daß die Vorgelege für den Geschwindigkeitswechsel dem Arbeiter bequem zur Hand liegen und ihm einen besseren Überblick über die Maschine gewähren als die mehrfachen Deckenvorgelege.

Für die Anordnung der Rädervorgelege gilt als Grundsatz, daß zum Bearbeiten kleinerer Werkstücke die Stufenscheibe allein benutzt werden soll, während bei mittleren und schweren Stücken die Rädervorgelege teilweise oder ganz einzuschalten sind. Letztere sind daher für den Geschwindigkeitswechsel zum Ein- und Ausrücken einzurichten. Dabei ist noch zu beachten, daß mit Rücksicht auf Arbeitsverluste leerlaufende Räderpaare möglichst vermieden werden.

1. Spindelstock mit zehnfachem Geschwindigkeitswechsel.

Für den Antrieb mittlerer Schnelldrehbänke genügt vielfach ein Spindelstock mit zehnfachem Geschwindigkeitswechsel. Die 10 Antriebsgeschwindigkeiten verlangen natürlich im Spindelstock eine fünfstufige Scheibe mit 2 Rädervorgelegen (Fig. 10 und 11). Soll bei einem derartigen Antrieb die Maschine ohne und mit Vorgelegen arbeiten, so hat die Konstruktion zwei Bedingungen

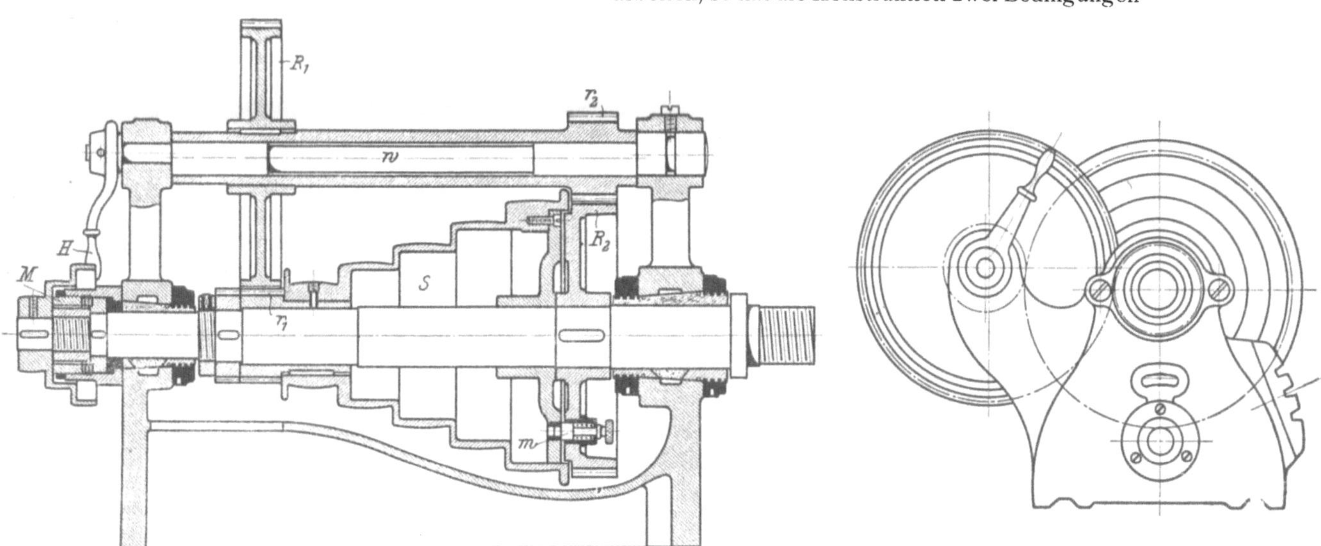

Fig. 10. Fig. 11.

Spindelstock von Berner & Cie., Nürnberg.

zu erfüllen. Erstens müssen die Vorgelege aus- und einzurücken sein, und zweitens muß die lose Stufenscheibe S mit dem festgekeilten Zahnrade R_2 gekuppelt werden können. Der ersten Forderung ist durch die exzentrische Lagerung der Vorgelegewelle w genügt, der zweiten durch den Mitnehmer m, der in S einzurücken ist. Die Bedienung dieses Spindelstockes erstreckt sich daher auf folgende Handgriffe.

Beim Arbeiten ohne Vorgelege sind mittels H die Räder auszurücken, und durch Einrücken von m ist S mit R_2 zu kuppeln.

Fig. 12

Soll die Maschine mit Vorgelegen laufen, so sind diese mittels H wieder einzurücken, m aber zurückzuziehen.

Der Spindelstock gestattet daher 10 verschiedene Umläufe, die nach einer geometrischen Reihe abgestuft sind:

ohne Vorgelege $n_1 - n_5$;

mit Vorgelegen von der Übersetzung

$$\varphi = \frac{r_1}{R_1} \cdot \frac{r_2}{R_2};$$

$$n_6 = n_1 \varphi \text{ bis } n_{10} = n_5 \varphi.$$

Diese Geschwindigkeitsreihe läßt sich noch verdoppeln durch ein zweifaches Deckenvorgelege (Fig. 9).

Das Schaubild in Fig. 12 zeigt die äußerst solide Ausführung des vorstehenden Spindelstockes der Firma Berner & Cie., Nürnberg.

2. Spindelstöcke mit zwölf- oder fünfzehnfachem Geschwindigkeitswechsel.

Bei schweren Werkstücken genügt selbst bei höherer Riemengeschwindigkeit und doppelten Vorgelegen die Durchzugskraft des Riemens nicht, um dem großen Lastmoment der Maschine das Gleichgewicht zu halten. Der äußerst starke Schnittdruck, der beim Schruppen schwerer Werkstücke mit dem Schnellstahl auftritt und hierbei ein entsprechend großes Lastmoment erzeugt, verlangt für ein gleichmäßiges Durchziehen des Riemens außer einer hohen Riemengeschwindigkeit noch eine größere Übersetzung. Nur mit Hilfe dieser gewinnt der Riemen die erforderliche Durchzugskraft und bietet zugleich die Sicherheit, daß in anbetracht der hohen Umläufe des Deckenvorgeleges die normale Schnittgeschwindigkeit beim Schlichten mit gewöhnlichen Werkzeugen nicht überschritten wird.

Größere Übersetzungen bedingen aber im Spindelstock 3—4 Rädervorgelege als Charakteristik der ausgesprochenen Schnelldrehbänke. Der Schwerpunkt beim Entwurf eines derartigen Spindelstocks liegt naturgemäß in der zweckmäßigen Anordnung der verschiedenen Vorgelege. An diese ist wiederum die Bedingung geknüpft, daß die Maschine ohne, mit zwei oder mit sämtlichen Vorgelegen arbeiten kann, ohne einzelne Räderpaare tot mitlaufen zu lassen oder gar durch falsches Bedienen Zahnbrüche zu verursachen.

Eine einfache Lösung für die Anordnung von 3 Vorgelegen ist, neben dem linken Räderpaare $\frac{r_1}{R_1}$ in Fig. 10 und 11 noch ein zweites $\frac{r_2}{R_2}$ anzubringen (Fig. 13). Beide Vorgelege dürfen allerdings nur abwechselnd arbeiten, eine Aufgabe, welche konstruktiv durch die gleichzeitige Verschiebbarkeit der Räder R_1 und R_2, sowie durch eine entsprechende Entfernung zwischen r_1 und r_2 für den Freilauf von R_2 bezw. R_1 gelöst ist. Soll daher die Maschine mit den Vorgelegen $\frac{r_2}{R_2} \cdot \frac{r_3}{R_3}$ laufen, so sind die Räder R_1 und R_2 soweit auf der Radhülse nach links vorzuschieben, bis r_2 und R_2 kämmen. Bei dieser Verschiebung kommt das Räderpaar $\frac{r_1}{R_1}$ zwangläufig außer Eingriff. Die Anordnung des Spindelstockes schließt zwar leerlaufende Räderpaare aus, gewährt aber nur volle Sicherheit gegen Zahnbrüche, wenn die Räder R_1 und R_2 beim Stillstande der Maschine oder bei ausgeschwenkten Vorgelegen verschoben werden.

Dieser Spindelstock, dessen konstruktive Durchbildung Fig. 13 bringt, gestattet daher bei einer vierstufigen Scheibe 12 verschiedene Umdrehungen, und zwar:

a) ohne Vorgelege $n_1 - n_4$
Bedienung: Mittels H Vorgelege ausrücken, Mitnehmer m einrücken;

b) mit den Vorgelegen von der Übersetzung

$$\varphi_1 = \frac{r_1}{R_1} \cdot \frac{r_3}{R_3}$$

$n_5 = n_1 \varphi_1$ bis $n_8 = n_4 \varphi_1$

Bedienung: Vorgelege $\frac{r_1}{R_1}$ einrücken, m ausrücken;

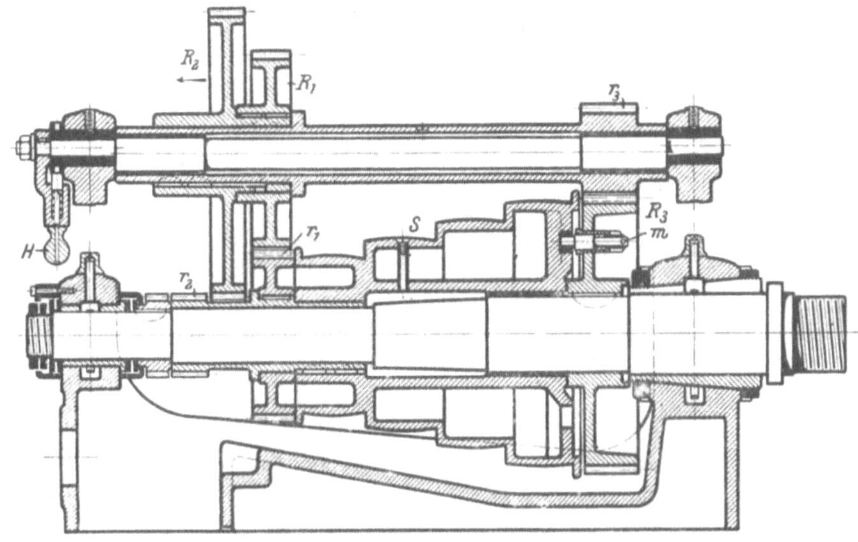

Fig. 13.
Spindelstock von H. Hessenmüller, Ludwigshafen.

c) mit den Vorgelegen von der Übersetzung

$$\varphi_2 = \frac{r_2}{R_2} \cdot \frac{r_3}{R_3}$$

$n_9 = n_1 \varphi_2$ bis $n_{12} = n_4 \varphi_2$

Bedienung wie bei b, nur R_2 in r_2 einrücken.

Die Kritik darf an dieser Konstruktion nicht ohne Einwendungen vorübergehen. Durch das seitliche Verschieben der Räder R_1 und R_2 wird zunächst der Spindelstock und mit ihm die Arbeitsspindel ziemlich lang und schwer. Zum andern ist das Verschieben der Räder gerade kein handliches Verfahren, zumal der Arbeiter stets gezwungen ist, auf die Rückseite der Maschine zu treten und außerdem den Zahneingriff abzupassen hat. Auch wirkt die Einkapselung der Räder erschwerend auf die Bedienung. Das Aufsuchen des Zahneingriffes läßt sich allerdings umgehen. Rückt man nämlich erst die Vorgelege aus und verschiebt dann die Räder R_1 und R_2 gegen ihre rechten oder linken Anschläge, so lassen sich die Räder ohne weiteres mittels H einschwenken. Auch für das Verschieben von R_1 und R_2 läßt sich noch durch eine einfache Handhabe eine Erleichterung schaffen. So wird bei dem ähnlichen Spindelstock in Fig. 14 die Nabe von R_1 und R_2 von einer Zahnstangengabel z gefaßt, die mittels Handrad und Trieb die Räder einstellt. Mit dieser Einrichtung sind die obigen Mängel größtenteils beseitigt. Es bleibt nur noch die Frage offen, wie die Vorgelege $\frac{r_1}{R_1}$ und $\frac{r_2}{R_2}$ auf alle Fälle gefahrlos gewechselt werden können? Hierbei müßte der Arbeiter gezwungen sein, jedesmal die Vorgelege auszuschwenken. Eine einfache Lösung dieser Frage bietet eine volle Scheibe vom Raddurchmesser, die an der linken Seite von r_1 angeschraubt ist. Diese empfehlenswerte Konstruktion ist bei später beschriebenen Stufenrädergetrieben durchgeführt.

Vorbedingung für gute Arbeit ist eine Arbeitsspindel, die unter der Last des Riemenzuges, des starken Schnittdruckes und des Werkstückes nicht zittert. Hieraus ergibt sich als Grundsatz, eine möglichst kräftige Arbeitsspindel anzustreben. Mit Rücksicht hierauf zeigen auch die Spindeln in Fig. 10, 13 u. 14 sehr starke Abmessungen. Die elastischen Schwingungen der Spindel wachsen aber mit der dritten Potenz ihrer freitragenden Länge. Ein sehr wichtiger Punkt bei der Anordnung der Rädervorgelege ist daher, eine möglichst kurze Arbeitsspindel zu erreichen. Von diesem Gesichtspunkte betrachtet, wird es daher zweckmäßiger sein, die einzelnen Vorgelege anstatt nebeneinander hintereinander zu legen, eine Anordnung, die allerdings 2 oder gar 3 Vorgelegewellen verlangt. Der Spindelstock wird sich hierbei vielleicht etwas weiter seitlich ausbauen, dafür aber kürzer ausfallen als in Fig. 13 und 14. Außerdem können die Vorgelege meistens exzentrisch ausgerückt werden, so daß auch die Bedienung handlicher wird. Hierzu tritt noch der wesentliche Vorzug einer größeren Übersetzung.

Der vorstehende Gedanke ist in dem Spindelstock der Firma Berner & Cie., Nürnberg, vertreten. Der Antrieb der Schnelldrehbänke (Fig. 15) dieser Firma ist mit 3 Vorgelegen ausgestattet. Sie verteilen sich auf die eigentliche Arbeitsspindel und 3 Vorgelegewellen (Fig. 16 u. 17). Bei dieser Anordnung der Vorgelege verlangt die Größe der einzelnen Übersetzungen bei dem dritten Vorgelege noch ein Zwischenrad r_6, das die Kraftübertragung von r_5 auf r_7 vermittelt. Die vorschriftsmäßige Arbeitsweise dieses Spindelstockes stellt noch an einzelne Räder und Wellen besondere Bedingungen. Soll z. B. die Maschine ohne Vorgelege laufen, so muß die Welle II exzentrisch gelagert sein, um durch Umlegen die Räderpaare $\frac{r_1}{r_2}$ und $\frac{r_3}{r_4}$ außer Eingriff zu bringen. Noch eins! Will man dabei auch

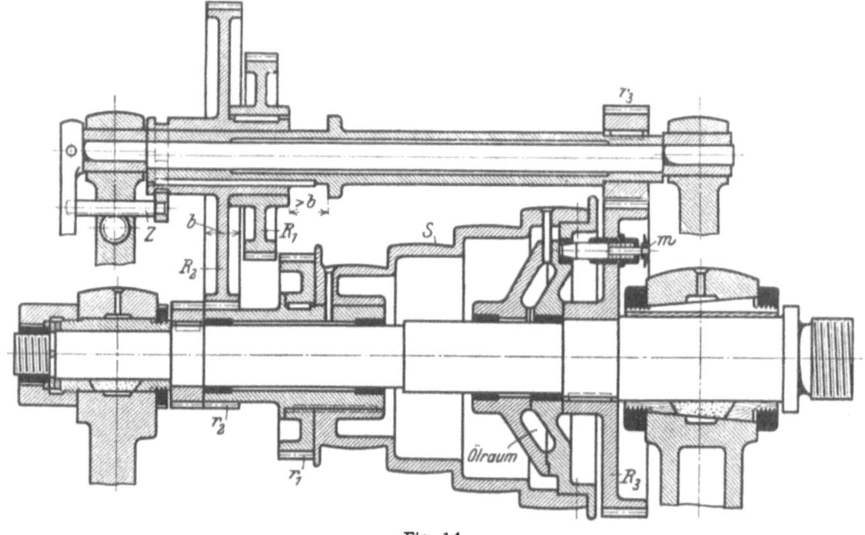

Fig. 14.

Fig. 15.
Mammut-Schnell-Drehbank von Berner & Cie, Nürnberg.

den Arbeitsverlust durch das Mitlaufen der Räder r_5, r_6, r_7 umgehen, so ist r_6 nach links zurückzuziehen. Das Arbeiten mit zwei Vorgelegen stellt noch weitere Forderungen. Um nämlich von Welle II aus die Arbeitsspindel unmittelbar treiben zu können, ist das Rad r_3 aus r_4 auszurücken und mit r_7 in Eingriff zu bringen. Hierzu muß die Radhülse auf II lang genutet sein. Die Räder r_3 bis r_7 müssen außerdem gleiche Teilung haben, und die gegenseitige Lage der einzelnen Wellen ist mit Rücksicht auf den Doppelzweck des Rades r_3 zu bestimmen. Auf Grund dieser Konstruktion ist der Spindelstock wie folgt zu bedienen:

a) Arbeiten ohne Vorgelege: Mitnehmer einrücken, II ausrücken und r_6 zurückziehen;

Umläufe $n_1 - n_4$;

b) mit zwei Vorgelegen von der Übersetzung

$$\varphi_1 = \frac{r_1}{r_2} \cdot \frac{r_3}{r_7} = \frac{1}{2} \cdot \frac{1}{3} = \frac{1}{6}$$

Bedienung: Mitnehmer ausrücken, II einrücken, r_3 nach r_7 und r_6 aus r_7 zurückziehen;

Umläufe $n_5 = \varphi_1 n_1$ bis $n_8 = \varphi_1 n_4$

c) mit drei Vorgelegen von der Übersetzung

$$\varphi_2 = \frac{r_1}{r_2} \cdot \frac{r_3}{r_4} \cdot \frac{r_5}{r_6} \cdot \frac{r_6}{r_7} = \frac{r_1}{r_2} \cdot \frac{r_3}{r_4} \cdot \frac{r_5}{r_7}$$

$$= \frac{1}{2} \cdot \frac{1}{2} \cdot \frac{5}{22} = \frac{5}{88} = \frac{1}{17{,}6}$$

Umläufe $n_9 = n_1 \varphi_2$ bis $n_{12} = n_4 \varphi_2$

Bedienung wie bei b, nur sind r_3 in r_4 und r_6 in r_5 und r_7 einzurücken.

Bei der konstruktiven Durchbildung des Bernerschen Spindelstockes, Fig. 18 u. 19, ist das Rad r_3 bezw. c auf der langgenuteten Hülse H auf II verschiebbar und in beiden Arbeitsstellungen durch die Feder gehalten. Zum Zurückziehen von r_6 bezw. g ist IV ausziehbar gelagert.

Im Vergleich zu der ersten Ausführung muß man anerkennen, daß der Bernersche Spindelstock ziemlich kurz ausfällt. Jeder Arbeitsverlust durch leerlaufende Räderpaare ist zu vermeiden. Nicht so günstig gestaltet sich aber die Kritik auf einfache Bedienung. In diesem Punkte kommt der Spindelstock von Berner & Cie. dem vorhergehenden nicht gleich. Bei gewissenhafter Bedienung sind nämlich 4 Stellen zu untersuchen. Dieses erfordert viel Zeit, zumal beim Einrücken von r_6 zwei Zahneingriffe aufzusuchen sind. Allerdings muß man zugeben, daß bei den 7 Rädern, abgesehen von einer fahrlässigen Benutzung des Mitnehmers, keine Zahnbrüche entstehen können, ein Vorzug für die Betriebssicherheit, der schon manchen Handgriff mit in Kauf nehmen läßt.

Für die Verschiebung des Rades r_6 zeigt der Spindelstock des Vulkan-Chemnitz (Fig. 20 und

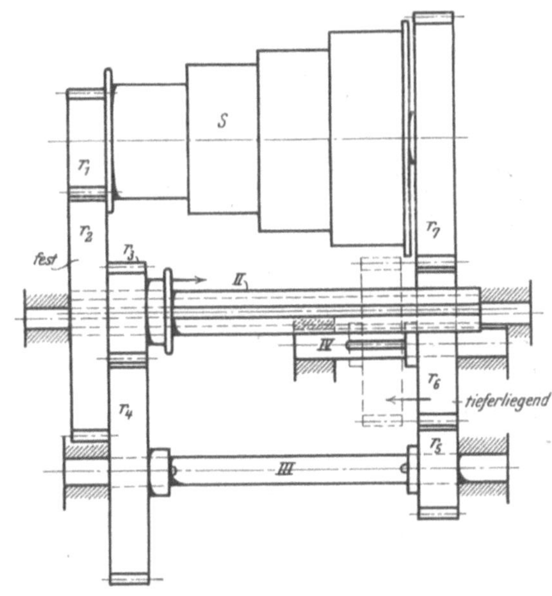

Fig. 16.

21) eine praktische Handhabe. Die r_6 umfassende Gabel g besitzt nämlich eine Zahnstange z, die mittels Trieb und Handrad vom Stande des Arbeiters bedient werden kann. Noch in einem anderen Punkte zeigt dieser Spindelstock einen Unterschied. Um das in Fig. 16 notwendig gewordene Verschieben

Fig. 17.
Spindelstock von Berner & Cie.

von r_3 nach r_7 zu umgehen, ist hier ein mit r_8 ständig kämmendes Rad r_7 vorgesehen. Die Übersetzung $\frac{r_1}{r_2}\cdot\frac{r_3}{r_4}\cdot\frac{r_5}{r_8}$ verlangt jedoch, das Rad r_7 auf der Radhülse zu entkuppeln und bei $\frac{r_1}{r_2}\cdot\frac{r_7}{r_8}$ wieder mittels k zu kuppeln, während r_3 und r_6 zurückzuziehen sind. Mit dieser Einrichtung ist allerdings eine neue Gelegenheit für fahrlässiges Bedienen geschaffen.

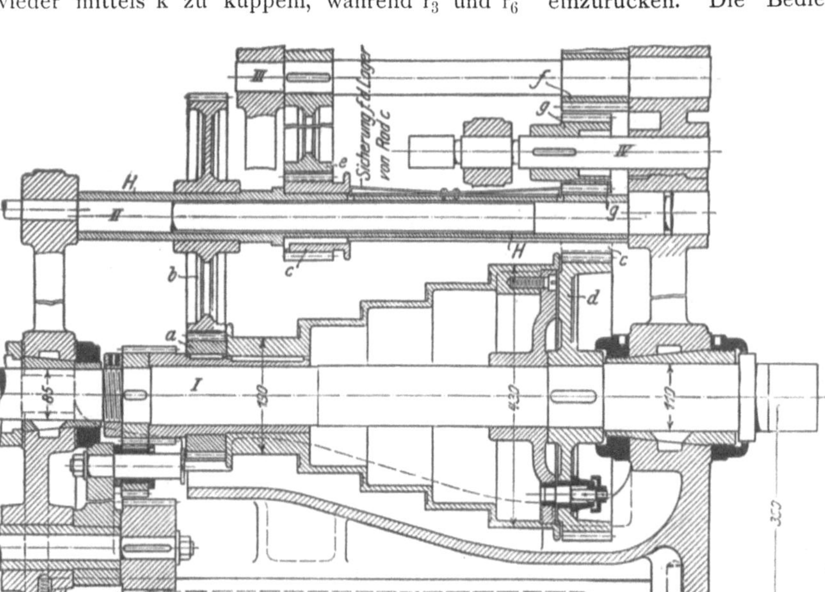

Fig. 18.

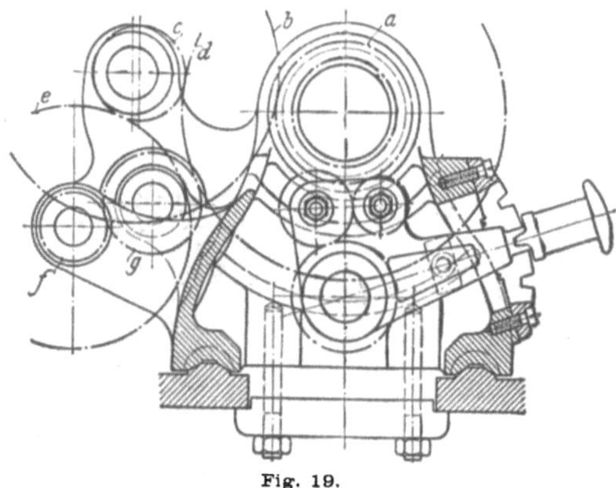

Fig. 19.

Eine Erleichterung läßt sich auch hier noch schaffen. Sobald man das Mitlaufen einiger Räder in Kauf nimmt, ist das in Fig. 16 erforderliche Verschieben des Rades r_3 nach r_4 oder r_7 zu umgehen. Dieses erfordert allerdings, wie in Fig. 20 und 21, ein mit r_7 ständig kämmendes Rad r_3', welches wie r_3 lose auf der Hülse II sitzt (Fig. 22). Um bei dieser Anordnung die 2 Vorgelege $\frac{r_1}{r_2}$, $\frac{r_3'}{r_7}$ benutzen zu können, müßte r_3' durch eine Zahnkupplung K gekuppelt und r_3 entkuppelt werden. Bei 3 Vorgelegen wäre hingegen K in das Rad r_3 einzurücken. Die Bedienung ist dadurch auf höchstens 3 leicht auszuführende Handgriffe beschränkt, die abgesehen vom Mitnehmer jede Fahrlässigkeit ausschließen.

Eine ziemliche Handlichkeit in dem Gebrauch des Spindelstockes läßt sich bei gleicher Gruppierung der Räder durch die exzentrische Ausrückung sämtlicher Vorgelege erreichen. Die Einrichtung beseitigt auch das oben bemängelte Mitlaufen der nicht arbeitenden Räder. Mit dieser Konstruktion (Fig. 23) ist allerdings noch eine kleine Abänderung verbunden. Soll nämlich die Maschine mit 3 Vorgelegen arbeiten, so muß die Radhülse auf I geteilt sein. Durch die geteilte Hülse kann dann r_1 auf r_2, r_3 auf r_4 und r_5 auf r_6 bez. r_7 wirken. Andererseits muß bei 2 Vorgelegen der Kraftweg von r_1 über r_2 nach r_6 auf r_7 gehen. Hierzu sind die beiden Hülsenhälften a und b mittels k zu kuppeln und die Vorgelegewelle II zurückzulegen.

Obigen Gedanken hat Wohlenberg bei dem Spindelstock seiner Schnelldrehbank kleineren Modelles ausgebaut (Fig. 24 u. 25). Die Ausrückung der Vorgelege $\frac{r_1}{r_2}$ und $\frac{r_6}{r_7}$ ist durch eine exzentrische Lagerung der Welle I erreicht und die der Vorgelege $\frac{r_3}{r_4}\cdot\frac{r_5}{r_6}$ durch eine außerachsig gebohrte Laufbuchse der Welle II. Letztere wird mit dem Handgriff H_2 umgelegt. Die Radhülse auf I ist geteilt und durch die Kupplung k als Ganzes zu kuppeln.

Bedienung:

a) ohne Vorgelege: m einrücken, I und II zurücklegen.

4 Umläufe n_1 bis n_4

b) mit 2 Vorgelegen von der Übersetzung $\varphi_1 = \frac{r_1}{r_2}\cdot\frac{r_6}{r_7} = \frac{1}{9}$: m ausrücken, I einrücken, desgl. k, II ausrücken.

4 Umläufe $n_5 = n_1\,\varphi_1$ bis $n_8 = n_4 \cdot \varphi_1$

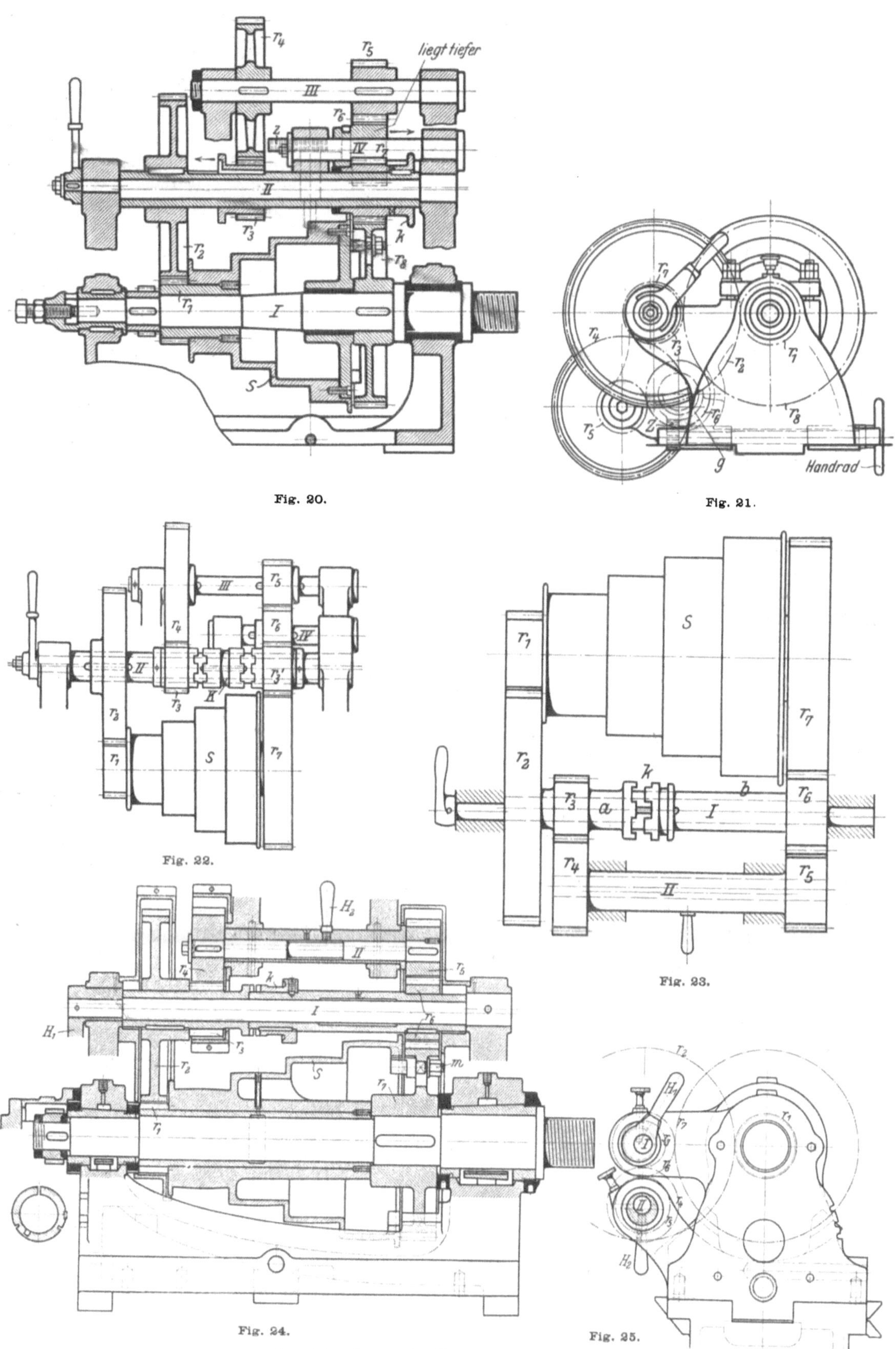

Fig. 20.

Fig. 21.

Fig. 22.

Fig. 23.

Fig. 24.

Fig. 25.

Spindelstock von H. Wohlenberg, Hannover.

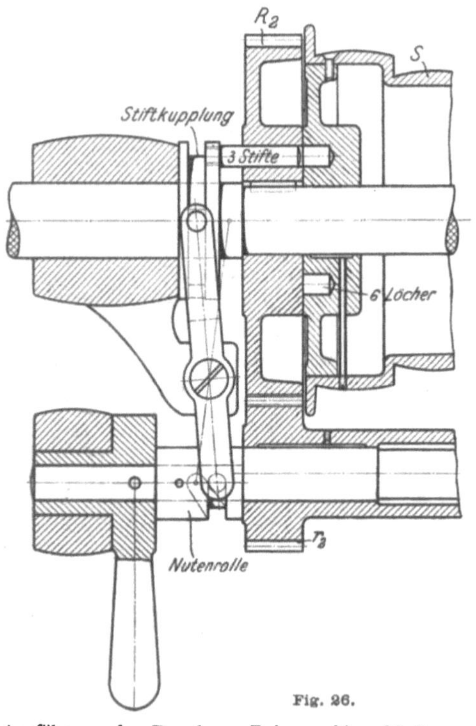

Fig. 26.

Ausführung der Dresdener Bohrmaschinenfabrik.

c) mit 3 Vorgelegen von der Übersetzung $\varphi_2 = \frac{r_1}{r_2} \cdot \frac{r_3}{r_4} \cdot \frac{r_5}{r_7} \cong \frac{1}{16{,}4}$, m und k ausrücken, I und II einrücken. 4 Umläufe $n_9 = n_1 \cdot \varphi_2$ bis $n_{12} = n_4 \varphi_2$.

Bei diesem Spindelstock ist wie in Fig. 20 u. 21 allerdings die Gefahr einer Betriebsstörung nicht beseitigt. Sobald nämlich bei Benutzung der 3 Vorgelege die Kupplung k nicht zurückgezogen ist, kann leicht ein Zahnbruch eintreten. Mit Einschluß des Mitnehmers ist daher auch hier doppelte Gelegenheit für Fahrlässigkeiten vorhanden. Der Spindelstock erfordert somit eine entsprechend aufmerksame Bedienung. In den seltensten Fällen wird zwar bei den hohen Umläufen der Transmission der Riemenzug die Gewalt haben, den Zahnbruch herbeizuführen. Immerhin läßt sich die Gefahr nicht von der Hand weisen. Sie sollte vielmehr dem Konstrukteur Veranlassung geben, die einzelnen Handgriffe von einander abhängig zu machen, sodaß schon durch die Konstruktion Fahrlässigkeiten ausgeschlossen sind.

Ein willkommenes Hilfsmittel bringt hier Figur 26. Durch die auf dem Exzenterzapfen der Vorgelegewelle sitzende Nutenrolle wird beim Ausrücken der Vorgelege die Stufenscheibe zwangläufig gekuppelt und beim Einrücken derselben wieder kraftschlüssig entkuppelt. Benutzt

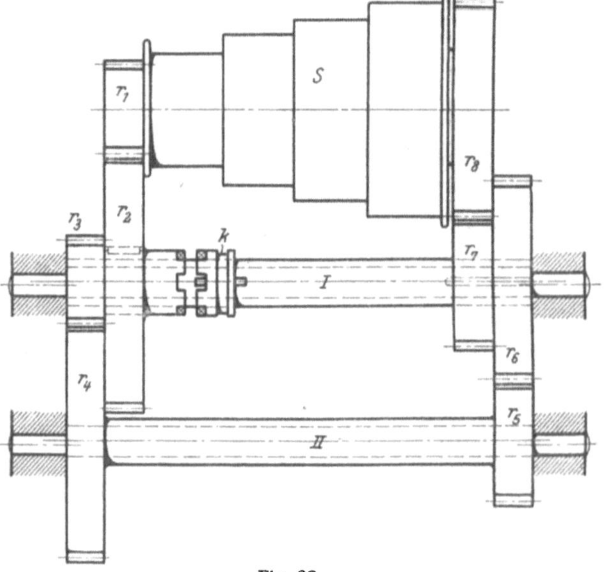

Fig. 28.

man die ähnliche Vorrichtung für die Kupplung k, wobei die Nutenrolle auf der Laufbuchse der Welle II sitzen würde, so ist durch die gegenseitige Abhängigkeit nicht nur die Gefahr eines Zahnbruches beseitigt, sondern auch die ganze Bedienung auf höchstens 2 Handgriffe beschränkt. Diesen großen Vorzug müßte man allerdings durch einen etwas längeren Spindelstock erkaufen. Für die Handhabung der Kupplung k läßt sich noch ein einfacheres Mittel finden. Soll mit dem Umlegen der letzten Vorgelegewelle

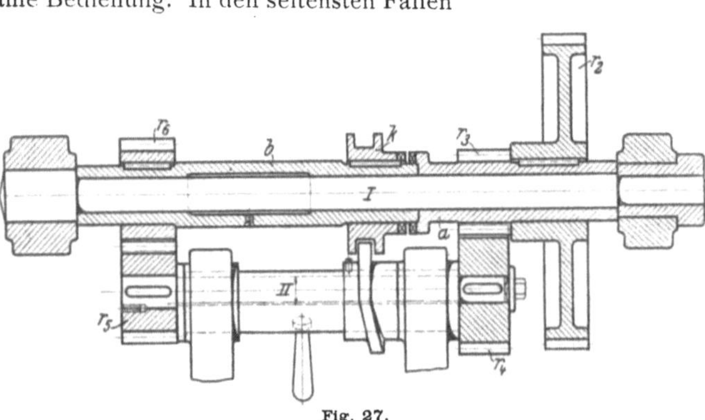

Fig. 27.

zugleich die Kupplung k ein- oder ausgerückt werden, so müßte die letztere von einer Art Schraubenflügel gefaßt werden. Dieser Gedanke ist in dem Ausrücker (Fig. 27) verkörpert. Der Flügel sitzt hier fest auf der Hülse von II. Er rückt die Kupplung k ein, sobald das letzte Vorgelege ausgerückt wird.

Ersetzt man bei den vorstehenden Spindelstöcken die vierstufige Scheibe durch eine fünfstufige, so ist unter Berücksichtigung der 3 Vorgelege der Geschwindigkeitswechsel auf 15 verschiedene Umläufe gesteigert. Diese Geschwindigkeitsreihe läßt sich noch durch ein doppeltes Deckenvorgelege auf 30 erhöhen.

unter Umständen Einwendungen erheben. Legt man nämlich das Vorgelege $\frac{r_3}{r_4}$ nach dem Innern des Spindelstocks (Fig. 31), so kann die Arbeitsspindel vielfach kürzer werden, vorausgesetzt daß der Antrieb der Leitspindel außerhalb des Spindelkastens liegt. Auch die Gefahr eines Zahnbruches, der durch irrtümliches Einrücken der Vorgelege herbeigeführt wird, läßt sich beseitigen, sobald man einige Räder mitlaufen läßt. So wird die Kupplung k in Fig. 32, sobald sie r_7 faßt, die Vorgelege $\frac{r_1}{r_2} \cdot \frac{r_7}{r_8}$ einschalten. Stellt man hingegen k auf r_3 ein, so arbeiten sämtliche Vor-

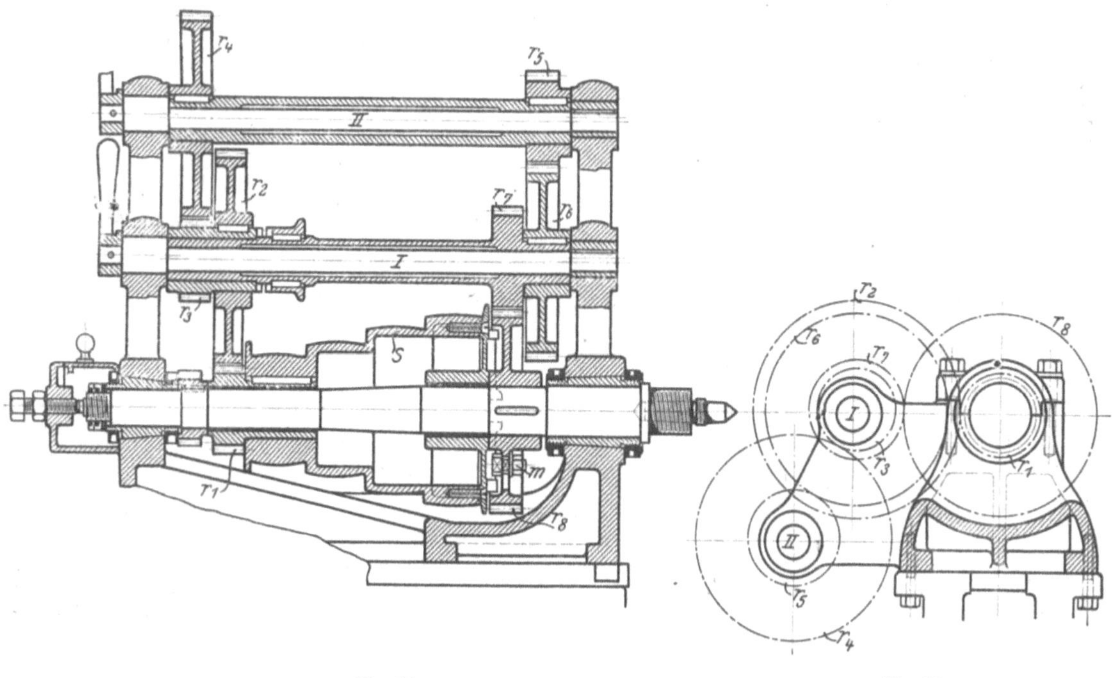

Fig. 29.

Fig. 30

Bei schweren Schnelldrehbänken reichen vielfach 3 Vorgelege nicht aus. Ihren großen Belastungen gegenüber ist man gezwungen, um ein gleichmäßiges Durchziehen des Riemens zu sichern, noch ein viertes Rädervorgelege einzubauen. Die Anordnung dieser 4 Vorgelege läßt sich in einfacher Weise aus Fig. 23 herleiten. Sobald nämlich die Welle II durch ein getrenntes Vorgelege auf I arbeitet, verliert r_6 die Rolle des Zwischenrades. Sämtliche Räder kommen daher in der Übersetzung zum Ausdruck.

Dieser Weg ist in Fig. 28—30 benutzt. Beide Vorgelegewellen sind zum Ausrücken der Vorgelege exzentrisch gelagert, während die gemeinsamen Räder r_2 und r_3 auf der Radhülse zu kuppeln und zu entkuppeln sind. Auch hier kann die Kritik

gelege auf die Arbeitsspindel. Mit dieser Einrichtung ist also nicht nur die Gefahr eines Zahnbruches verringert, sondern auch die Bedienung um einen Handgriff vermindert. Die Magdeburger Werkzeugmaschinenfabrik, Magdeburg-Neustadt, hat es sogar verstanden, bei dem Spindelstock ihrer Schnelldrehbänke (Fig. 33 u. 34) die leerlaufenden Räder auszuschalten. Die Vorgelegewelle I läuft hier in 3 außerachsig gebohrten Buchsen B_1, B_2, B_3. Letztere sind unter sich durch die 3 Hebel h und die Stange s_1 verbunden und so zum Ausrücken der ersten Vorgelege gemeinsam herumzulegen. Diese Bauart bedingt im Gegensatz zu früheren das Rad r_2 auf der Welle I selbst festzukeilen. Um jedoch beim Arbeiten mit 2 Vorgelegen die leerlaufenden Räder auszuschalten, sitzen r_3,

r_7 und r_6 lose auf I. Rückt man daher die Kupplung k auf r_7 ein, so arbeiten die Vorgelege $\frac{r_1}{r_2}$ und $\frac{r_7}{r_8}$, während die übrigen infolge der losen

Fig. 31.
Spindelstock der Firma Gebr. Böhringer, Göppingen.

Räder r_3 und r_6 ausgeschaltet sind. Allerdings erfordert das Einrücken sämtlicher Vorgelege noch eine Verbindung zwischen r_6 und r_7. Sollen nämlich alle 4 Vorgelege laufen, so ist zunächst k in r_3 einzurücken. Außerdem muß r_6 das eben ent-

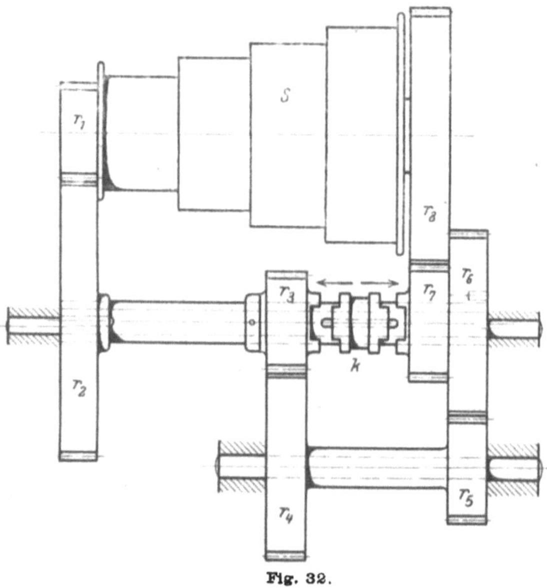

Fig. 32.

kuppelte Rad r_7 mitnehmen. Die letzte Aufgabe ist in der Weise gelöst, daß k und r_6 durch die Stange s_2 und die Griffe g zwangläufig verbunden sind. Durch diese Verbindung wird daher mit dem Einrücken von k in r_3 auch r_6 mit r_7 gekuppelt. Für eine handliche Bedienung ist bei dem Spindelstock bestens gesorgt. Der Arbeiter kann die Stange s_1 zum Ein- und Ausrücken der ersten Vorgelege bequem fassen. Das Einstellen von k und r_6 läßt sich mit einer Handkurbel am vorderen Spindelkasten vornehmen.

Die vorstehenden Spindelstöcke gestatten bei einer 4stufigen Scheibe und 4 Vorgelegen 12 verschiedene Umläufe. Man muß hier einwenden, daß die Anordnung der Vorgelege nicht erlaubt, den Spindelstock auch mit 3 Vorgelegen zu treiben. Hierdurch wäre die Reihe der Umdrehungen noch um 4 Umläufe erweitert. Es wäre somit eine bessere Möglichkeit geboten, die verschiedenen Materialschnittgeschwindigkeiten auszunutzen. Wollte man diese Erweiterung durchführen, d. h. die Maschine ohne oder mit 2, 3 oder 4 Rädervorgelegen arbeiten lassen, so wäre in Fig. 28 auf der Radhülse von II noch ein Rad r_5' anzubringen. Dieses Rad würde durch das Zwischenrad r_7 auf r_8 arbeiten, währenddessen das Räderpaar $\frac{r_5}{r_6}$ auszuschalten ist. Um letzteres zu ermöglichen, muß gegen früher eine Abänderung bei den Rädern r_5 und r_5' eintreten. Bei 4 Vorgelegen muß nämlich r_5 arbeiten, während r_5' ausgerückt ist. Läuft die Maschine hingegen mit 3 Vorgelegen, so muß r_5' in Tätigkeit treten und r_5 ausgerückt sein. Dieses abwechselnde Arbeiten von r_5 und r_5' verlangt, beide Räder auf der Hülse von II wechselweise kuppeln und entkuppeln zu können, eine Konstruktion, die Fig. 35 u. 36 zeigen. Die Räder r_5 und r_5' besitzen im Innern je einen Bremsring b, die sich durch einen Druckkeil k aufspreizen lassen. Letztere sitzen im festgekeilten Ringe r und kuppeln so r_5 bezw. r_5' mit der Hülse. Zum Andrücken der Keile k besitzt die lange verschiebbare Feder f eine Nase n. Die Räder sind also gekuppelt, sobald n unter dem betreffenden k steht.

Bei Schnelldrehbänken für besonders große Leistungen läßt sich in der Konstruktion des Spindelstockes noch eine Verbesserung schaffen. Im Interesse einer ruhig laufenden Arbeitsspindel erscheint es bei diesen Maschinen geboten, die Spindel von dem starken Drehmoment zu entlasten. Zu diesem Zweck muß die Planscheibe durch ein Zahnkranzgetriebe direkt angetrieben werden, eine Einrichtung, die bei schweren Planbänken schon vielfach ausgeführt ist. Bei Schnelldrehbänken verlangt aber die Anordnung dieses Planscheibenantriebes eine besondere Beachtung. Bei leichten und mittelschweren Werkstücken soll nämlich die

Fig. 33.

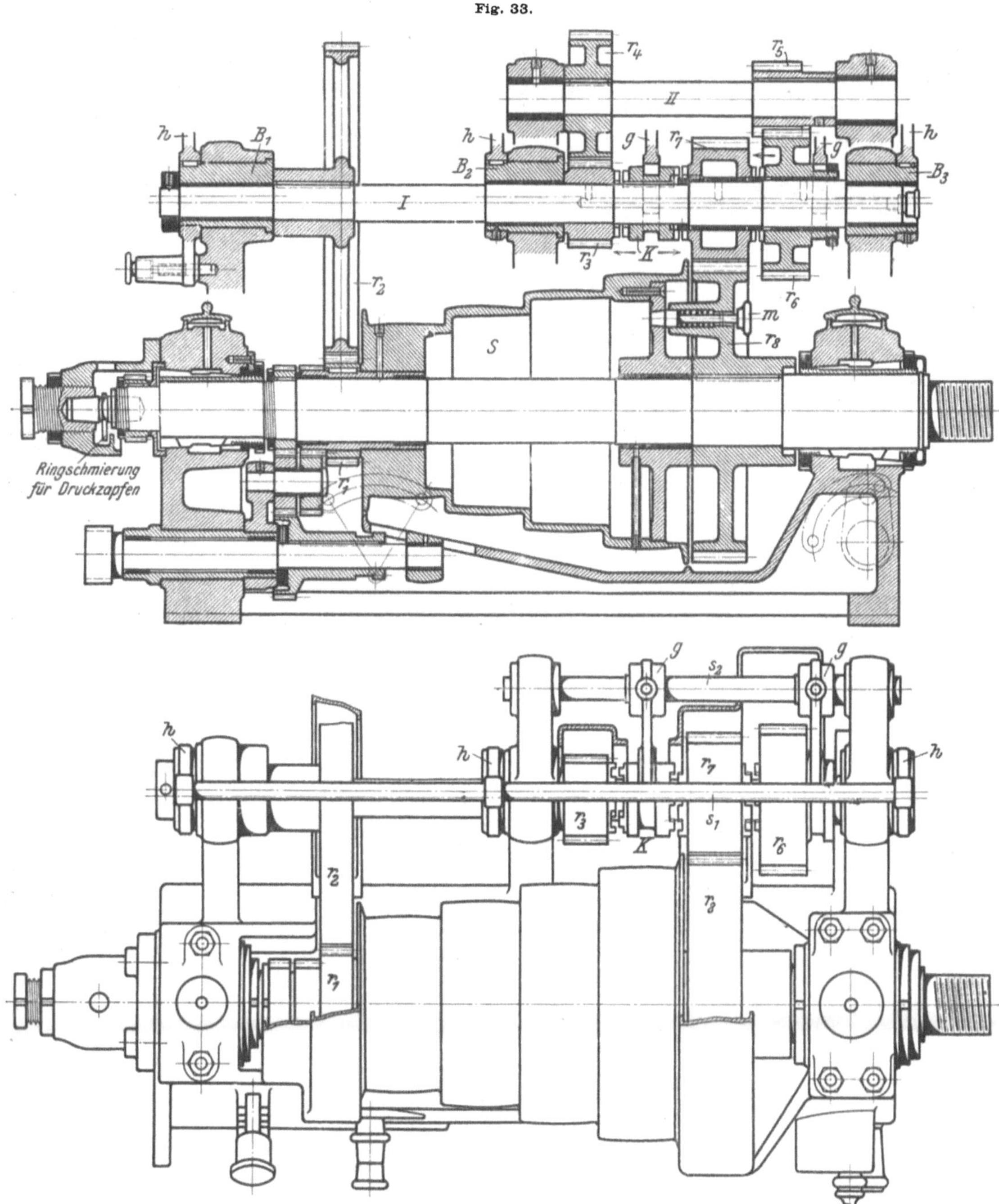

Fig. 34.

Stufenscheibe oder auch letztere in Verbindung mit einigen Vorgelegen die Arbeitsspindel direkt treiben und diese die Planscheibe mitnehmen. Zum Schruppen schwerer Arbeitsstücke hingegen sollen sämtliche Vorgelege direkt auf die Planscheibe arbeiten, sodaß die Spindel entlastet wird. Diese Vorschrift stellt jedoch die Bedingung, die Rädervorgelege derart anzuordnen, daß

1. die Stufenscheibe allein oder auch in Verbindung mit einigen Vorgelegen die Arbeitsspindel betätigen kann, und daß
2. sämtliche Vorgelege direkt auf die Planscheibe arbeiten können.

Die vorstehende Aufgabe findet eine praktische Lösung durch die Verlegung des früheren 3. oder 4. Vorgeleges nach der Planscheibe. Durch diese Anordnung (Fig. 37 bis 39) entstehen allerdings

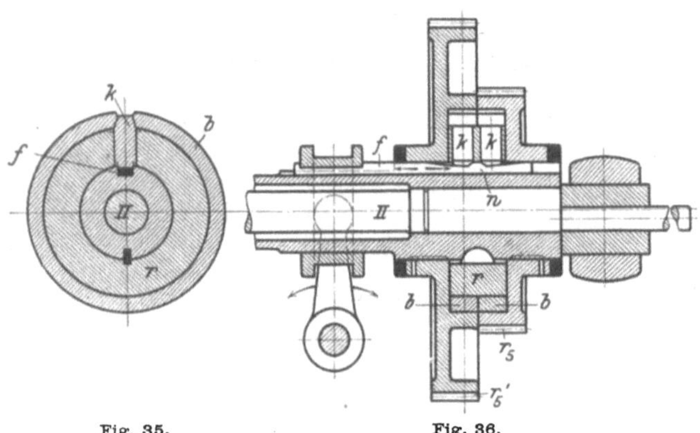

Fig. 35. Fig. 36.

für den Ausbau des Spindelstockes noch 3 weitere Forderungen. Soll nämlich die Maschine ohne Vorgelege arbeiten, so muß erstens zum Ausrücken von r_2 und r_7 die Welle I exzentrisch gelagert sein. Um die beiden Vorgelege $\frac{r_1}{r_2} \cdot \frac{r_7}{r_8}$ benutzen zu können, ist zweitens der Zahnkranzantrieb auszurücken, sodaß r_1 auf r_2 und r_7 auf r_8 wirken kann. Die Ausrückung des Planscheibenantriebes verlangt aber, sobald der Zahnkranz innen verzahnt ist, eine seitliche Verschiebung der 2. Vorgelegewelle. Mit dieser kommen $\frac{r_3}{r_4}$ und $\frac{r_5}{r_6}$ außer Eingriff. Die dritte Bedingung ergibt sich

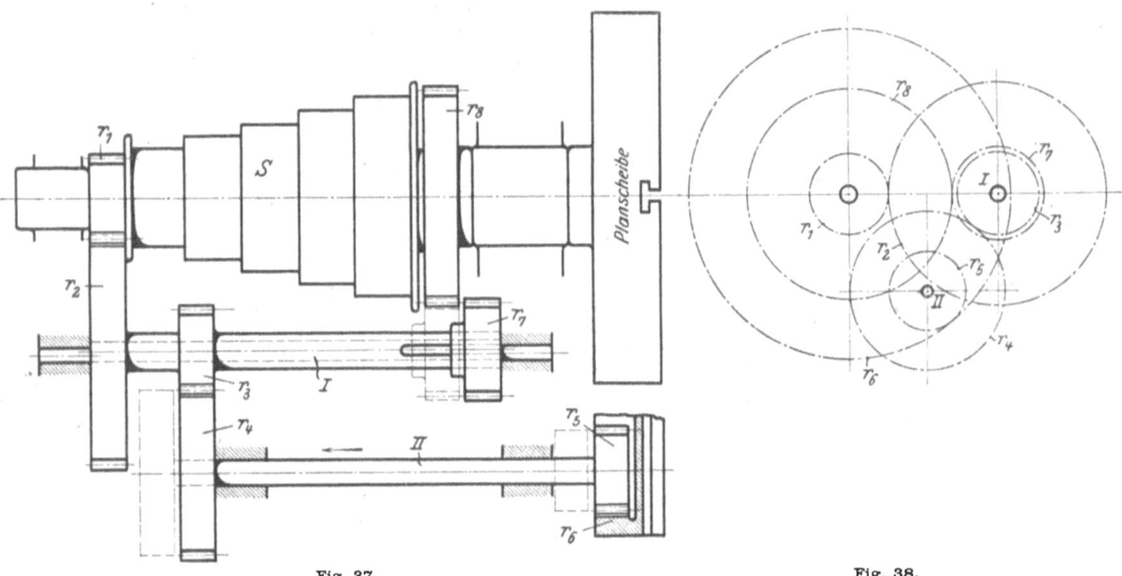

Fig. 37. Fig. 38.

beim Einrücken des Zahnkranzgetriebes. Für den Antrieb der Planscheibe müssen nämlich r_1 auf r_2, r_3 auf r_4 und r_5 auf den Zahnkranz r_6 arbeiten. Diese Arbeitsweise ist aber nur möglich, wenn r_7 auf I verschiebbar sitzt, sodaß r_7 und r_8 außer Eingriff gebracht werden.

Gebrauchsanweisung:

a) ohne Vorgelege: Mitnehmer einrücken, I und II ausrücken;

b) 2 Vorgelege $\frac{r_1}{r_2} \cdot \frac{r_7}{r_8}$: Mitnehmer und II ausrücken, I einrücken und r_7 nach r_8;

c) 3 Vorgelege $\frac{r_1}{r_2} \cdot \frac{r_3}{r_4} \cdot \frac{r_5}{r_6}$: Mitnehmer und r_7 ausrücken, I und II einrücken.

Die Kritik müßte dieser Konstruktion gegenüber einwenden, daß an 3 Stellen Gelegenheit für Fahrlässigkeiten geboten ist. Der Mitnehmer und die Räder r_7, r_4 und r_5 können zugleich eingerückt sein, ein Zustand, der eventuell zu Zahnbrüchen führt. Die Maschine erfordert daher aufmerksame Bedienung. Abgesehen von dem verschiebbaren Rade r_7 wird die Handhabung des Spindelstockes namentlich durch das Einrücken des Vorgeleges II erschwert, bei dem zugleich 2 Zahneingriffe abzupassen sind. Es läßt sich allerdings noch eine kleine Erleichterung erzielen. Rückt man zunächst r_7 und II in die entsprechenden Stellungen und hierauf I ein, so wird das Aufsuchen des doppelten Zahneingriffs umgangen. Die Anordnung der Räder kann auch nicht als vollkommen bezeichnet werden, da jede Möglichkeit fehlt, die 3 Vorgelege direkt auf die

Arbeitsspindel wirken zu lassen. Diese Arbeitsweise dürfte namentlich beim Schlichten schwerer Werkstücke mit gewöhnlichen Stählen als empfehlenswert erscheinen, damit nicht der Stoß der Zähne unmittelbar auf das Werkstück kommt.

Will man die vorerwähnte Erweiterung berücksichtigen, so ist auf der Vorgelegewelle II noch ein weiteres Rad r_5 anzuordnen (Fig. 40 u. 41). Dieses Rad muß beim Arbeiten mit 3 Vorgelegen auf das lose Rad r_6 arbeiten, während r_8 aus der Planscheibe zurückgezogen oder, wie in Fig. 40, entkuppelt wird. Für den Antrieb der letzteren ist r_8 in den Zahnkranz einzurücken oder mittels k_2 zu kuppeln und r_5 aus r_6 zurückzuziehen oder mit Hilfe von k_2 zu entkuppeln, während k_1 gleichfalls ausgerückt ist. Es arbeiten alsdann r_1 auf r_2, r_3 auf r_4 und r_8 auf r_9, während r_6 und r_5 lose mitlaufen. Bei 2 Vorgelegen ist entweder die Welle II nach links zurückzuschieben, sodaß ihre Räder außer Eingriff stehen oder wie hier k_2 auf Mittelstellung zu bringen. Außerdem ist a mit b zu kuppeln. Um die Stufenscheibe allein benutzen zu können, ist noch die Vorgelegewelle I exzentrisch ausrückbar einzurichten.

Zurückschieben der Welle II aus dem Zahnkranz r_9 herauszuziehen. Hierzu besitzt die Laufbuchse von II eine Zahnstange z_1, die mittels des Triebes a das Ganze seitlich verschiebt. Das Arbeiten mit

Fig. 39.

obigen Vorgelegen verlangt noch eins. Wie in Fig. 24 u. 25, so ist auch hier die Radhülse auf I zu teilen und mittels k zu entkuppeln. Für die Benutzung des Planscheibenantriebes $\frac{r_1}{r_2} \cdot \frac{r_3}{r_4} \cdot \frac{r_8}{r_9}$ ist zunächst mittels a r_8 in den Zahnkranz r_9 einzu-

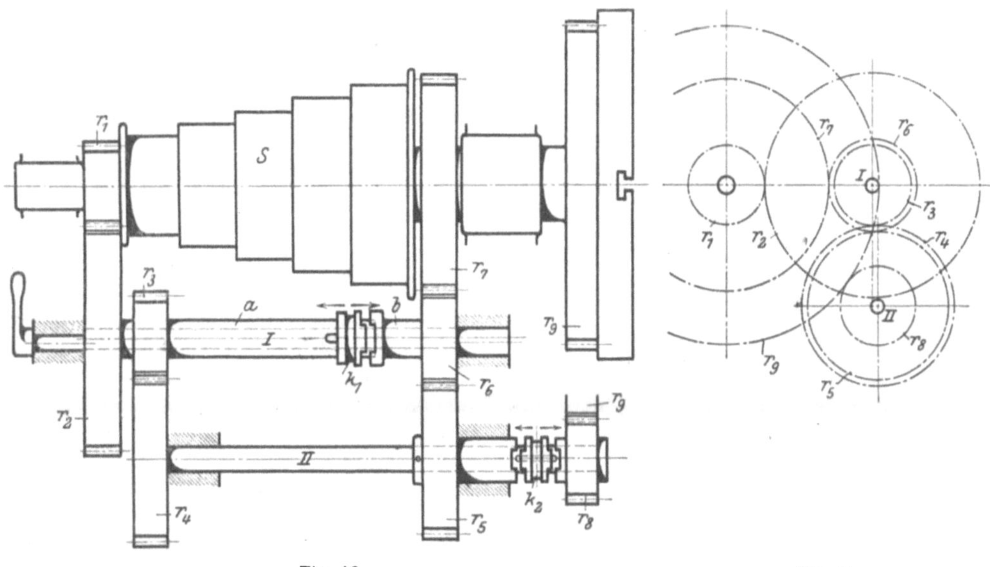

Fig. 40. Fig. 41.

Einen ähnlichen Gedankengang hat die Firma H. Wohlenberg, Hannover, ihrem Spindelstock für schwere Schnelldrehbänke zugrunde gelegt und in eine ziemlich handliche Form gekleidet (Fig. 42 u. 43).

Bei dem Wohlenbergschen Spindelstock ist für das Arbeiten mit und ohne Planscheibe folgende Einrichtung getroffen. Um die Vorgelege $\frac{r_1}{r_2} \cdot \frac{r_3}{r_4} \cdot \frac{r_5}{r_6} \cdot \frac{r_6}{r_7}$ benutzen zu können, ist r_8 durch rücken. Um dabei den direkten Antrieb der Spindel, d. h. $\frac{r_5}{r_6} \cdot \frac{r_6}{r_7}$ auszuschalten, ist die Radhülse mit r_4 und r_5 auf II verschiebbar angebracht. Durch den Trieb b ist daher die Radhülse soweit nach links vorzuschieben, bis r_5 und r_6 außer Eingriff stehen. In dieser Linksstellung muß aber der Eingriff von $\frac{r_3}{r_4}$ gewahrt bleiben. Dies erfordert bei dem Rade r_3 eine entsprechende Zahnbreite.

Gebrauchsanweisung:

1. ohne Vorgelege: I zurücklegen und II zurückziehen, m einrücken.

Umdrehungen:

$$n_1 - n_5;$$

2. mit 2 Vorgelegen $\varphi_1 = \frac{r_1}{r_2} \cdot \frac{r_6}{r_7}$: m ausrücken, r_8 mittels a zurückziehen, r_4 und r_5 mittels b zurückschieben, sodaß r_5 und r_6 nicht mehr kämmen, Vorgelegewelle I einrücken und desgl. k;

Umdrehungen:

$$n_6 = n_1 \cdot \varphi_1$$

bis $$n_{10} = n_5 \cdot \varphi_1;$$

lich Gewissenhaftigkeit voraus. Allerdings sind für die verschiedenen Ausrückungen bequeme Handhaben vorgesehen, eine Bequemlichkeit, durch die sich der Spindelstock vor anderen auszeichnet.

In der Bedienung des Spindelstockes wird auf alle Fälle eine größere Bequemlichkeit erreicht, sobald man die 4 Vorgelege auf 3 Nebenwellen verteilt. Diese Anordnung gewährt nämlich außer einer größeren Übersetzung noch die Möglichkeit, durch die exzentrische Lagerung der Vorgelegewellen die Räderübersetzungen bequem ein- und ausschalten zu können. Wie aus Fig. 44 u. 45 ersichtlich, erfordert das Arbeiten mit 2 oder 4 Vorgelegen ein Kuppeln bezw. Entkuppeln der Räder r_2 und r_3. Die Benutzung des Planscheibenantriebs setzt hingegen ein Zurückziehen des Rades r_5 voraus, sodaß r_1 auf r_2, r_3 auf r_4, r_9 auf r_{10} und r_{11} auf r_{12} arbeiten. Den oben erwähnten Vorzug hat die Firma Gebr. Böhringer, Göppingen, erkannt und bei ihren Schnelldrehbänken zum Ausdruck gebracht.

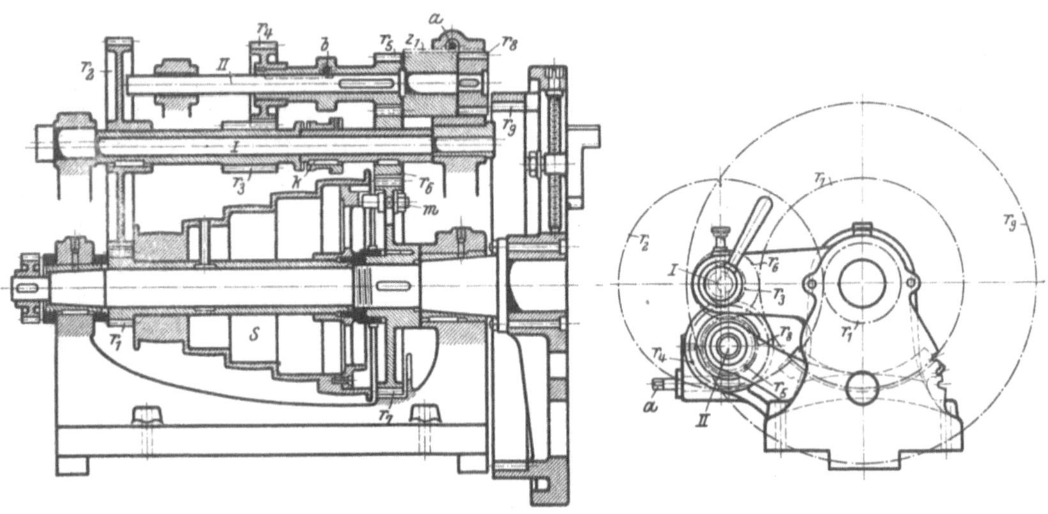

Fig. 42. Fig. 43.

3. mit 3 Vorgelegen $\varphi_2 = \frac{r_1}{r_2} \cdot \frac{r_3}{r_4} \cdot \frac{r_5}{r_7}$: m ausrücken, r_8 aus r_9 zurückziehen, Vorgelegewelle I einrücken und ebenso r_5 in r_6 mittels b, k ausrücken.

Umdrehungen:

$$n_{11} = n_1 \cdot \varphi_2$$

bis $$n_{15} = n_5 \cdot \varphi_2;$$

4. mit Planscheibentrieb $\varphi_3 = \frac{r_1}{r_2} \cdot \frac{r_3}{r_4} \cdot \frac{r_8}{r_9}$: m ausrücken, desgl. k, I einrücken, r_8 in r_9 einrücken, desgl. r_4 in r_3 und zugleich r_5 aus r_6 zurückziehen.

$$n_{16} = n_1 \cdot \varphi_3$$

bis $$n_{20} = n_5 \cdot \varphi_3$$

Der Wohlenbergsche Spindelstock gestattet zur besseren Ausnutzung der Schnittgeschwindigkeit also 20 verschiedene Umdrehungen. Bei einem Geschwindigkeitswechsel sind allerdings eine ganze Reihe von Ausrückern zu prüfen. Dieses setzt natürlich Gewissenhaftigkeit voraus.

Gebrauchsanweisung:

a) ohne Vorgelege: I, II und III ausrücken und Mitnehmer einrücken;

Umdrehungen: $n_1 - n_5$;

b) mit 2 Vorgelegen von $\varphi_1 = \frac{r_1}{r_2} \cdot \frac{r_7}{r_8}$: I und k einrücken, II, III und Mitnehmer ausrücken;

Umdrehungen: $n_6 = n_1 \varphi_1$ bis $n_{10} = n_5 \varphi_1$;

c) mit 4 Vorgelegen von $\varphi_2 = \frac{r_1}{r_2} \cdot \frac{r_3}{r_4} \cdot \frac{r_5}{r_6} \cdot \frac{r_7}{r_8}$ I, II und r_5 in r_6 einrücken, Mitnehmer, k und III ausrücken;

Umdrehungen $n_{11} = n_1 \varphi_2$ bis $n_{15} = n_5 \varphi_2$;

d) mit dem Zahnkranzantrieb von

$$\varphi_3 = \frac{r_1}{r_2} \cdot \frac{r_3}{r_4} \cdot \frac{r_9}{r_{10}} \cdot \frac{r_{11}}{r_{12}}$$

I, II und III einrücken, k, Mitnehmer und r_5 ausrücken,

Umdrehungen $n_{16} = n_1 \varphi_3$ bis $n_{20} = n_5 \varphi_3$.

Von theoretischer Seite müßte man dem Spindelstock vorhalten, daß bei Benutzung der Planscheibe das Räderpaar r_7 und r_8 leer mitläuft. In der Bedienung sind zwar eine Reihe von Handgriffen erforderlich, die aber leicht zu übersehen sind.

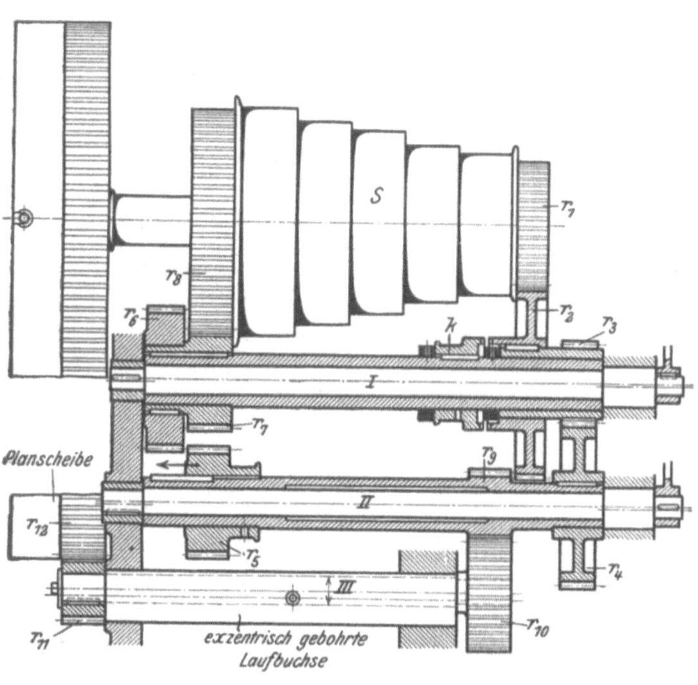

Fig. 44.

Eine sinnreiche Anordnung der Rädervorgelege hat die Firma Paul Blell, Zeulenroda getroffen (Fig. 46). Gegenüber den bisher besprochenen Ausführungen verfolgt die Blellsche Konstruktion den Gedanken, nicht nur sämtliche Vorgelege auf die Planscheibe arbeiten zu lassen, sondern auch verschiedene Vorgelege abwechselnd in den Planscheibenantrieb einschalten zu können. So bietet der Spindelstock von Blell die Möglichkeit, je nach der Größe des Werkstückes die Planscheibe mit 2 oder auch 3 Vorgelegen anzutreiben. Mit dieser Einrichtung ist naturgemäß eine noch größere Entlastung der Spindel verbunden.

Die praktische Ausführung dieses Gedankens verlangt an erster Stelle, die Rädervorgelege auf beide Seiten des Spindelstockes zu verteilen. Hierdurch ist schon unter Vorbehalt kleiner konstruktiver Änderungen die Möglichkeit geschaffen,

1. die Vorgelege $\frac{r_4}{r_5} \cdot \frac{r_6}{r_7}$ auf die Planscheibe arbeiten zu lassen und
2. zu diesem Antriebe sämtliche 3 Vorgelege $\frac{r_1}{r_2} \cdot \frac{r_3}{r_5} \cdot \frac{r_6}{r_7}$ heranzuziehen.

Die Mannigfaltigkeit des Spindelstocks setzt, wie schon erwähnt, einige konstruktive Änderungen voraus. Zunächst müssen für das Ein- und Ausrücken der verschiedenen Vorgelege die Wellen I und II exzentrisch gelagert sein. Die

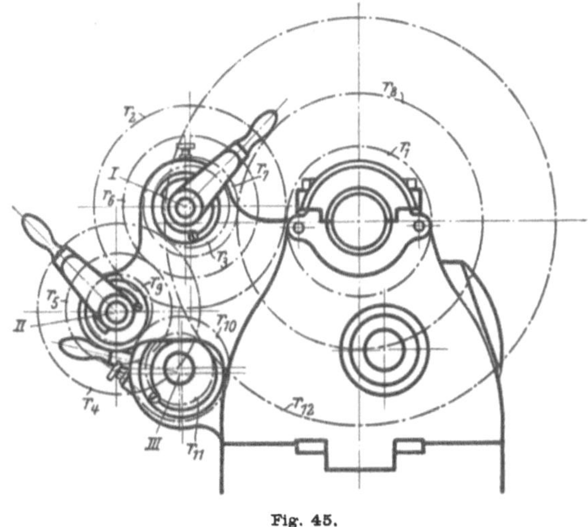

Fig. 45.

Benutzung der Vorgelege $\frac{r_4}{r_5} \cdot \frac{r_6}{r_7}$ bedingt ferner, das Rad r_4 lose auf der Arbeitsspindel anzuordnen und mit der Stufenscheibe S zu kuppeln, eine Forderung, der durch den Mitnehmer m_2 genügt ist. Durch das lose Rad r_4 ist zugleich die Aufgabe gelöst, die 3 Vorgelege $\frac{r_1}{r_2} \cdot \frac{r_3}{r_5} \cdot \frac{r_6}{r_7}$ auf die Planscheibe arbeiten zu lassen. Hierzu ist nur der Mitnehmer m_2 aus S zurückzuziehen. Konstruktive Neuerungen verursacht nur die Benutzung der Stufenscheibe bezw. der Vorgelege $\frac{r_1}{r_2} \cdot \frac{r_3}{r_4}$. Diese Antriebe sollen zum Schlichten der Werkstücke direkt auf die Arbeitsspindel wirken. Um hierzu die Stufenscheibe allein gebrauchen zu können, ist letztere wie früher mit der Arbeitsspindel zu kuppeln. Das gleiche verlangt die Benutzung der Vorgelege $\frac{r_1}{r_2} \cdot \frac{r_3}{r_4}$ von dem Rad r_4. Für beide Zwecke sitzt hier zwischen S und r_4 die feste Kuppelscheibe K. In K springt der Mitnehmer m_1 des Rades r_4 ein. An die Konstruktion dieses Mitnehmers sind jedoch 3 Bedingungen geknüpft:

1. beim Arbeiten mit der Stufenscheibe soll m_1 S und K wirksam kuppeln,
2. beim Arbeiten mit den Vorgelegen $\frac{r_1}{r_2} \cdot \frac{r_3}{r_4}$ soll m_1 K und r_4 wirksam verbinden, und

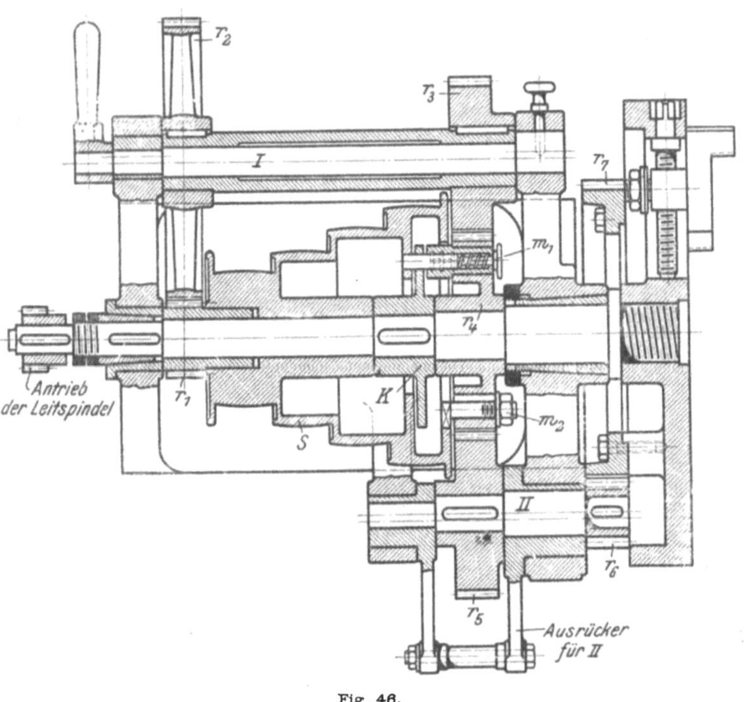

Fig. 46.

3. um die übrigen Vorgelege mit der Planscheibe benutzen zu können, ist m_1 ganz auszurücken.

Aus dieser Betrachtung ergeben sich für den

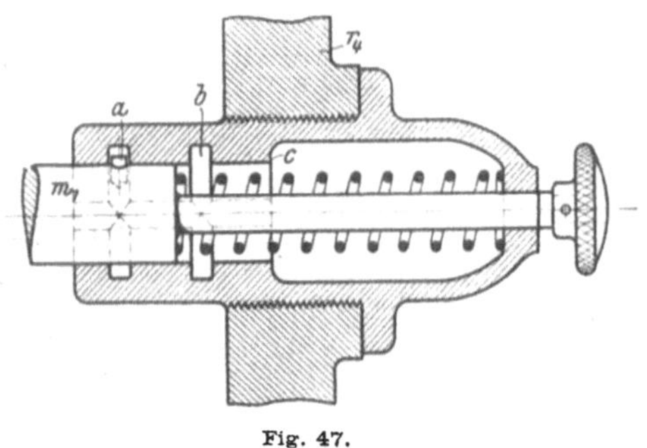

Fig. 47.

Mitnehmer m_1 3 Stellungen (Fig. 47), die durch die 3 Rasten a, b und c geschaffen sind. Wird m_1 hierbei auf a eingestellt, so ist die Stufenscheibe S mit K und r_4 gekuppelt, auf b: r_4 mit K und auf c: K, S und r_4 entkuppelt.

Handhabung:

1. Arbeiten ohne Vorgelege: m_1 auf a, I, II und m_2 ausrücken.
   Umdrehungen n_1 bis n_4,
2. Arbeiten mit $\varphi_1 = \frac{r_1}{r_2} \cdot \frac{r_3}{r_4}$: m_1 auf b und I einrücken, II und m_2 ausrücken.
   Umdrehungen: $n_5 = n_1 \varphi_1$ bis $n_8 = n_4 \varphi_1$,
3. mit $\varphi_2 = \frac{r_1}{r_2} \cdot \frac{r_3}{r_5} \cdot \frac{r_6}{r_7}$, m_1 auf c, I und II einrücken, m_2 ausrücken.
   Umdrehungen: $n_9 = n_1 \varphi_2$ bis $n_{12} = n_4 \varphi_2$,
4. mit $\varphi_3 = \frac{r_4}{r_5} \cdot \frac{r_6}{r_7}$, m_1 auf c, I ausrücken, m_2 und II einrücken.
   Umdrehungen: $n_{13} = n_1 \varphi_3$ bis $n_{16} = n_4 \varphi_3$.

So sinnreich diese Konstruktion ist, so kann man doch nicht verhehlen, daß ihre Bedienung eine gewisse Zuverlässigkeit verlangt, namentlich bei m_1.

Wie schon bei der Anordnung der mehrfachen Rädervorgelege erwähnt, soll die Konstruktion des Spindelstockes neben einer handlichen und sicheren Bedienung eine möglichst kurze Spindel anstreben die ohne jegliches Spiel läuft. Denn in einer kurzen und kräftigen Spindel liegt eine der wichtigsten Bedingungen für eine gutarbeitende Maschine. Dieser Grundsatz ist bei den Spindelstöcken in Fig. 10 bis 14 wohl erwogen und durch eine auffallend starke Spindel befriedigt. Wohlenberg und Blell haben dieser Forderung noch durch eine besondere Versteifung der Spindel Rechnung getragen, indem sie die Nabe der Stufenscheibe ganz durchführten. Mit dieser Ausführung ist zugleich ein Auslaufen der Scheibe soweit als möglich vermieden, sodaß letztere nicht so leicht schlagen kann.

Die Spindel selbst erfährt noch eine Verkürzung, sobald das Wendeherz für den Antrieb der Leitspindel außerhalb des Spindelstockes liegt. Auch in diesem Punkte sind die Spindelstöcke von Wohlenberg und Blell wohldurchdacht.

Eine wichtige Konstruktionsaufgabe ist, bei den Schnelldrehbänken eine gute und dauerhafte Spindellagerung zu erreichen. Soll die Arbeitsspindel ruhigen Gang gewährleisten, so darf sie nach keiner Richtung schlagen. Die Lager müssen daher allseitig schließen und die Spindel selbst gegen seitliche Verschiebung vollkommen festliegen. Selbst bei eingetretenem Verschleiß muß jedes Spiel, sowohl radial als auch axial, wieder auszugleichen sein. Diese Bedingungen sind durch nachstellbare Lagerkonen und durch ein besonderes Drucklager gelöst, durch welches die Spindel axial festgelegt ist. Die Nachstellung der Spindellager findet man bei den neueren Konstruktionen fast überall an dem hinteren Drucklager. So gestattet in Fig. 10 die hintere Ringmutter M, die Spindel axial nachzustellen.

Die Berechnung des Stufenscheibenantriebes mit mehrfachen Rädervorgelegen.

Der Grundgedanke der Berechnung ist, bei allen Werkstücken von $\varnothing_{min}$ bis $\varnothing_{max}$ die Schnittgeschwindigkeit ziemlich gleichzuhalten. Man ordnet daher die z verschiedenen Umdrehungen der Maschine nach einer geometrischen Reihe:

$$n_1, n_2, n_3 \ldots n_z.$$

Nach dem Gesetz der geometrischen Reihe ist:

$$\begin{aligned} n_2 &= n_1 q \\ n_3 &= n_1 q^2 \\ &\;\vdots \\ n_z &= n_1 q^{z-1}. \end{aligned}$$

Demnach ist die Reihe der z Umläufe:

$$n_1,\ n_1 q,\ n_1 q^2, \ldots,\ n_1 q^{z-2},\ n_1 q^{z-1}.$$

Aus dem Endgliede $n_z = n_1 q^{z-1}$ ergibt sich der Quotient der Reihe:

1) $$q = \sqrt[z-1]{\frac{n_z}{n_1}}$$

Die Übersetzung der Rädervorgelege.

Werden z. B. 3 Rädervorgelege eingebaut, so erhält man bei z verschiedenen Umdrehungen $\frac{z}{3}$ Umläufe mit der Stufenscheibe allein, $\frac{z}{3}$ weitere Umdrehungen mit 2 Vorgelegen und nochmals $\frac{z}{3}$ Umdrehungen mit 3 Vorgelegen.

Hiernach gruppieren sich die Umläufe der Maschine wie folgt:

ohne Vorgelege $n_1 q^{z-1},\ n_1 q^{z-2}, \ldots,$

$$n_1 q^{z-\frac{1}{3}z} = n_1 q^{\frac{2}{3}z};$$

mit 2 Vorgelegen $n_1 q^{\frac{2}{3}z-1} \ldots,$

$$n_1 q^{\frac{2}{3}z-\frac{1}{3}z} = n_1 q^{\frac{z}{3}};$$

mit 3 Vorgelegen $n_1 q^{\frac{z}{3}-1} \ldots n_1.$

Ist die Übersetzung der ersten beiden Vorgelege φ_1, so muß infolge der gleichen Riemenlage

$$n_1 q^{z-1} \cdot \varphi_1 = n_1 q^{\frac{2}{3}z-1} \text{ sein,}$$

also $$\varphi_1 = \frac{n_1 q^{\frac{2}{3}z-1}}{n_1 q^{z-1}} = q^{-\frac{z}{3}}$$

2) $$\varphi_1 = \frac{1}{q^{\frac{z}{3}}}$$

Die Übersetzung φ_2 der 3 Vorgelege ergibt sich in gleicher Weise aus:

$$n_1 q^{z-1}\, \varphi_2 = n_1 q^{\frac{z}{3}-1}$$

also $$\varphi_2 = \frac{n_1 q^{\frac{z}{3}-1}}{n_1 q^{z-1}} = q^{-\frac{2}{3}z}$$

3) $$\varphi_2 = \frac{1}{q^{\frac{2}{3}z}}$$

Die Berechnung der Stufendurchmesser erfolgt in der Regel unter der Voraussetzung, daß

1. die Maschinenscheibe gleiche Abstufungen erhält und d_1 nach der zu übertragenden Kraft bezw. den Abmessungen der Spindel bestimmt wird. Die Stufendurchmesser bilden daher eine arithmetische Reihe;
2. die kleinsten und größten Stufen der Scheibe an der Maschine und im Vorgelege gleich sind, also in bezug auf Fig. 48.

4) $$d_1 = D_5,\ d_5 = D_1$$

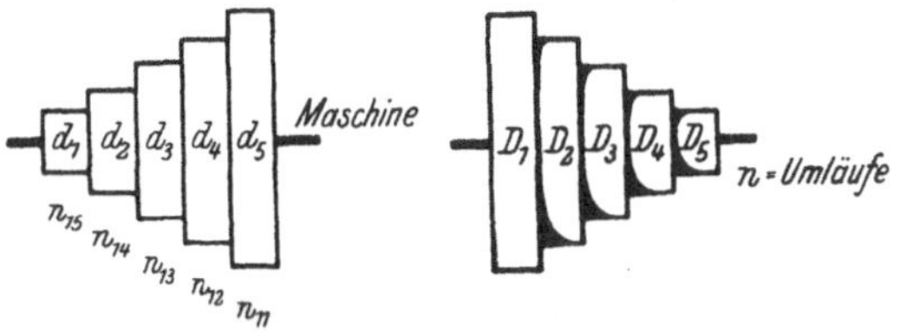

Fig. 48.

Mit Rücksicht auf die in Fig. 48 angegebenen Bezeichnungen der Scheibendurchmesser berechnen sich die 5 höchsten Umdrehungen der Drehbank wie folgt:

$$n_{15} = n \frac{D_1}{d_1}$$
$$n_{14} = n \frac{D_2}{d_2}$$
$$n_{13} = n \frac{D_3}{d_3}$$
$$n_{12} = n \frac{D_4}{d_4}$$
$$n_{11} = n \frac{D_5}{d_5}$$

Bestimmung von d_5.

$$\frac{n_{15}}{n_{11}} = \frac{n\frac{D_1}{d_1}}{n\frac{D_5}{d_5}} = \frac{d_5 \cdot D_1}{d_1 \cdot D_5} = \frac{d_5^2}{d_1^2} \text{ (nach 4)}$$

$$\frac{d_5}{d_1} = \sqrt{\frac{n_{15}}{n_{11}}}$$

also $$d_5 = d_1 \sqrt{\frac{n_{15}}{n_{11}}}$$

Nun ist:

$$n_{15} = n_1 q^{z-1}$$
$$n_{11} = n_1 q^{z-5}$$

Demnach

$$\frac{n_{15}}{n_{11}} = \frac{n_1 q^{z-1}}{n_1 q^{z-5}} = q^4$$

und $$\sqrt{\frac{n_{15}}{n_{11}}} = q^2$$

5) also $$d_5 = d_1 q^2$$

Nach der arithmetischen Reihe ergiebt sich die Abstufung d aus:

$$d_5 = d_1 \left(\frac{z}{3} - 1\right) d,$$

und die übrigen Stufendurchmesser aus:

6) $$d_2 = d_1 + d$$
$$d_3 = d_1 + 2\,d$$
$$d_4 = d_1 + 3\,d$$

Berechnung der Stufenscheibe im Deckenvorgelege:

Nach Fig. 48 ist:

$$\frac{n_{14}}{n} = \frac{D_2}{d_2}$$

also $$n_{14} = n \frac{D_2}{d_2}$$

ferner ist $\frac{n_{11}}{n} = \frac{D_5}{d_5}$ und $n_{14} = n_{11} q^3$

eingesetzt, ergibt

$$n_{14} = n \frac{D_5}{d_5} \cdot q^3 = n \frac{d_1}{d_5} \cdot q^3$$

Hieraus folgt für

$$D_2 = d_2 \frac{n_{14}}{n} = d_2 \frac{d_1}{d_5} \cdot q^3 = d_2 \frac{q^3}{q^2} = q\,d_2 \text{ (s. Gl. 5)}$$

8) $$D_2 = q\,d_2$$

Aus $$n_{13} = n \frac{D_3}{d_3} = n \frac{D_5}{d_5} \cdot q^2$$

folgt $$n \frac{D_3}{d_3} = n \frac{D_5}{d_5} \cdot q^2 = n \frac{d_1}{d_5} \cdot q^2$$

$$D_3 = d_3 \frac{d_1}{d_5} \cdot q^2 = d_3 \frac{q^2}{q^2} = d_3$$

9) $$D_3 = d_3$$

Aus

$$n_{12} = n \frac{D_4}{d_4} = n \frac{D_5}{d_5} \cdot q = n \frac{d_1}{d_5} \cdot q$$

$$D_4 = d_4 \frac{q}{q^2} = \frac{d_4}{q}$$

10) $$D_4 = \frac{d_4}{q}$$

Beispiel: Eine Schnelldrehbank soll als kleinste Umdrehung 5 und als größte 450 besitzen. Der Spindelstock soll 15 Umdrehungen bei einer 5fachen Stufenscheibe und 3fachem Vorgelege gestatten.

$$n_z = 450$$
$$n_1 = 5$$
$$z = 15$$

Nach (1):

$$q = \sqrt[14]{\frac{450}{5}} = \sqrt[14]{90}$$

Quotient der Reihe: $q = 1{,}38$

Nach (2): Übersetzung der beiden ersten Rädervorgelege:

$$\varphi_1 = \frac{1}{q^5} = \frac{1}{1{,}38^5} = \frac{1}{4{,}99} \sim \frac{1}{5}$$

Nach (3): Übersetzung der 3 Vorgelege

$$\varphi_2 = \frac{1}{q^{10}} = \frac{1}{1{,}38^{10}} = \frac{1}{25}$$

Abmessungen der Stufenscheiben:

d_1 gewählt zu 190 mm

Nach Gl. 5:

$$d_5 = d_1 q^2 = 190 \cdot 1{,}38^2 = 190 \cdot 1{,}9 = 361 \text{ mm}$$

Abstufung d aus:

$$d_5 = d_1 + 4\,d$$

also $$d = \frac{361-190}{4} = \frac{171}{4} = 42{,}75$$

und nach 6)

$d_1 = 190$ mm
$d_2 = 233$ „
$d_3 = 275$ „ } Maschinenscheibe
$d_4 = 318$ „
$d_5 = 361$ „

aus 8) $D_2 = q \cdot d_2 = 320$; aus 9) $D_3 = d_3 = 275$;

und aus 10) $D_4 = \frac{d_4}{q} = \frac{318}{1{,}38} = 230$ mm

$D_1 = 361$ mm
$D_2 = 320$ „
$D_3 = 275$ „ } Scheibe im Deckenvorgelege
$D_4 = 230$ „
$D_5 = 190$ „

Der Geschwindigkeitswechsel mittels konischer Trommeln.

Mit der Aufnahme des Schnellstahles machten sich, wie schon mehrfach erwähnt, die Mängel der Stufenscheibe in viel größerem Maße bemerkbar als früher. Schon seit den ersten Bestrebungen, die auf eine vereinfachte und schnelle Bedienung unserer Arbeitsmaschinen hinzielten, war das umständliche und vielfach nicht ungefährliche Riemenumlegen zu einem schwer empfundenen Übel der Stufenscheibe geworden. Dies zeigte sich erst recht bei der Verwendung von Schnellstahl. An die Werkstatt trat mit dem Auftauchen dieser neuen Arbeitsstähle bekanntlich nutzen, so mußte mit dem Riemenantrieb zunächst eine größere Geschwindigkeitsreihe geschaffen werden. Zu dieser Forderung trat noch die weitere, den Geschwindigkeitswechsel auch rasch und bequem vollziehen zu können, ja, nach Bedarf sogar im vollen Betriebe.

Zu einer einfachen Lösung beider Aufgaben führt schon der allmähliche Übergang zwischen den einzelnen Stufen einer Stufenscheibe. Dieser Gedanke liegt den Riemenkegeln zugrunde (Fig. 49). Sie gewähren eine große Auswahl in den Antriebsgeschwindigkeiten der Maschine, gestatten jeden Umlauf zwischen n_{max} und n_{min} und mithin jederzeit die volle Schnittgeschwindigkeit

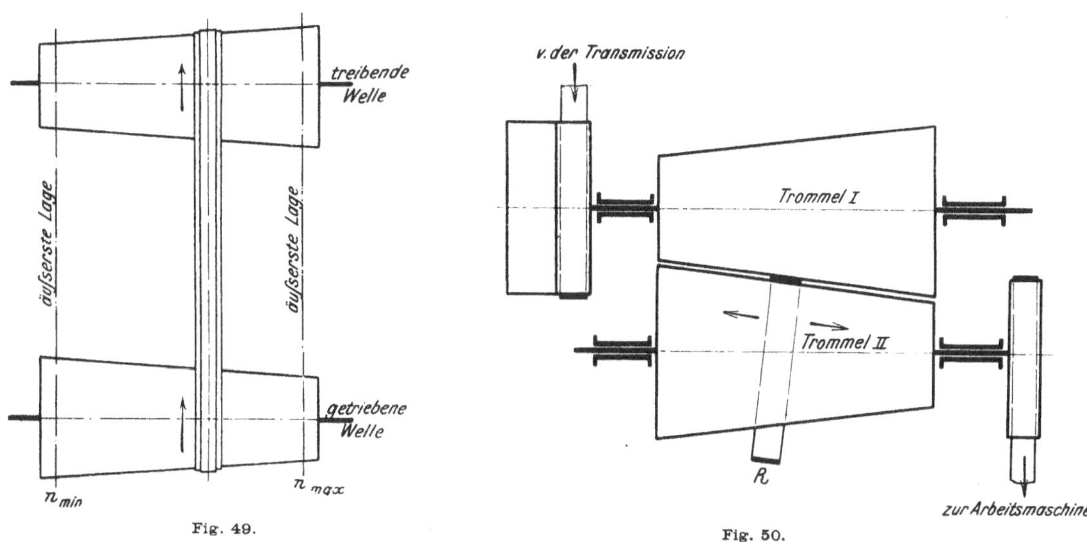

Fig. 49.

Fig. 50.

die Aufgabe heran, die Grenzen der zulässigen Schnittgeschwindigkeiten und Vorschübe festzulegen, um die Vorzüge der Schnellstähle für ihre eigenen Zwecke dienstbar zu machen. Diese Versuche erforderten einen größeren und öfteren Geschwindigkeitswechsel, bei dem die Stufenscheibe durch das Riemenumlegen und durch die kleine Stufenzahl geradezu hemmend wirkte.

In der neuzeitlichen Metallbearbeitung, die alle Mittel ausnutzt, um Zeit und Löhne zu sparen, hat der Schnellstahl bereits ein großes Arbeitsfeld erobert. Durch seine vorzugsweise Anwendung beim Schruppen schwerer Stahl- und Eisenstücke und durch das hierauf folgende Schlichten mit einem gewöhnlichen Werkzeug ist das Bedürfnis nach einer größeren Geschwindigkeitsreihe in dem Antriebe der Schnellarbeitsmaschine geradezu unabweisbar geworden.

Diese Erfahrungen stellten dem Werkzeugmaschinenbau weitergehende Aufgaben. Wollte man die Schnittgeschwindigkeit der verschiedenartigen Schrupp- und Schlichtstähle voll auszunutzen. Der Geschwindigkeitswechsel ist sogar im Betriebe durch Verschieben des Riemens vorzunehmen. Leider versagt der Antrieb bei schweren Maschinen, da der Riemen durch seinen schrägen Auflauf sehr ungünstig beansprucht wird.

Ähnliche Verbesserungen brachten die konischen Reibungsvorgelege. Ihr Grundgedanke ist, durch zwei neben- oder übereinander liegende konische Trommeln und durch ein zwischen beiden verschiebbares Mittelglied die Umläufe des Antriebes innerhalb n_{max} und n_{min} beliebig ändern zu können (Fig. 50). Die praktische Ausbildung dieser Reibungsvorgelege (Fig. 51 und 52) beansprucht daher 2 kegelförmige Trommeln, zwischen denen ein Lederring angepreßt läuft. Die Bewegungsübertragung erfolgt somit durch die zwischen Ring und Trommel erzeugte Reibung. Zur Änderung der Umlaufszahl bedarf es daher nur einer Verschiebung des Lederringes, die durch Ziehen an einer Schnur zu bewirken ist. Der Riemenführer verriegelt sich dabei selbsttätig, während die Sperre sich wieder beim Ziehen an der Schnur auslöst. Für das Ein- und Ausrücken der Maschine ist der untere Konus verschiebbar gelagert und mittels eines Handhebels oder Schnur anzudrücken und zurückzuziehen. Hierzu sind die Lager der unteren Kegeltrommel durch Stellschrauben zu heben und zu senken. Die Vorzüge dieser Konstruktion bestehen in einem großen und leichten Geschwindigkeitswechsel, der selbst während des Betriebes vorzunehmen ist. Er gestattet jede Umdrehung zwischen n_{max} und n_{min} und damit stets die größte Leistung der Maschine. Derartige Vorgelege sind für schnellaufende, mittlere und leichte Arbeitsmaschinen wohl geeignet, namentlich bei Versuchen zur Feststellung von Schnittgeschwindigkeiten am Platze. Die Nachteile, die diesem Antriebe anhaften, sind ungünstiger Wirkungsgrad, starke Abnutzung des Riemens und die große Lagerreibung, welche durch den hohen Anpressungsdruck der Trommeln verursacht wird, und die hiermit verbundene starke Beanspruchung der Wellen. Das Eisenwerk Wülfel hat derartige Reibungsvorgelege bis zu einer Übertragungsfähigkeit von etwa 35 PS ausgeführt. Für kleinere Kräfte beträgt die Übersetzung 1 : 7 bis 1 : 8 bei größeren 1 : 4 1 : 5.

Der Geschwindigkeitswechsel mittels verstellbarer Trommeln.

Einen besseren Erfolg bei den Schnellarbeitsmaschinen hatte der Gedanke, den Geschwindigkeitswechsel durch jedesmaliges Einstellen zweier Riementrommeln auf verschiedene Halbmesser herbeizuführen. Derartige verstellbare Trommeln gestatten eine schnelle Bedienung und ebenso wie die Reibungsvorgelege, jederzeit die volle Schnittgeschwindigkeit auszunutzen. Ein Antrieb dieser Gruppe ist der Keilriemen von Reeves. Um die erforderliche Geschwindigkeitsreihe zu bekommen, wählte Reeves 2 achsial verstellbare Riementrommeln. Sie bestehen aus je 2 Kegelscheiben (Fig. 53), auf deren Mantel der mit Holzstäben besetzte Keilriemen läuft. Der Geschwindigkeitswechsel bedingt daher, abwechselnd das

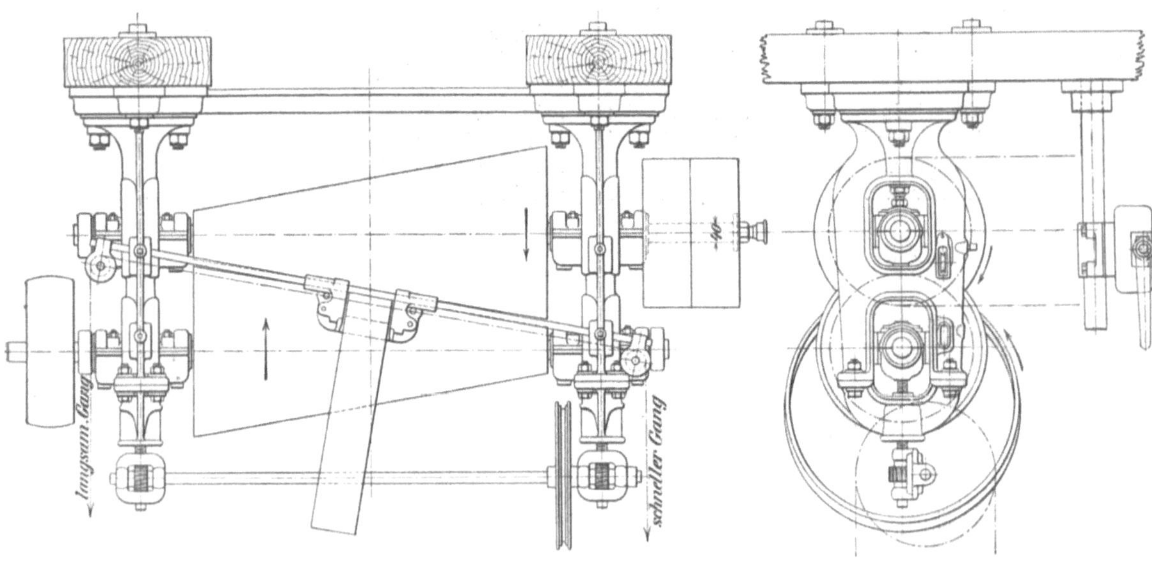

Fig. 51.

Fig. 52.

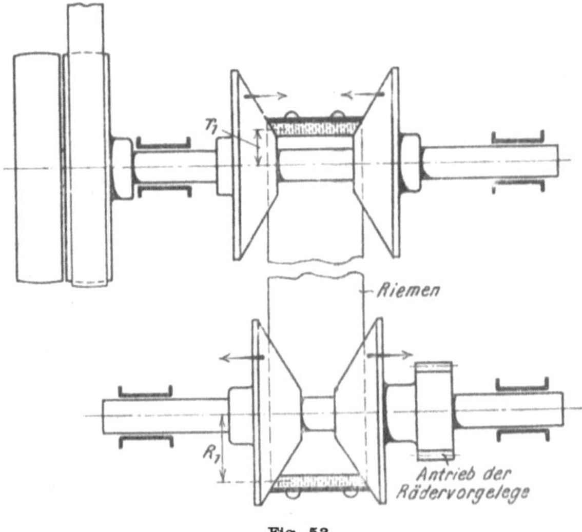

Fig. 53.

eine Kegelpaar zusammenzuziehen und gleichzeitig das zweite auseinanderzuschieben. Die Folge ist, daß der Keilriemen sich mit den Scheiben einstellt und jede Umdrehung zwischen n_{max} und n_{min} zuläßt. Man könnte dieser Konstruktion vorhalten, daß sich die Holzstäbe an den Stirnseiten stark abnutzen, jedoch sind diese wieder leicht zu ersetzen.

Eine praktische Anwendung fand der Antrieb von Reeves bei den Drehbänken von John Lang & Sons in Johnstone (Fig. 54) und von Rumpf-Le Progrès Industriel, Brüssel (Fig. 55). Bei beiden Maschinen, die in Lüttich ausgestellt waren, ist der Keilriemen in den Spindelkasten eingebaut. Um ein gleichmäßiges Durchziehen zu erlangen, arbeitet der Riemen noch auf verschiedene Rädervorgelege von entsprechender Übersetzung.

Fig. 54.

Fig. 55.

Der Antrieb der Langschen Drehbank ist in Fig. 56 wiedergegeben. Zum Einstellen des mit den Holzkeilen d ausgestatteten Keilriemens c dient hier das Handrad g. Letzteres betätigt durch Schneckengetriebe mit Rechts- und Linksgewinde an Kranz und Nabe die ausziehbaren Kegelscheiben. In der Handhabung dieses Antriebes ist dem Arbeiter noch eine Erleichterung geschaffen durch den Zeiger f, der auf der vorderen Skala jedesmal die Schnittgeschwindigkeit angibt. Zum abwechselnden Gebrauch der verschiedenen Rädervorgelege ist die mittels Handhebels faßbare Kupplung b vorgesehen. Ihre Bedienung ist wie folgt: Soll die Maschine, wie beim Schruppen schwerer Werkstücke, mit sämtlichen Vorgelegen laufen, so ist b rechts einzurücken. Um aber die Spindel direkt zu treiben, muß b links kuppeln, sodaß nur das rechte Vorgelege a arbeitet.

Im Vergleich zu den gewöhnlichen Spindelstöcken mit Stufenscheiben gewährt der Antrieb von Reeves die wohl zu schätzenden Vorzüge einer einfachen Bedienung, die sich auf höchstens 2 Handgriffe erstreckt und jede Fahrlässigkeit ausschließt. Neben diesen Vorteilen gestattet er, jederzeit die volle Leistungsfähigheit der Maschine auszunutzen. Auch ist die Spindel von dem Riemenzug entlastet, wodurch ein ruhiger Gang gewährleistet wird.

Das Prinzip des Reeves-schen Keilriemens ist auch in dem Geschwindigkeitsregler von G. Polysius Dessau, vertreten (Fig. 57—60). Der als Fuß- oder Deckenvorgelege gebaute Tourenregler besitzt auf der treibenden Welle I wie auf der getriebenen Welle II die verschiebbaren Kegel zum Einstellen des Treibriemens auf große und kleine Übersetzungen. Bemerkenswert ist hier die Einstellvorrichtung. Um die Trommeln gesetzmäßig einstellen zu können, werden ihre Kegelscheiben von je zwei Laschen a und b gefaßt. Da diese auf Mitte bei A und B ihren Drehpunkt haben, so muß sich durch Bewegen der Laschen das eine Kegelpaar zusammenschieben, während das zweite auseinander geht. Zum handlichen Einstellen des Reglers ist ein Ketten- oder Handrad K vorgesehen, das eine Stellschraube s mit Rechts- und Linksgewinde betätigt (Fig. 58). Die Muttern c, die mittels Zapfen die Laschen a und b fassen und sich auf zwei glatte Spindeln f führen, werden daher die vorschriftsmäßige Einstellung der beiden Kegeltrommeln vermitteln.

Die Endstellungen von c sind hierbei durch Anschläge d festgelegt.

Eine dem Keilriemen von Reeves nahestehende Konstruktion führt die amerikanische Firma George V. Cresson Company in Philadelphia aus. Die Charakteristik dieses Antriebes liegt ebenfalls in der Ausbildung der beiden verstellbaren Riementrommeln. Will man mit letzteren einen stetigen Geschwindigkeitswechsel erzielen, so muß sich der Umfang der Trommelkränze nach Maßgabe der gleichbleibenden Riemenlänge, wie bei Reeves, gegensätzlich vergrößern und verkleinern lassen. Praktisch ist hier diese Aufgabe durch eine Riementrommel gelöst (Fig. 61), deren Kranz aus einer Reihe von Holzstäben besteht. Die Stäbe sind zum radialen Einstellen in schräg laufenden Nuten zweier kegelförmiger Stirnscheiben geführt. Eine derartige Riementrommel gestattet also, durch entgegengesetztes achsiales Verschieben der beiden Stirnscheiben den Umfang ihres Kranzes zu vergrößern und zu verkleinern. Für den Geschwindigkeitswechsel be-

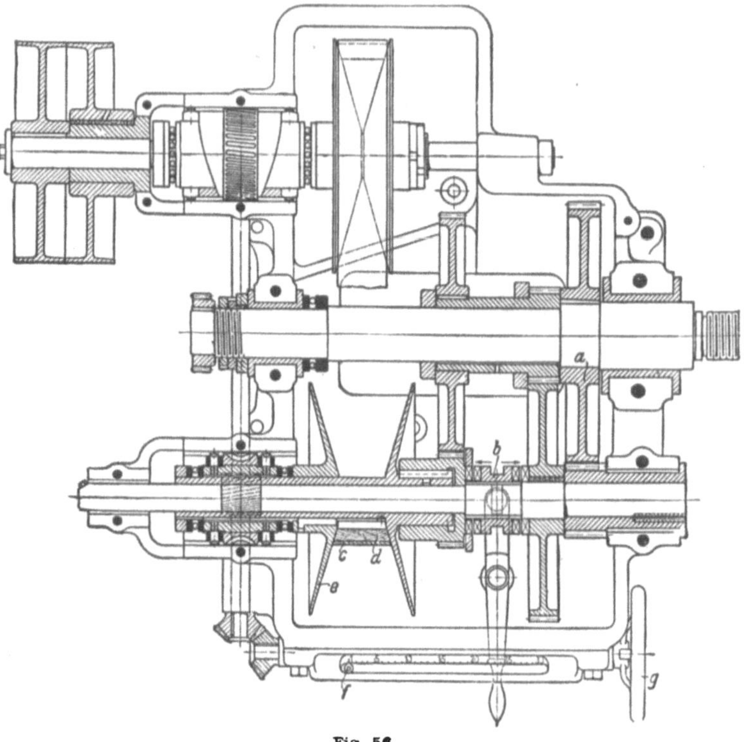

Fig. 56.

darf es daher nur einer entsprechenden gegensätzlichen Einstellung der treibenden und getriebenen Trommel. Die zugehörige Einstellvorrichtung muß daher, wie bei Reeves, abwechselnd den Durchmesser der beiden Trommeln vergrößern und verkleinern, und zwar nach Maßgabe der konstanten Riemenlänge. Hiernach ergeben sich die in Fig. 62 bis 64 dargestellten 3 charakteristischen Einstellungen für die kleinste, mittlere und höchste Geschwindigkeit.

Es bleibt jetzt noch ein Punkt zu besprechen. Auf der Innenseite der Trommel gibt der Treibriemen jedesmal die Holzstäbe frei, sodaß letztere herausfliegen würden. Um aber diese Stäbe zu halten, ist hier noch ein Spannriemen vorgesehen, der den freien Trommelkranz umspannt und über Leitrollen geht. Dieser Riemen stellt sich mit den Trommeln selbst ein. Zum gleichmäßigen

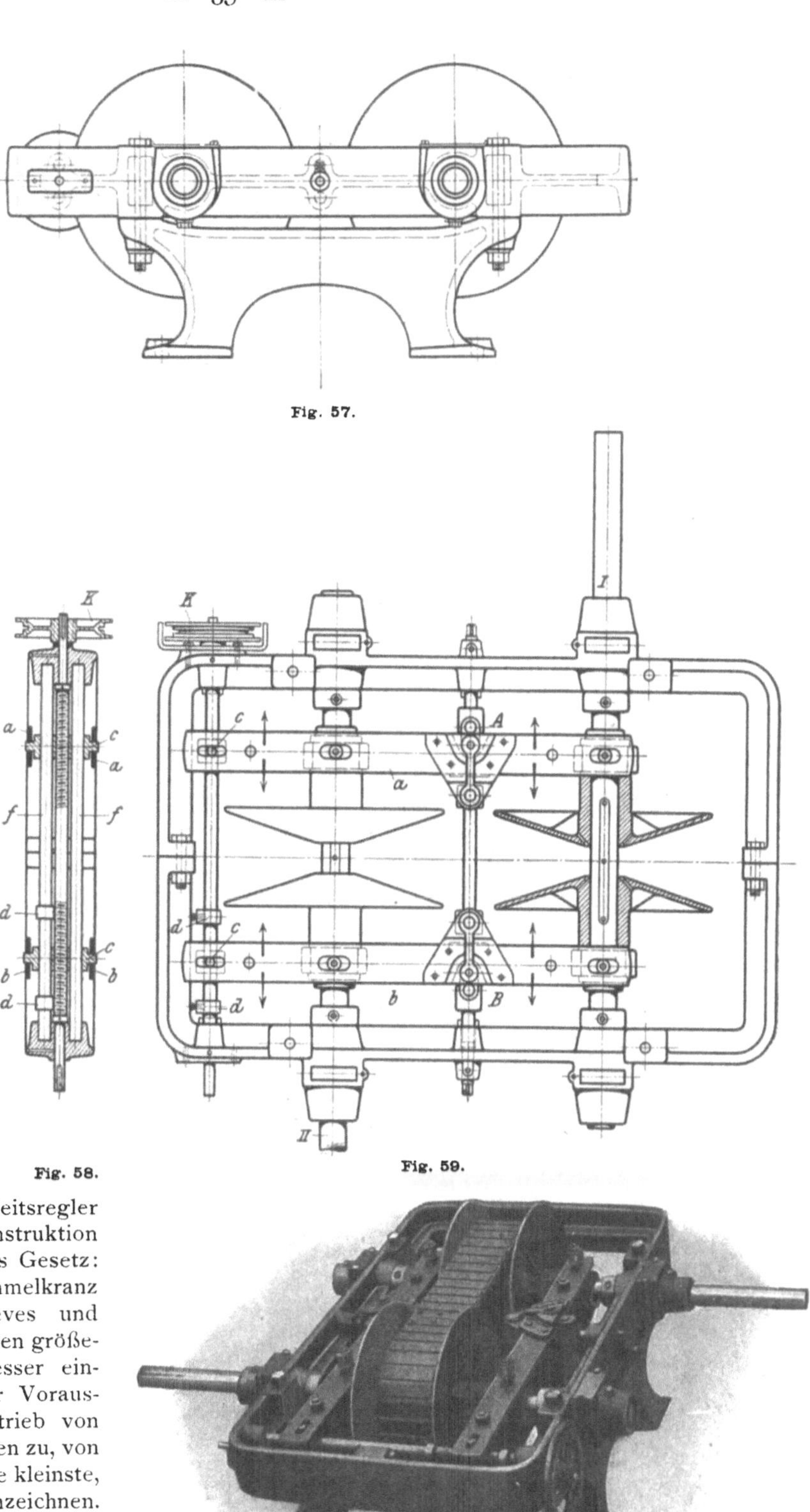

Fig. 57.

Fig. 58.

Fig. 59.

Fig. 60.

Anspannen ist das Lager der oberen linken Leitrollen etwas federnd angebracht. Noch eine Verbesserung. Um die Holzstäbe gegen Ecken in den Führungsnuten der Stirnscheiben zu schützen, ist der Arbeitsriemen doppelt ausgeführt. Auf beiden Seiten des Kranzes liegen daher die beiden Treibriemen T und zwischen diesen auf Mitte Trommel der Spannriemen S.

Einen anderen Weg zur Veränderung der Arbeitsgeschwindigkeiten schlug C. J. Reed in Philadelphia ein. Reed stellte sich die Aufgabe, den Geschwindigkeitswechsel mit einer einzigen einstellbaren Trommel zu bewirken. Hierzu wurde in dem Riemenantriebe zwischen Transmission und Maschine oder zwischen Elektromotor und Maschine eine Zwischenstation notwendig (Fig. 65 bis 68). Der Reedsche Antrieb erfordert daher 3 Trommeln und 2 Riemen, von denen der erste von Trommel I auf II arbeitet und der zweite von der mittleren auf die rechte Trommel III. Von den 3 Trommeln können daher die äußeren I und III einen unveränderlichen Durchmesser haben, während die mittlere als Doppeltrommel und Geschwindigkeitsregler auszubilden ist. Für die Konstruktion dieser Trommel gilt also das Gesetz: der rechte und der linke Trommelkranz müssen sich, wie bei Reeves und Cresson, abwechselnd auf einen größeren und kleineren Durchmesser einstellen lassen. Unter dieser Voraussetzung läßt der Riemenantrieb von Reed zahlreiche Übersetzungen zu, von denen die in Fig. 65 bis 67 die kleinste, mittlere und größte kennzeichnen. Die verstellbare Doppeltrommel II stellt allerdings an ihre Lagerung noch eine Bedingung. Sollen nämlich beim Einstellen der einzelnen Übersetzungen die Länge des einen Riemens ausreichen, und der andere straff gespannt bleiben, so muß die mittlere Trommel schwingend aufgehängt sein. Durch diese schwingende Aufhängung ist es beiden Riemen möglich, sich mit der Trommel zugleich einzustellen. Konstruktiv ist diese Forderung durch die um w drehbaren Lagerarme gelöst, in denen die Trommel II läuft.

Der Schwerpunkt des Ganzen liegt natürlich in der Gestaltung der mittleren Trommel (Fig 69). Um diese als Geschwindigkeitsregler auszubilden, müssen gesetzgemäß der rechte und linke Trommelkranz sich abwechselnd vergrößern und verkleinern lassen, eine Aufgabe, die Reed durch spiralige Führung der beiden Kränze gelöst hat. Zu diesem Zwecke bestehen letztere aus mehreren schmalen Leitbogen, welche mittels verzahnter Flanschen mit den spiralgenuteten

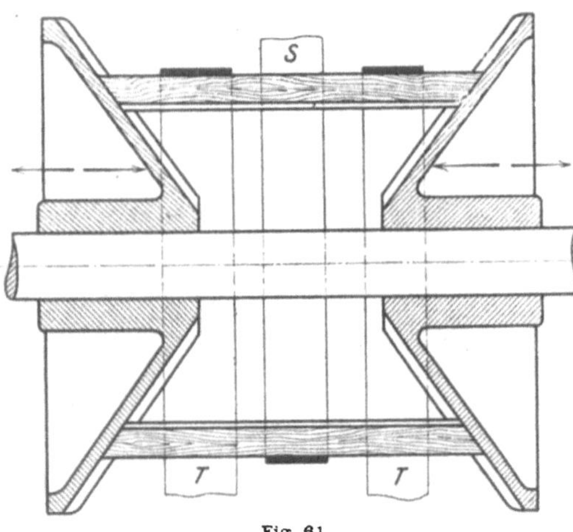

Fig. 61.

Scheiben S in Eingriff stehen. Infolge dieser spiraligen Führung des Kranzes bedarf es daher für den Geschwindigkeitswechsel nur einer Drehung der einzelnen Kranzbogen gegenüber den Scheiben S oder umgekehrt. Vorausgesetzt ist jedoch, daß die Spiralen der beiden Trommelseiten rechts- und linksgängig sind.

Beim Einstellen des Reglers II wird sich daher der eine Kranz vergrößern, der andere aber verkleinern müssen.

Die weitere Aufgabe erstreckt sich nun auf die Konstruktion der Einstellvorrichtung. Im Interesse einer raschen Bedienung muß man von ihr erwarten, beide Trommelseiten mittels einer einfachen Handhabe zugleich einstellen zu können. Um dies zu erreichen, sind die verschiedenen Kranzbogen K in radial verlaufenden Schlitzen der 4 Führungsscheiben F geführt. Letztere sind wiederum am äußeren Umfang durch Kappen und innen durch die losen Naben n unter sich starr verbunden. Das Einstellen des Reglers erfordert daher nur die Scheiben F von Hand nach rechts oder links

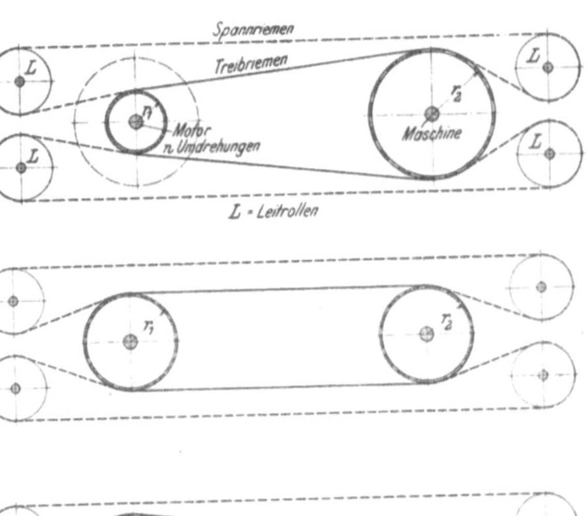

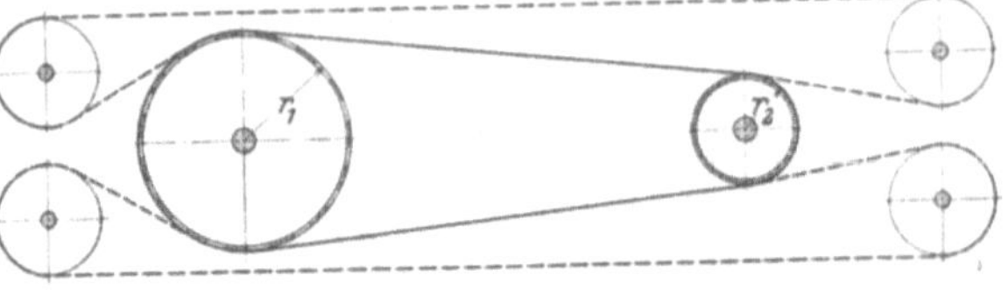

Fig. 62—64.

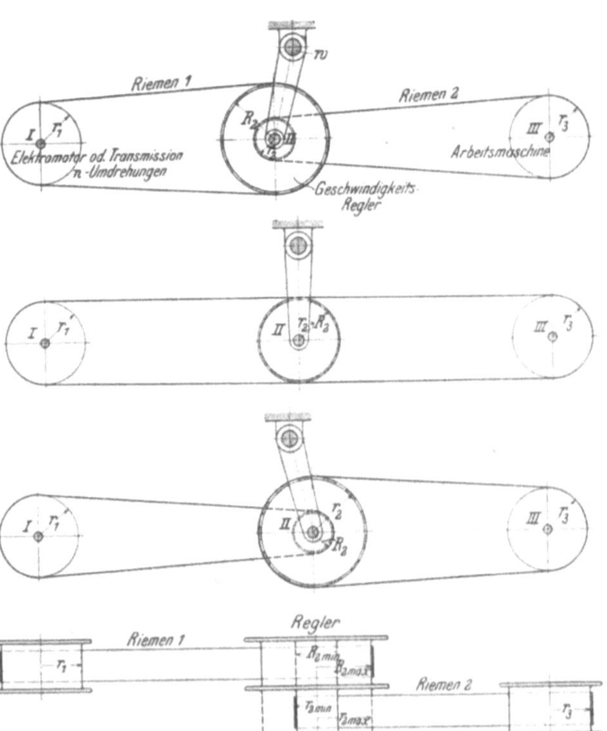

Fig. 65—68.

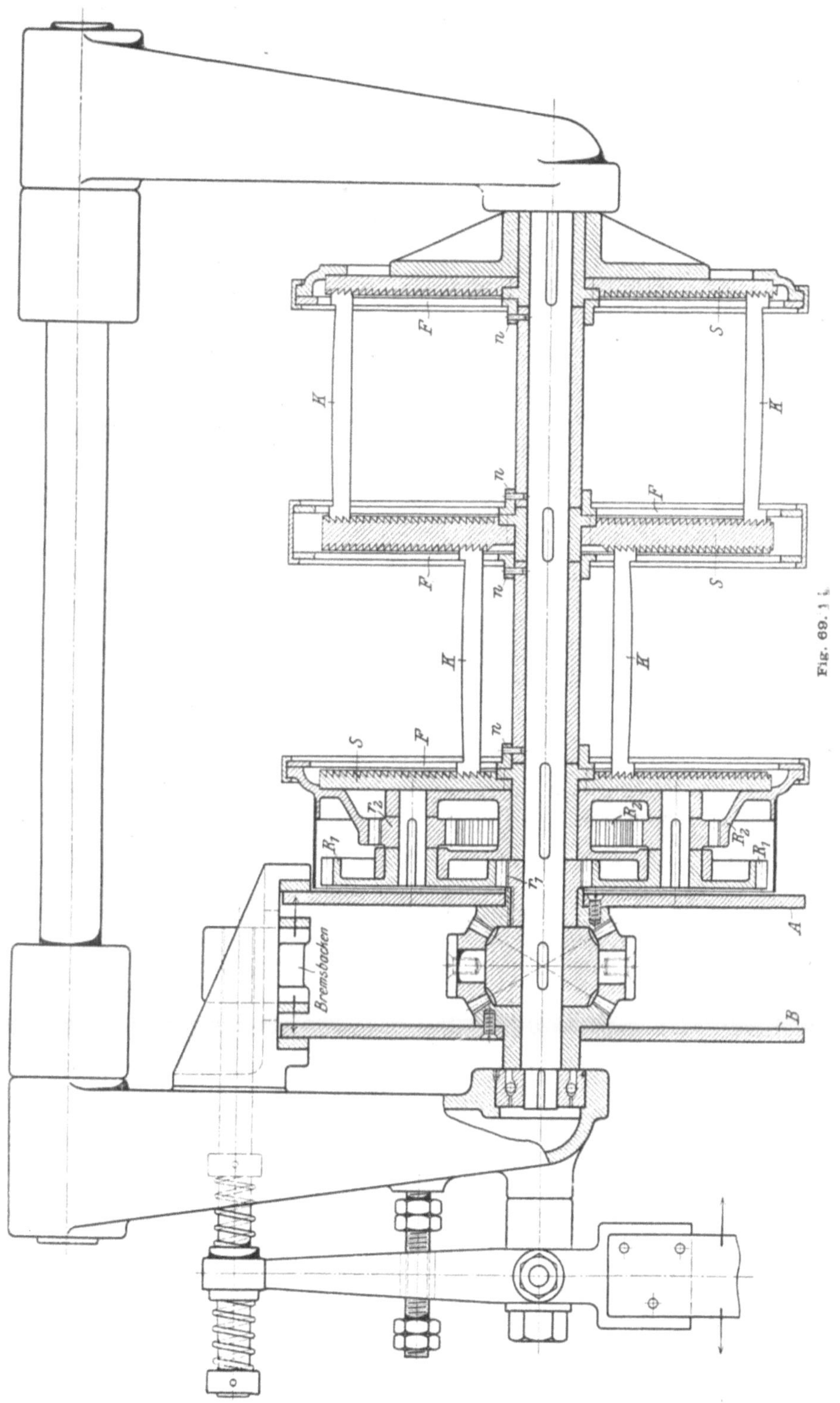

Fig. 69.

zu drehen. Die Kranzbogen K werden sich dabei durch ihre spiralige Führung auf S in den Radialschlitzen von F abwechselnd auf der einen Trommelseite nach innen und auf der anderen nach außen verschieben und so die Übersetzung in dem Riemenantriebe ändern.

Es drängt sich hier die Frage auf, wie sich der Geschwindigkeitswechsel im Betriebe vollziehen läßt, um die jedesmal richtige Geschwindigkeit einregeln zu können. Auch für diese Frage hat Reed eine interessante Lösung gefunden. Ihr Grundgedanke ist folgender. Läuft der Regler, so besitzen die Scheiben S und F mit K gleiche Geschwindigkeit, und die Trommelkränze behalten ihren Durchmesser bei. Sobald jedoch die Scheiben F gegenüber den Spiralscheiben etwas voreilen oder zurückbleiben, verändern sie die Trommelkränze und mithin auch die Übersetzung des Antriebes.

Dieser Gedanke ist hier durch ein umsteuerbares Räderwerk von größerer Übersetzung und durch die hiermit verbundenen Bremsscheiben A und B verwirklicht. Von dieser Einstellvorrichtung steht die Scheibe A durch das Räderpaar $\frac{r_1}{R_1}$ und durch das Rad r_2 mit dem Zahnkranz R_2 des Führungskörpers F in Eingriff. Im Betriebe laufen alle Einzelteile des Antriebes mit. Sollen jedoch die Umläufe der Maschine geändert werden, so ist nur die Bremsscheibe A anzuhalten. Die Folge ist, daß mit A auch r_1 stillsteht und das Räderwerk $\frac{r_1}{R_1} \cdot \frac{r_2}{R_2}$ in Tätigkeit setzt. Der lose Führungskörper wird daher etwas voreilen und durch diese Relativbewegung die Einstellung der Doppeltrommel bewirken. Das Einstellen vollzieht sich stets vorschriftsmäßig, da sich auf einer Trommel die Kranzstücke von der Mitte entfernen, während sie sich auf der zweiten durch die entgegengesetzt verlaufenden Spiralen der Mitte nähern.

Für die entgegengesetzte Einstellung ist die Relativbewegung der Führungsscheiben F umzusteuern. Dieser Aufgabe dienen die Bremsscheibe B und das Kegelräderwendegetriebe. Bremst man B, so steht das linke Kegelrad still. Der Führungskörper F bleibt gegenüber den Spiralscheiben etwas zurück, und die Trommelkränze stellen sich entgegengesetzt ein. Zum handlichen Bremsen von A und B ist ein Handhebel vorgesehen, der den rechten oder linken Bremsbacken andrückt. Um bei diesem Vorgang einen möglichst sanften Geschwindigkeitswechsel zu erzielen, wirkt der Handhebel zuerst auf Federn, die zu beiden Seiten angebracht sind.

Die Geschwindigkeitsregler von Cresson und Reed sind für den Transmissionsantrieb von Schnellarbeitsmaschinen wohl geeignet. Dies gilt in noch höherem Maße für den elektromotorischen Antrieb, der sich bei schweren Maschinen besonders empfiehlt. Die Regler sind hierbei zwischen Antriebsscheibe des Motors und der Arbeitsmaschine einzubauen. Von den Treibriemen muß man große Geschmeidigkeit verlangen, da die Kränze nie volle Rundung erhalten. Bei dem Reedschen Riementrieb wird das ständige Pendeln der mittleren Trommel einen etwas unruhigen Eindruck machen. Der Grund für diese schwingende Bewegung liegt in der spiraligen Form der Trommelkränze. Die beiden Riemen müssen sich dabei ständig einstellen.

Der Geschwindigkeitswechsel mittels Stufenrädergetriebe.

Die größeren Arbeitswiderstände beim Schruppen schwerer Werkstücke mit dem Schnellstahl verlangen von dem Antriebe der Maschine eine größere Zwangläufigkeit. Gegenüber dieser Forderung versagt der Stufenriemen infolge des Gleitens. Namentlich wird auf den äußersten Stufen die Gleichmäßigkeit des Antriebes durch die geringe Umspannung der kleinsten Scheiben stark beeinträchtigt. In diesen Riemenlagen ist aber die Maschine am stärksten belastet, oder es ist ihre höchste Umlaufszahl hervorzubringen. In beiden Fällen stellen die Schnellarbeitsmaschinen an ihre Antriebe besonders hohe Anforderungen, denen der Stufenriemen nur bei großen und breiten Scheiben und schnellem Lauf zu entsprechen vermag. Immerhin haften ihm noch wesentliche Nachteile an. Geradezu hemmt den Schnellbetrieb die mehrfach erwähnte Umständlichkeit beim Riemenumlegen. Sie veranlaßt vielfach den Arbeiter, den Stufenwechsel überhaupt nicht vorzunehmen. Die Maschine arbeitet daher entweder mit einer zu kleinen Geschwindigkeit und einer entsprechend geringeren Leistung, oder sie überlastet bei zu großer Geschwindigkeit den Stahl. Bei den Spindelstöcken mit Stufenscheibe und mehrfachen Rädervorgelegen muß auch die Anzahl der auszuführenden Handgriffe nachteilig empfunden werden. Noch mehr belasten diese Antriebe die Fahrlässigkeiten, denen die Bedienung ausgesetzt ist. Die kleinste Unaufmerksamkeit kann hier zu Zahnbrüchen und direkten Betriebsstörungen der Maschine führen. Diese vielfachen Mängel gaben durch den Aufschwung der Schnellarbeitsmaschinen Veranlassung, neue Antriebe zu schaffen, von denen man in erster Linie eine größere Zwangläufigkeit fordern mußte und daneben eine größere Sicherheit gegen fahrlässiges Bedienen. Die Hauptforderung, die größere Zwangläufigkeit, lenkte naturgemäß auf die Rädergetriebe. Sie waren als Ersatz der Stufenscheibe für eine gewisse Geschwindigkeitsreihe einzurichten und so als Stufenrädergetriebe auszubilden.

Die Stufenrädergetriebe erhalten ihren Antrieb vom Deckenvorgelege oder vom Motor und zwar durch einen Riemen, der nicht verlegt wird. Der erforderliche Geschwindigkeitswechsel wird durch Ein- und Ausschalten verschiedener Vorgelege vollzogen. Hierzu sind bei jedem Getriebe mehrere Handgriffe vorgesehen, die in der Regel nach einer Skala einzustellen sind. Mit dieser Einrichtung ist daher eine ganze Reihe von Vorzügen verbunden:

1. Eine größere Zeitersparnis beim Geschwindigkeitswechsel.
2. Der Geschwindigkeitswechsel selbst ist für den Arbeiter und die Maschine gefahrlos.
3. Eine größere und gleichmäßigere Durchzugskraft, da die äußeren Riemenlagen fortfallen.
4. Ein wesentlich verminderter Riemenverschleiß.
5. Der elektrische Einzelantrieb wird wesentlich erleichtert dadurch, daß die Motoren direkt mit der Maschine gekuppelt werden können.
6. Die Arbeitsspindel wird vom Riemenzug entlastet, daher ruhiges Arbeiten.
7. Der Verschleiß in der Verzahnung kann durch Stahlräder mit gehärteten Zähnen unschädlich gehalten werden, so daß die Getriebe ziemlich stoßfrei arbeiten.
8. Gedrängte und kräftige Bauart des Spindelstockes.

Die Konstruktion eines Stufenrädergetriebes erfordert daher eine Reihe von Rädervorgelegen, die einzeln oder in entsprechender Schaltung gruppenweise arbeiten müssen. Nach diesem Konstruktionsgesetz würde ein einfaches Stufenrädergetriebe mit dreifachem Geschwindigkeitswechsel 3 Räderpaare verlangen, die einzeln einzuschalten sind. Jeder weitere Geschwindigkeitswechsel würde demnach ein neues Vorgelege beanspruchen. Dieser Gang führt aber zu schweren und unübersichtlichen Triebwerken. Aufgabe des Konstrukteurs ist es daher, mit möglichst wenigen Vorgelegen einen tunlichst großen Geschwindigkeitswechsel zu erreichen. Die Sicherheit der Bedienung stellt hierzu noch die Bedingung, beim Umlegen der einzelnen Schalthebel keine Fahrlässigkeiten begehen zu können.

Ein Stufenrädergetriebe obiger Art ist das von Schuckert & Cie. (D. R. P. 143482). Dieses Schuckert-Getriebe (Fig. 70.) ist für 3 Geschwindigkeiten eingerichtet. Es besitzt hierfür 3 Räderpaare. Um diese einzeln arbeiten zu lassen, sind die Räder in zwei Gruppen geordnet. Die Rädergruppe auf der Maschinenwelle I ist festgekeilt. Auf der Vorgelegewelle II sitzen die Räder r_1 und r_3 lose auf einer Laufbuchse. Das mittlere Rad r_2 hingegen ist zum abwechselnden Einschalten der 3 Räderpaare bestimmt. Dies erfordert:

1. r_2 auf Feder und Nut zu führen,
2. r_2 mit den losen Nachbarrädern r_1 und r_3 kuppeln zu können und
3. den gegenseitigen Abstand der 3 Räder so groß zu nehmen, daß r_2 und R_2 nicht mehr kämmen, sobald r_2 mit r_1 oder r_3 gekuppelt ist. Hierdurch ist zugleich die Möglichkeit geboten, die Maschine augenblicklich stillsetzen zu können.

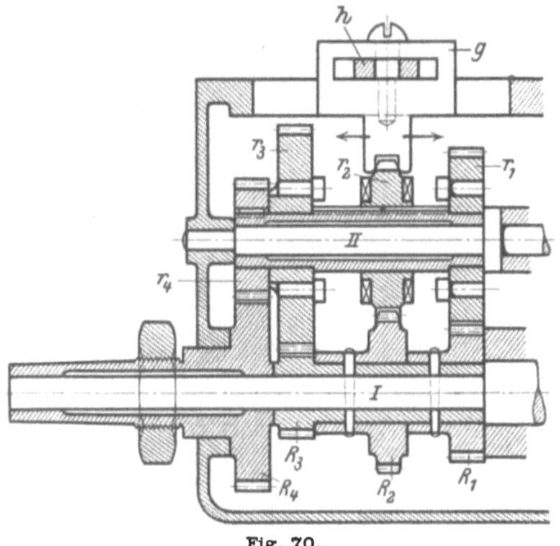

Fig. 70.
Schuckert-Getriebe.

Die Verschiebbarkeit des Schaltrades r_2 ist konstruktiv durch eine Gabel g erreicht, welche am Gehäuse geführt, das Rad r_2 faßt. Mittels eines Handhebels h läßt sich die Gabel nach rechts oder links verschieben und somit r_2 in R_2, r_1 oder r_3 einrücken. Das Schuckert-Getriebe ist für elektrisch betriebene Handbohrmaschinen gebaut. Die Welle I ist die Motorwelle, auf der die Räder R_1, R_2 und R_3 festsitzen. Um die 3 Geschwindigkeiten dem Bohrer mitteilen zu können, ist zwischen II und I noch ein viertes Vorgelege $\frac{r_4}{R_4}$ eingebaut, dessen loses Rad R_4 einen Konus zur Aufnahme des Bohrfutters besitzt. Die Übersetzungen der Maschine sind daher:

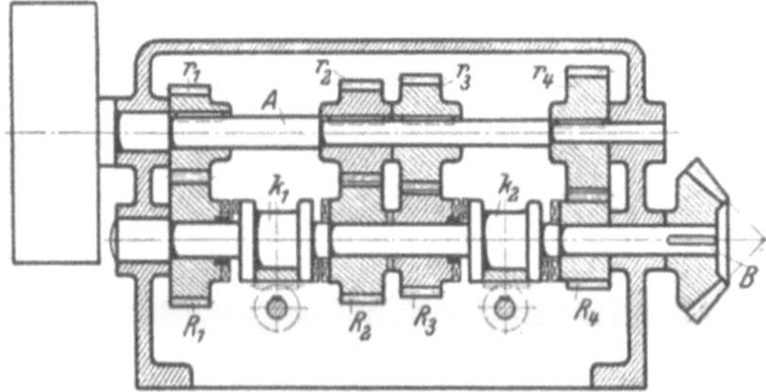

Fig. 71.
Stufenrädergetriebe für 4 Geschwindigkeiten.

1. $\frac{R_1}{r_1} \cdot \frac{r_4}{R_4}$, r_2 mit r_1 gekuppelt,
2. $\frac{R_2}{r_2} \cdot \frac{r_4}{R_4}$, r_2 „ R_2 „ ,
3. $\frac{R_3}{r_3} \cdot \frac{r_4}{R_4}$, r_2 „ r_3 „ .

Die Kritik kann hier einwenden, daß beim Verschieben von r_2 allemal die erforderlichen Eingriffe der Kupplungsbolzen bezw. Zähne ab-

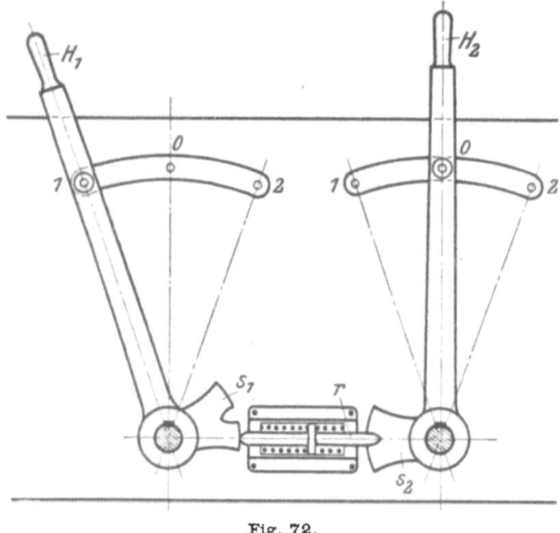

Fig. 72.
Verriegelung der Kupplungshebel.

zuwarten sind. Dies wird jedoch erleichtert, wenn man die Maschine langsam anlaufen läßt.

Die verschiebbaren Räder schließen nicht jede tritt eine sehr ungünstige Belastung der Zähne ein, denn sie werden gleich voll belastet, obwohl sie anfangs nicht einmal in ihrer ganzen Breite kämmen. In dieser Hinsicht bietet das Kuppeln der einzelnen Räderpaare mittels Klauenkupplungen infolge ihrer stärkeren Zähne einen besseren Ersatz. Dieses Prinzip ist auch in Fig. 71 bei einem Rädergetriebe mit vierfachem Geschwindigkeitswechsel durchgeführt. Die durch Riemen betätigte Antriebswelle A treibt durch je eins der 4 Räderpaare die Maschinenwelle oder eine entsprechende Vorgelegewelle B. Das abwechselnde Arbeiten dieser Rädervorgelege erfordert, die obere Rädergruppe fest, die untere lose anzuordnen und die letzten Räder durch Zahnkupplungen auf B kuppeln zu können. Für die Bedienung läßt sich hier noch eine Vereinfachung durch 2 doppelte Zahnkupplungen k_1 und k_2 erreichen. Sie beschränken die Zahl der umzulegenden Kupplungshebel auf 2 mit je 3 charakteristischen Stellungen (Fig. 72 ohne Riegel). Bei der Benutzung dieses Antriebes muß daher, sobald der Hebel H_1 auf 1 oder 2 eingestellt wird, der Hebel H_2 auf 0 stehen. Ist hingegen H_2 auf 1 oder 2 eingerückt, so muß umgekehrt H_1 auf 0 stehen. Dieser Konstruktion kann man den Vorzug der Einfachheit nicht absprechen, und doch muß die Kritik einwenden, daß Zahnbrüche nicht aus-

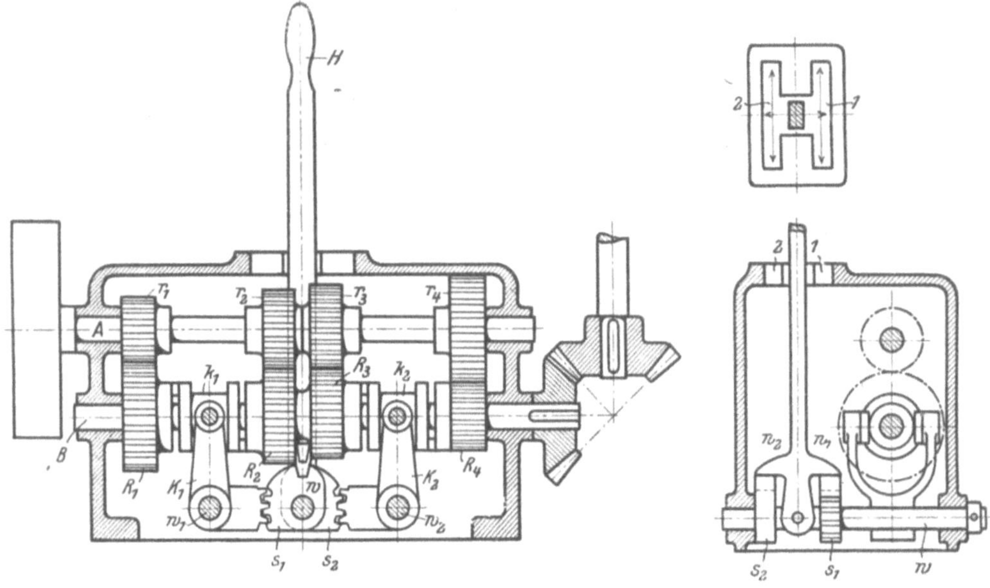

Fig. 73—75.
Stufenrädergetriebe von Bickford.

Gefahr auf Zahnbrüche aus, selbst wenn niemals 2 Vorgelege zugleich eingerückt sein können. Ist nämlich der Arbeiter gezwungen, die Maschine während der Arbeit augenblicklich stillzusetzen, so kann er hierzu ein Rad zurückziehen. Beim Wiedereinrücken können jetzt, sobald es bei vollem Span erfolgt, Zähne brechen. Zum mindesten geschlossen sind. Sobald nämlich beide Hebel H_1 und H_2 zugleich auf 1 oder 2 eingerückt sind, so wird entweder der Riemen schleifen, oder es werden Zähne brechen.

Es drängt sich somit die Frage auf, wie läßt sich dieser Nachteil beseitigen? Eine Lösung dieser Frage bietet die gegenseitige Sperrung

der beiden Ausrücker H_1 und H_2. Durch diese Blockierung kann immer nur ein Ausrücker benutzt werden, während der zweite verriegelt ist. Dem Arbeiter ist somit jede Möglichkeit genommen, Fehler in der Bedienung zu begehen.

Die gegenseitige Sperrung der Ausrücker H_1 und H_2 erfordert konstruktiv nichts anderes als zwei Schilder und einen Riegel r (Fig. 72). Wird z. B. H_1 auf 1 oder 2 eingestellt, so drückt das

Die Anordnung der Rädervorgelege ist dieselbe, wie in Fig 71. Zum abwechselnden Arbeiten der Räderpaare ist die obere Gruppe wiederum fest und die untere lose angeordnet. Jedes der unteren Räder ist durch die doppelseitige Kupplung k_1 bezw. k_2 mit der getriebenen Welle B zu kuppeln. Der Schwerpunkt liegt nur in der Schaltung: nämlich mit einem Handhebel jedes der 4 Räderpaare einzeln einrücken zu können.

Fig. 76.
Radialbohrmaschine mit Bickford-Getriebe.

Schild s_1 den Riegel r tiefer in s_2 und verriegelt hierdurch H_2. Letzerer kann daher erst wieder benutzt werden, wenn H_1 auf 0 zurückgebracht ist. Stehen beide Hebel auf 0, so schiebt die Feder den Riegel r auf Mittelstellung, in der letzerer in beide Schilder auf eine geringe Tiefe faßt.

Die erforderliche gegenseitige Sperre der Kupplungshebel regte den Gedanken an, das ganze Getriebe mit einem einzigen Handhebel bedienen zu können, ohne dabei Fahrlässigkeiten zu begehen. Dieses Ziel ist in dem Bickfordgetriebe (Fig. 73—75) in sinnreicher Weise erreicht.

Diese Aufgabe hat Bickford, wie folgt, gelöst. Um mit H die beiden Kupplungen k_1 und k_2 abwechselnd rechts oder links einschalten zu können, ist die zentralliegende Welle w eingebaut. Sie betätigt durch 2 Zahnsegmente s_1, s_2 entweder die rechte oder die linke Welle w_1 bezw. w_2 mit den festgekeilten Kupplungshebeln K_1 und K_2 und bewirkt hierdurch das Ein- und Ausrücken des betreffenden Vorgeleges. So muß, um z. B. das Vorgelege $\frac{r_1}{R_1}$ benutzen zu können, das Segment s_1 nach rechts gedreht werden, damit k_1

das Rad R_1 faßt. Für die Benutzung des Vorgeleges $\frac{r_2}{R_2}$ muß s_1 umgekehrt nach links ausschlagen, damit k_1 das Rad R_2 kuppelt. Während dieser Vorgänge muß aber k_2 ausgerückt bleiben. Dieser Punkt stellt an die Konstruktion zwei Bedingungen. Zunächst müssen die Segmente s_1 und s_2 lose auf w sitzen, und zweitens darf der Handhebel immer nur eins von beiden Segmenten fassen. Die letzte Bedingung ist durch den I-Schlitz im Räderkasten erfüllt (Fig. 75). Wird nämlich H in den Schlitz 1 gezogen, so faßt die Nase n_1 in die Nut des Segmentes s_1, während s_2 zwangläufig ausgerückt ist. Durch Rechtsumlegen von H wird daher das Vorgelege $\frac{r_1}{R_1}$ und durch Linksumlegen das Vorgelege $\frac{r_2}{R_2}$ eingerückt. Für die Benutzung der Vorgelege $\frac{r_3}{R_3}$ oder $\frac{r_4}{R_4}$ ist H in 2 nach rechts oder links zu ziehen. In der Mittelstellung zwischen beiden Schlitzen schaltet der Hebel die Vorgelege zwangläufig aus. Dabei stellt er die Segmente stets zum Gebrauch fertig ein. Das Bickfordgetriebe besitzt neben dem Vorzug der größten Einfachheit auch volle Sicherheit in der Bedienung.

Für größere Schnellarbeitsmaschinen, namentlich für Schnelldrehbänke und dergl., besitzen die vorstehenden Stufenrädergetriebe einen zu kleinen Geschwindigkeitswechsel. Die volle Schnittgeschwindigkeit würde nur selten ausgenutzt werden. Der Konkurrenzkampf in der Metallbearbeitung erhebt jedoch zur Lebensbedingung, alle Arbeiten möglichst mit der größten Leistung der Maschine zu erledigen. Für diesen Grundsatz reicht die Auswahl in den Antriebsgeschwindigkeiten der vorigen Getriebe nicht aus. Die höheren Ansprüche, die das Nebeneinanderarbeiten von Schnellstahl und gewöhnlichen Arbeitsstählen an den Antrieb der Maschine stellen, sind nicht hinreichend erfüllt. Allerdings läßt sich der Geschwindigkeitswechsel durch ein Deckenvorgelege mit zwei verschiedenen Umläufen verdoppeln. Aber auch diese Einrichtung reicht in vielen Fällen nicht aus. Bei der in Fig. 76 dargestellten Radialbohrmaschine wird der Antrieb zwar durch ein Bickfordgetriebe bewirkt, um aber einen ausreichenden Geschwindigkeitswechsel zu bekommen, treibt das Bickfordgetriebe zunächst eine stehende Welle, die auf Mitte Säule eingebaut ist. Durch die oberen Stirnräder wird wiederum eine nach unten gehende Triebwelle betätigt, die durch den am hinteren Ende des Auslegers sitzenden Räderkasten geht. Hierin sitzen mehrere Vorgelege, die durch 2 Handhebel zu bedienen sind. Sie erteilen der parallel zum Ausleger laufenden Längswelle bei jeder Umdrehung des Bickfordgetriebes 4 verschiedene Umläufe, sodaß der zur Verfügung stehende Geschwindigkeitswechsel sich auf 16 Geschwindigkeiten beläuft.

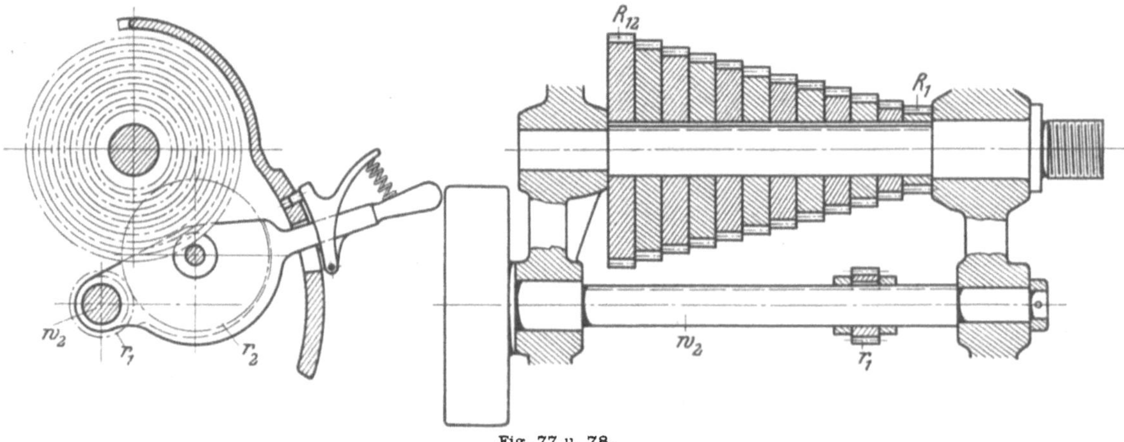

Fig. 77 u. 78.
Wechselrädergetriebe von Norton.

Einen anderen gangbaren Weg bieten hier die Wechselrädergetriebe. Ihr Grundgedanke ist, den Geschwindigkeitswechel durch eine Reihe staffelförmig angeordneter Wechselräder zu erreichen, von denen jedes Rad der Rädergruppe durch ein gemeinsames Treibrad betätigt werden kann. Um der letzten Forderung zu genügen, ist bei dem Norton-Getriebe (Fig. 77 u. 78) das Triebrad r_1 auf w_2 verschiebbar und durch das Zwischenrad r_2 mit jedem der Wechselräder R_1—R_{12} in Eingriff zu bringen. Zu diesem Zweck ist nur die Stelltasche mit r_1 und r_2 entsprechend einzustellen. Dies wird noch durch eine Stellplatte mit Skala erleichtert. Die Konstruktion verlangt für 12 Geschwindigkeiten nur 14 Räder, bietet außerdem die höchste Betriebssicherheit. Im Interesse der Arbeitsspindel dürfte es sich wohl empfehlen, im Gegensatz zur Figur 78 die größeren Räder nach vorn zu verlegen.

Den Wechselrädergetrieben haftet allerdings als Antriebsorgane der Hauptbewegung der Nachteil an:

daß die Größe der Übersetzung durch die äußersten Räderpaare begrenzt ist, also nur eine verhältnismäßig geringe sein kann; das schwingende Wechselrad, welches durch die Stellvorrichtung gehalten wird, hält auch dem starken Druck nur dauernd stand, wenn der Stellhebel kräftig genug gebaut ist.

Wie bei dem Norton-Getriebe, so ist auch bei den früheren Stufenrädergetrieben die Übersetzung verhältnismäßig gering. Ihre Größe ist abhängig von dem Abstande der beiden Wellen und demnach durch die Radgrößen der einzelnen Vorgelege bestimmt, also höchstens 1 : 3 bis 1 : 4. Der Grund für diese beschränkten Übersetzungsverhältnisse liegt in dem einzelnen Arbeiten der verschiedenen Vorgelege. Bei den bisherigen Konstruktionen war es nämlich nicht möglich, zwei oder mehrere Vorgelege h i n t e r - e i n a n d e r zu schalten. Durch diese Schaltung würde natürlich eine wesentlich größere Übersetzung erzielt. So würde z. B. bei zwei Vorgelegen von je 1 : 3 das gesamte Übersetzungsverhältnis sich auf 1 : 9 stellen. Mit dieser größeren Übersetzung wird die Maschine naturgemäß für schwere Arbeiten brauchbar und somit eine der Hauptforderungen unserer Schnellarbeitsmaschinen erfüllt.

Dieser Grundgedanke ist auch bei dem Spindelstock einer Schnelldrehbank (Fig. 79) durchgeführt. Auf der Drehbankspindel sitzt hier auf einer langen Laufbuchse B die breite Antriebsscheibe R (Fig. 80). Um von dieser die Maschine direkt zu treiben, ist die Laufbuchse durch die Kupplung k mit der Arbeitsspindel zu kuppeln. Für größere Übersetzungen sind 3 Rädervorgelege eingebaut. Mit der Anordnung der letzteren sind jedoch zwei Bedingungen verknüpft:

1. die treibenden Räder r_1 und r_2 müssen auf der Laufbuchse B und R_3 auf der Arbeitsspindel selbst festgekeilt sein;
2. die Vorgelege müssen beim unmittelbaren Spindelantrieb auszuschalten sein.

Fig. 79.

Hierzu ist die Vorgelegewelle I exzentrisch gelagert. Eine weitere Bedingung stellt noch das abwechselnde Arbeiten der beiden Vorgelege $\frac{r_1}{R_1}$ bezw. $\frac{r_2}{R_2}$. Um diese einzeln einrücken zu können, sind die Räder R_1 und R_2 auf I verschiebbar und in entsprechenden Abständen angeordnet.

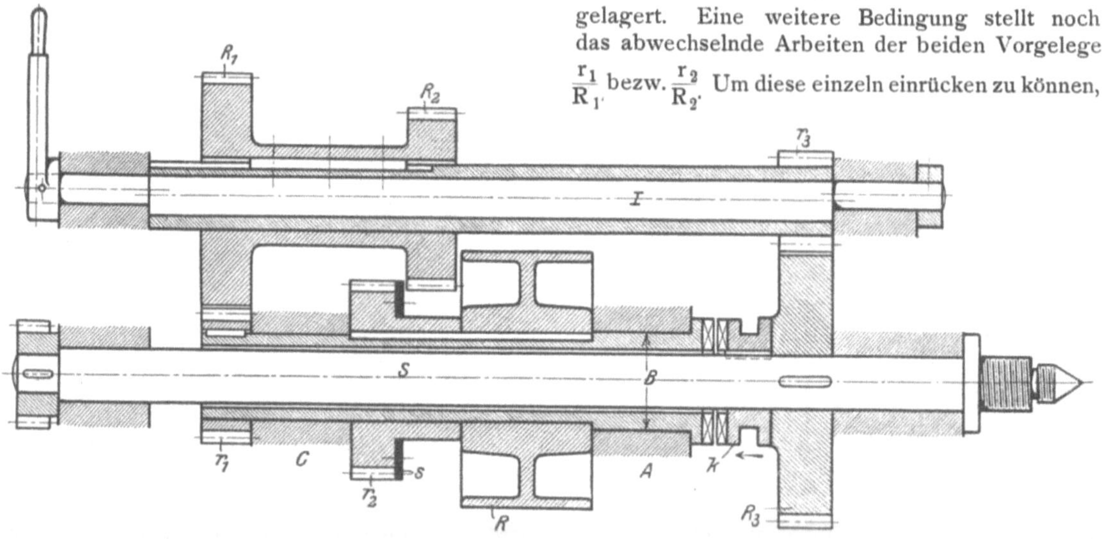

Fig. 80.
Spindelstock der Lodge und Shipley-Drehbank

Bedienung:

1. ohne Vorgelege
   k einrücken, I zurücklegen;
2. Vorgelege $\frac{r_1}{R_1} \cdot \frac{r_3}{R_3}$
   k ausrücken, I einrücken, R_1 nach r_1;
3. Vorgelege $\frac{r_2}{R_2} \cdot \frac{r_3}{R_3}$
   wie vorhin, nur R_2 in r_2 einrücken, wobei $\frac{r_1}{R_1}$ außer Eingriff kommen.

Bei diesen Vorgelegen zeigt der Spindelstock noch eine nachahmenswerte Einrichtung, durch die nicht nur seine Baulänge um mindestens eine Radbreite gekürzt, sondern auch Zahnbrüchen vorgebeugt wird. Das Rad r_2 besitzt nämlich eine Scheibe s.

Sie verhindert eine Verschiebung der Räder R_1 und R_2 bei eingerückten Vorgelegen, also auch während des Betriebes. Der Arbeiter ist daher stets gezwungen, zunächst I zurückzulegen, bevor er die Räder wechseln kann. Die Räderpaare brauchen also nur um etwas mehr als die einfache Zahnbreite versetzt zu sein. Bei den früheren Spindelstöcken war, um im Betriebe die Vorgelege wechseln zu können, mehr als die doppelte Zahnbreite erforderlich. Außerdem umgeht man das lästige Aufsuchen der Zahneingriffe, da die Räder jedesmal wieder eingeschwenkt werden.

Der Spindelstock selbst gewährt zwar für jeden Umlauf des Deckenvorgeleges nur drei Spindelgeschwindigkeiten, dafür aber eine größere Übersetzung, da stets zwei Vorgelege arbeiten. Der Geschwindigkeitswechsel wird bei diesen Schnelldrehbänken durch das Deckenvorgelege ausreichend gestaltet. Letzteres besitzt sechs Geschwindigkeiten (Fig. 8b), so daß sich der ganze Wechsel auf achtzehn erstreckt.

Eine besondere Erwähnung verdient noch bei diesem Spindelstock die Entlastung der Arbeitsspindel von dem starken Riemenzuge. Um diesen von der Spindel fern zu halten, läuft die Buchse B unabhängig von der Spindel S in den Lagern A und C. Außerdem ist die Laufbuchse um etwa 3 mm größer gebohrt, als der Spindeldurchmesser beträgt. Diese Konstruktion sichert daher bei den starken Spänen des Schnellstahles einen besonders ruhigen Lauf der Spindel. Einmal ist jede Reibung zwischen der schnell laufenden Buchse und der langsamer laufenden Spindel ausgeschlossen und zum anderen ist die Arbeitsspindel von dem Riemenzug entlastet.

Besonders wertvoll erscheint auch die Einrichtung für das Schlichten. Bekanntlich werden Schlichtarbeiten bei eingerückten Vorgelegen nie so sauber als bei direktem Riemenantrieb. Diese Erscheinung ist wohl auf die mehr oder weniger fühlbaren Stöße zurückzuführen, die bei dem aufeinander folgenden Eingriff der Zähne auftreten. Um diese Unvollkommenheiten auszuschalten, ist hier einmal die Scheibe R auffallend breit gehalten, so daß der Riemen auch bei größeren Werkstücken glatt durchzieht, und zum andern wird noch durch die entlastete Spindel die Güte der Arbeit erhöht.

Auch das in Fig. 70 besprochene Schuckertgetriebe arbeitet, um die hohen Umläufe des Motors der Schnittgeschwindigkeit anzupassen, stets mit zwei hintereinander geschalteten Vorgelegen.

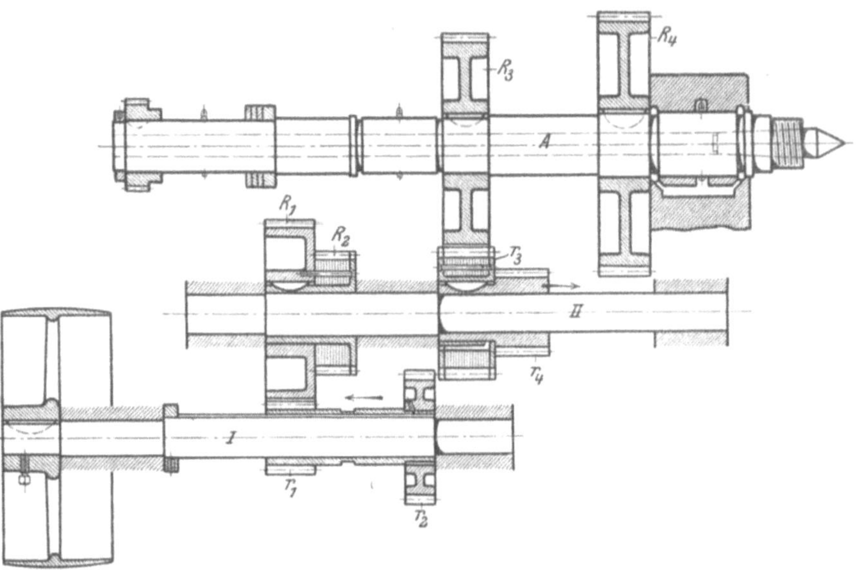

Fig. 81.
Spindelstock für 4 Geschwindigkeiten.

Einen Spindelstock mit 4fachem Geschwindigkeitswechsel zeigt Fig. 81. Hier ist die Antriebsscheibe auf einer besonderen Vorgelegewelle angeordnet. Sollen bei dieser Anordnung je zwei Vorgelege aufeinander arbeiten, so erfordert die Unterbringung der vier Räderpaare außer der Arbeitsspindel A noch zwei Vorgelegewellen I und II. Die Arbeitsspindel wird dabei ziemlich kurz, während der Spindelkasten sich etwas mehr seitlich ausbaut. Für das abwechselnde Einschalten von je zwei Vorgelegen sind die Räder r_1 und r_2 mittels gemeinsamer Laufbuchse auf I zu verschieben und in gleicher Weise r_3 und r_4 auf II.

Bedienung:

1. Vorgelege $\frac{r_1}{R_1} \cdot \frac{r_3}{R_3}$
   r_1 nach R_1, r_3 nach R_3;
2. $\frac{r_1}{R_1} \cdot \frac{r_4}{R_4}$
   r_1 nach R_1, r_4 nach R_4;

3. $\frac{r_2}{R_2} \cdot \frac{r_4}{R_4}$
r_2 nach R_2, r_4 nach R_4;

4. $\frac{r_2}{R_2} \cdot \frac{r_3}{R_3}$
r_2 nach R_2, r_3 nach R_3.

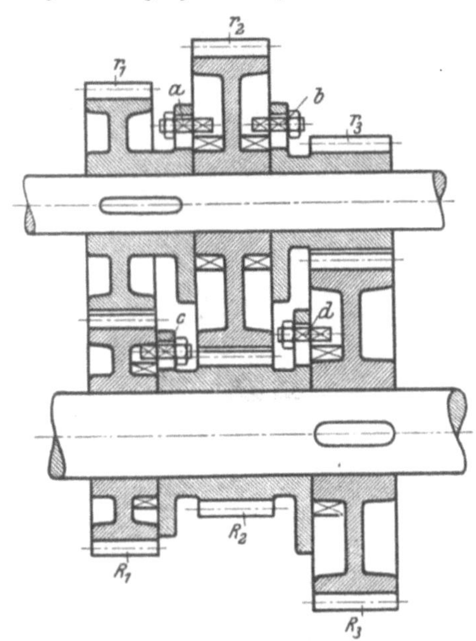

Fig. 82.
Ruppert-Getriebe älterer Bauart.

Auch bei diesem Spindelstock ist die Spindel von dem Riemenzuge entlastet, jedoch fehlt der direkte Spindelantrieb. Im Vergleich zu dem vorigen Spindelstock besitzt der letzte den Vorzug, daß Zahnbrüche, hervorgerufen durch irrtümliches Einrücken falscher Vorgelege, ausgeschlossen sind. Bei dem ersteren können jedoch die Kupplung k und die Vorgelege zugleich eingerückt sein. Allerdings kann man andererseits das Verschieben der Räder nicht gerade als eine glückliche und handliche Lösung bezeichnen.

Den bisherigen Stufenrädergetrieben, namentlich denen in Fig. 71 und 73, kann man einen Vorwurf nicht ersparen. Sie nutzen nämlich nicht alle Möglichkeiten für einen Geschwindigkeitswechsel aus. Ihre Konstruktion läßt zwar die Vorgelege einzeln oder auch paarweise benutzen, nicht aber alle Vorgelege zusammen. Durch die letzte Schaltung wird nämlich bei geordneter Wahl der Radgrößen noch eine weitere größere Übersetzung in der Geschwindigkeitsreihe geschaffen. Danach wäre bei einem Getriebe mit 3 Räderpaaren stets noch eine 4. Geschwindigkeit möglich. Diese Tatsache haben die Gebrüder Ruppert, Chemnitz, durch eine sinnreiche Anordnung von 3 Räderpaaren verwirklicht. Bei dem Ruppert-Getriebe (Fig. 82) sind nur die äußersten Räder r_1 und R_3 festgekeilt, alle übrigen Räder sind lose und durch Kupplungsbolzen mit den Nachbarrädern zu kuppeln. Diese Konstruktion ermöglicht demnach 4 Geschwindigkeiten, die folgende Bedienung erfordern:

$\frac{r_1}{R_1} = \frac{1}{1}$, einrücken c und d, ausrücken a und b

$\frac{r_2}{R_2} = \frac{2}{1}$, „ a „ d, „ c „ b

$\frac{r_3}{R_3} = \frac{1}{2}$, „ a „ b, „ c „ d

$\frac{r_1}{R_i} \cdot \frac{R_2}{r_2} \cdot \frac{r_3}{R_3} = \left(\frac{1}{1} \cdot \frac{1}{2} \cdot \frac{1}{2} = \frac{1}{4}\right)$, einrücken b und c, ausrücken a und d.

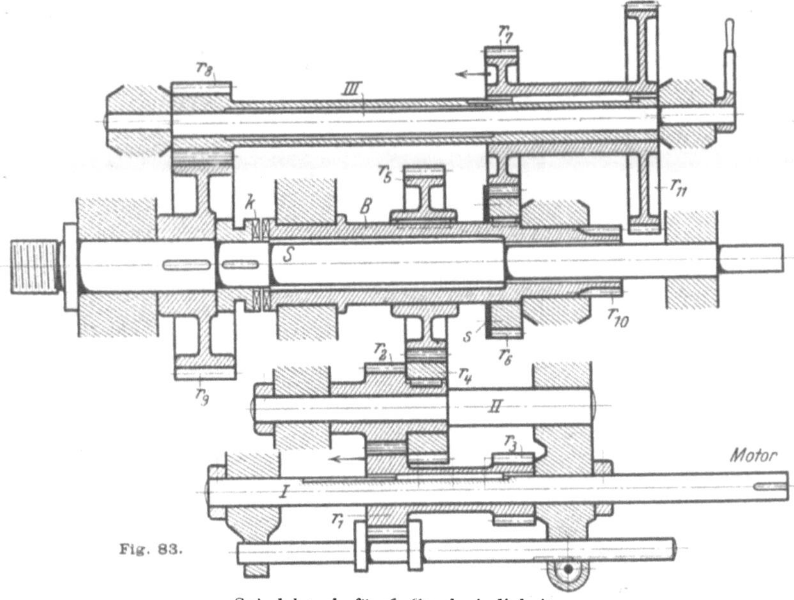

Fig. 83.
Spindelstock für 6 Geschwindigkeiten.

Ein sehr dankbarer Weg, um bei einem Stufenrädergetriebe eine größere Zahl von Geschwindigkeiten und zugleich größere Übersetzungen für schwere Schnitte zu schaffen, wäre, die bisherigen einfachen Getriebe mit besonderen ausrückbaren Vorgelegen auszurüsten. Dieser Weg ist bei sehr vielen rühmlichst bekannten Schnellarbeitsmaschinen beschritten worden.

So gestattet das in Fig. 80 angeführte Stufenrädergetriebe durch eine kleine Ergänzung die Geschwindigkeitsreihe zu verdoppeln.

Fig. 84.

Durch diese Erweiterung wird der Spindelstock auch für den elektrischen Antrieb besser geeignet. Konstruktiv verlangt dies nur, zwischen Motorwelle und Triebhülse B zwei abwechselnd arbeitende Rädervorgelege einzubauen.

Dieser Ausbau des Spindelstocks ist in Fig. 83 schematisch und im Bilde Fig. 84 dargestellt. Die Ankerwelle des Stufenmotors ist hier unmittelbar mit der Vorgelegewelle I gekuppelt. Zum abwechselnden Einschalten der ersten Räderpaare $\frac{r_1}{r_2}$ und $\frac{r_3}{r_4}$ sind die Räder r_1 und r_3, wie früher, auf I verschiebbar. Zur handlichen Bedienung läuft r_1 zwischen zwei Daumen einer Stange, die mittels Handrad und Zahnstangengetriebe die Vorgelege einstellt. Im übrigen ist die Anordnung

Fig. 85.

Schnelldrehbank mit elektrischem Antrieb.

der Räderpaare ähnlich der in Fig. 80. Nur ist die Riemenscheibe R durch das Triebrad r_5 ersetzt. Mithin erhält die Drehbankspindel bei jeder Umlaufszahl des Motors schon 2 Geschwindigkeiten ohne Benutzung der hinteren, ausrückbaren Vorgelege und 4 weitere unter Benutzung der letzteren.

Bedienung:

1. Mit einem Vorgelege $\varphi_1 = \frac{r_3}{r_4} \cdot \frac{r_4}{r_5} = \frac{r_3}{r_5}$, III zurücklegen, k in B und r_3 in r_4 einrücken;

2. Mit 2 Vorgelegen $\varphi_2 = \frac{r_1}{r_2} \cdot \frac{r_4}{r_5}$, wie bei 1, nur r_1 in r_2 einrücken;

3. Mit 3 Vorgelegen $\varphi_3 = \frac{r_3}{r_5} \cdot \frac{r_6}{r_7} \cdot \frac{r_8}{r_9}$, III einschwenken, k aus B zurückziehen, r_3 nach r_4 und r_7 nach r_6;

4. Mit 3 anderen Vorgelegen $\varphi_4 = \frac{r_3}{r_5} \cdot \frac{r_{10}}{r_{11}} \cdot \frac{r_8}{r_9}$, wie bei 3, nur r_{11} in r_{10} einrücken, hierfür ist zuerst wegen der Scheibe s die Vorgelegewelle III zurückzulegen;

5. Mit 4 Vorgelegen $\varphi_5 = \frac{r_1}{r_2} \cdot \frac{r_4}{r_5} \cdot \frac{r_6}{r_7} \cdot \frac{r_8}{r_9}$, wie bei 3, nur r_1 nach r_2;

6. Mit 4 anderen Vorgelegen

$$\varphi_6 = \frac{r_1}{r_2} \cdot \frac{r_4}{r_5} \cdot \frac{r_{10}}{r_{11}} \cdot \frac{r_8}{r_9},$$

wie bei 5, nur r_{11} nach r_{10}.

Ein schönes Beispiel für die Verwendung des vorstehenden Spindelstockes zeigt das Bild der Schnelldrehbank (Fig. 85). Der seitlich montierte Elektromotor besitzt Tourenregulierung, die zweckmäßig das Verhältnis 2 : 1 erhält. Der Kontroller ist an der Vorderfläche des linken Fußes der Bank angebracht.

Die Firma H. Wohlenberg, Hannover, stellte sich die Aufgabe, die für einen 6 fachen Geschwindigkeitswechsel erforderlichen Rädervorgelege in 2 Gruppen übereinander zu ordnen. Diese Anordnung gestattet, das ganze Räderwerk in einem geschlossenen Spindelkasten unterzubringen. Andererseits verlangt sie wegen des Leitspindelantriebes die Riemenscheibe seitlich anzubringen. Die Firma Wohlenberg vereinigte zu diesem Zweck ein 3 faches Stufenrädergetriebe mit 2 ausrückbaren Vorgelegen mit der Bestimmung, die Räderübersetzung einfach, doppelt, drei- und vierfach einschalten zu können. Dabei vermeidet sie die verschiebbaren Räder und beugt in dieser Beziehung besser Zahnbrüchen vor. Allerdings gebraucht sie für 6 Geschwindigkeiten 12 Räder. Dieses Stufenrädergetriebe wird bei den neuesten Schnelldrehbänken der Firma ausgeführt (Fig. 86 u. 87).

Der Antrieb des Räderwerkes erfolgt von der seitlichen Riemenscheibe S aus, die durch r_1 über das Zwischenrad r_2 auf das Rad r_3 arbeitet (Fig. 88 u. 89). Um der Maschine mit dem einfachen Stufenrädergetriebe 3 Geschwindigkeiten zu erteilen, ist r_3 auf I festgekeilt, während r_5 und r_7 mittels k_2 auf I zu kuppeln sind. Außerdem ist r_4, da r_3 auf I ja fest sitzt, mit den Nachbarrädern r_6 und r_8 zu verbinden Diese Konstruktion läßt demnach folgende Übersetzungen zu:

1. $\varphi_1 = \frac{r_1}{r_2} \cdot \frac{r_2}{r_3} \cdot \frac{r_3}{r_4} = \frac{r_1}{r_4}$, Bedienung: r_4 einrücken;

2. $\varphi_2 = \frac{r_1}{r_2} \cdot \frac{r_2}{r_3} \cdot \frac{r_5}{r_6} = \frac{r_1}{r_3} \cdot \frac{r_5}{r_6}$, r_4 ausrücken, k_2 nach r_5;

3. $\varphi_3 = \frac{r_1}{r_3} \cdot \frac{r_7}{r_8}$, r_4 ausrücken, k_2 nach r_7.

Schwere Schnitte verlangen natürlich größere Übersetzungen, die hier durch die Vorgelege $\frac{R_1}{R_2} \cdot \frac{R_3}{R_4}$ vorgesehen sind. Die Benutzung dieser Vorgelege setzt, wie in Fig. 83, voraus:

1. r_6, r_8 und R_1 auf einer Laufbuchse L anzuordnen,

2. R_4 auf der Drehbankspindel A festzukeilen und

3. für das Arbeiten ohne Vorgelege die Welle II zum Ausrücken der Vorgelege exzentrisch zu lagern und L mittels k_1 auf A kuppeln zu können.

Bei den obigen Übersetzungen φ_1, φ_2 und φ_3 sind daher k_1 in L einzurücken und II zurückzulegen. Die letzte Forderung ist durch eine exzentrisch gebohrte Laufbuchse erfüllt. Durch Handrad H, Schnecke und Schneckenrad läßt (Fig. 86) sich die Buchse herumlegen, so daß die Räder R_2 und R_3 außer Eingriff kommen.

Die größeren Übersetzungen dieses Spindelstockes sind daher:

4. $\varphi_4 = \frac{r_1}{r_4} \cdot \frac{R_1}{R_2} \cdot \frac{R_3}{R_4}$, wie bei 1, nur k_1 ausrücken und Vorgelege einschwenken;

5. $\varphi_5 = \frac{r_1}{r_3} \cdot \frac{r_5}{r_6} \cdot \frac{R_1}{R_2} \cdot \frac{R_3}{R_4}$, wie bei 2, nur k_1 ausrücken und Vorgelege einschwenken;

Für größere Geschwindigkeitsreihen reichen die besprochenen Stufenrädergetriebe nur aus, wenn sie von einem Stufenmotor oder einem mehrfachen

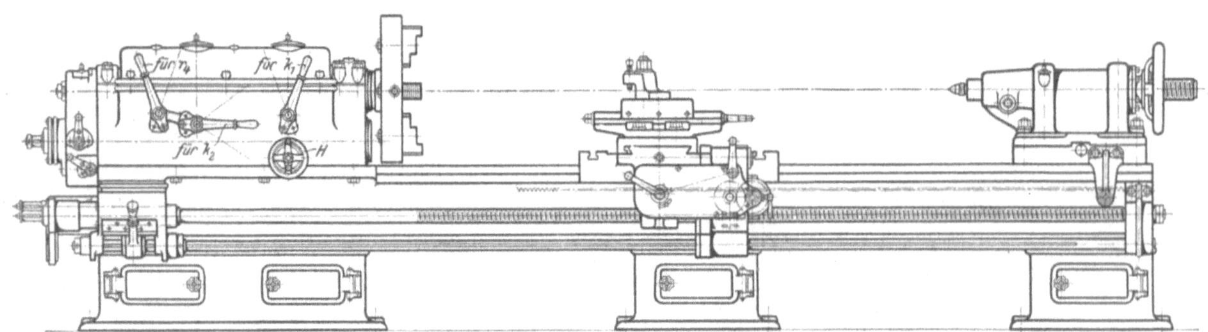

Fig. 86.

Neue Schnelldrehbank von H. Wohlenberg.

6. $\varphi_6 = \frac{r_1}{r_3} \cdot \frac{r_7}{r_8} \cdot \frac{R_1}{R_2} \cdot \frac{R_3}{R_4}$, wie bei 3, nur k_1 ausrücken und Vorgelege einschwenken.

Die Bedienung des Spindelstockes erfordert 3 Handhebel und 1 Handrad H. Die Hebel für r_4 und k_2 sind gegenseitig verriegelt. Bei Benutzung

Deckenvorgelege angetrieben werden, wie dies die Regel ist. Die Räderwerke würden daher einem Spindelstock mit dreistufiger Scheibe und zwei Rädervorgelegen entsprechen. Die höchste Zahl der durch das Räderwerk allein erzeugten Antriebsgeschwindigkeiten war 6. Sie verlangten 11 bis 12 Räder.

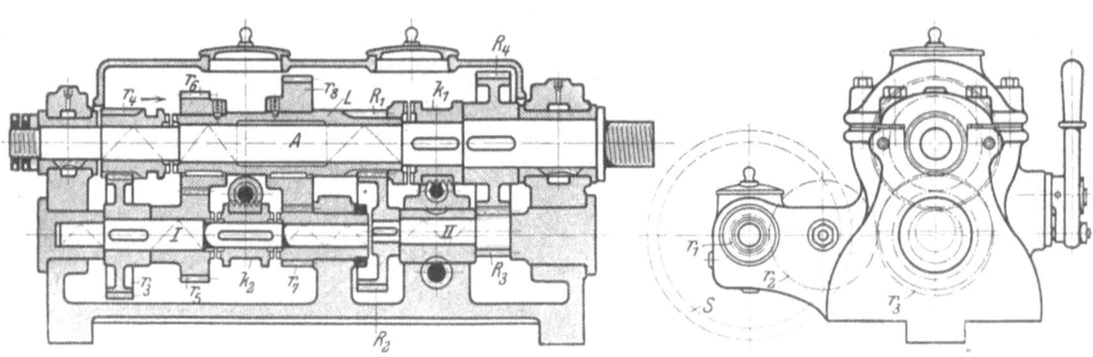

Fig. 88 u. 89.

Wohlenbergs Stufenrädergetriebe.

der Vorgelege $\frac{R_1}{R_2} \cdot \frac{R_3}{R_4}$ ist der Dreher anzuweisen, daß er k_1 zuerst ausrückt, bevor er mit H die Vorgelege selbst einschaltet. Diese Handhabung ist ihm ja von den Stufenscheibenspindelstöcken hinreichend bekannt, obschon auch hier eine gegenseitige Sperre zu empfehlen wäre.

In ähnlicher Weise wie in Fig. 88 u. 89, könnte auch das Getriebe in Fig. 71 unter kleinen Abänderungen mit 2 größeren ausrückbaren Vorgelegen ausgestattet werden. Es würde alsdann 8 Geschwindigkeiten zulassen bei 12 Rädern und entsprechend längerem Räderkasten.

Einen Fortschritt in dieser Hinsicht zeigt schon das Stufenrädergetriebe in Fig. 90. Es gewährt schon bei 10 Rädern 8 Geschwindigkeiten. Die Anordnung der Räder verlangt allerdings 4 Wellen und 3 doppelseitige Kupplungen. Mit dieser Gruppierung ist aber ein nicht zu unterschätzender Vorzug verbunden. Die Bedienung erfordert nämlich nur 3 Handgriffe und schließt jede Gefahr auf Zahnbrüche aus. Ersetzt man die bisher üblichen Zahnkupplungen durch Reibungskupplungen, so läßt sich der Geschwindigkeitswechsel jederzeit im Betriebe stoßfrei und gefahrlos vollziehen. Die Welle I trägt eine Reibungskupplung k_1, auf deren Kupplungsscheiben die Stirnräder r_1 und R_1 sitzen. Diese arbeiten auf die festgekeilte Rädern r_2 und R_2 der

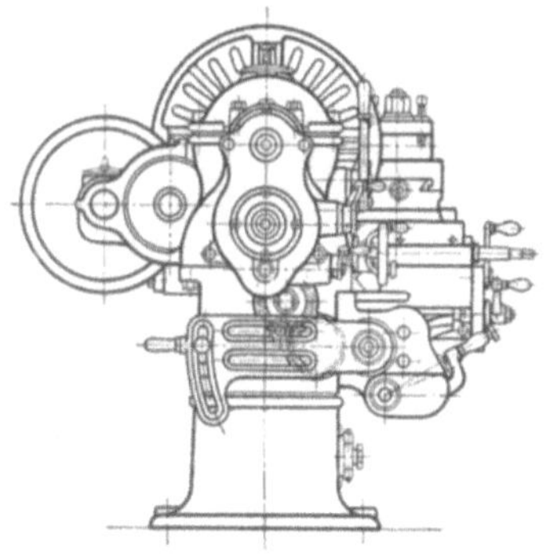

Fig. 87.

Zwischenwelle II. Wird daher k_1 rechts oder links eingerückt, so erhält die Zwischenwelle II und mit ihr auch die Räder r_2 und R_2 zwei

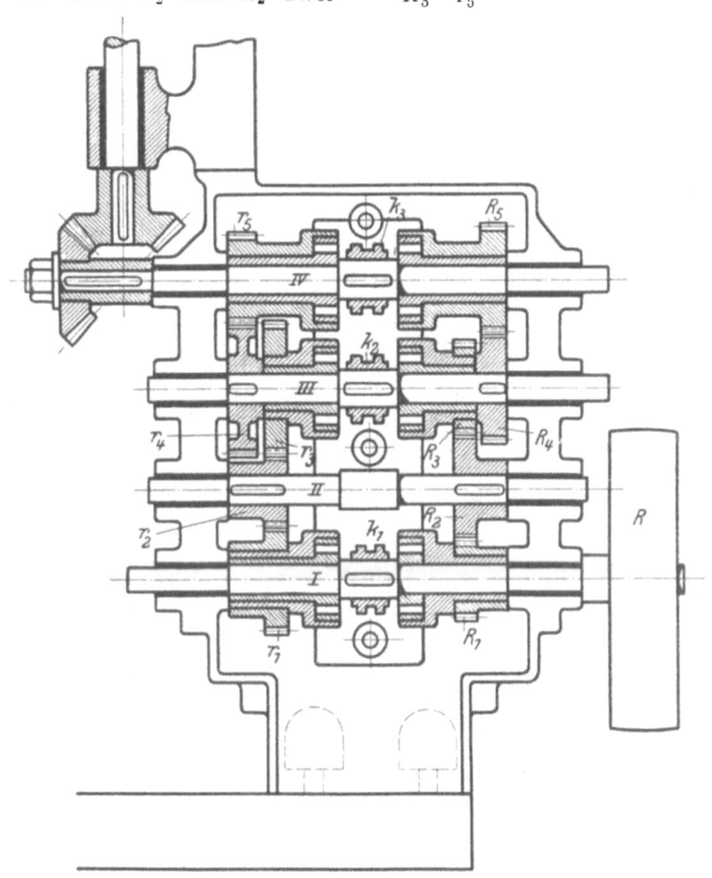

Fig. 90. Stufenrädergetriebe für 8 Geschwindigkeiten.

Geschwindigkeiten. Die beiden Geschwindigkeiten werden jederseits auf 2 weitere Vorgelege übertragen, welche ebenfalls auf den zugehörigen Wellen zu kuppeln sind. Die Vorgelegewelle III wird demnach mit 4 Geschwindigkeiten laufen können, dadurch daß k_2 rechts oder links eingerückt wird. Durch Rechts- oder Linksschaltung von k_3 wird schließlich die Antriebswelle IV 8 verschiedene Umläufe ausführen.

Arbeitende Vorgelege:	Bedienung: Handgriffe:
1. $\frac{r_1}{r_3} \cdot \frac{r_4}{r_5}$	k_1, k_2, k_3 nach links
2. $\frac{r_1}{r_2} \cdot \frac{R_2}{R_3} \cdot \frac{R_4}{R_5}$	k_1 links, k_2, k_3 rechts
3. $\frac{R_1}{R_3} \cdot \frac{R_4}{R_5}$	alle rechts
4. $\frac{R_1}{R_2} \cdot \frac{r_2}{r_3} \cdot \frac{r_4}{r_5}$	k_1 rechts, k_2, k_3 links
5. $\frac{r_1}{r_3} \cdot \frac{R_4}{R_5}$	k_1 und k_2 links, k_3 rechts
6. $\frac{R_1}{R_3} \cdot \frac{r_4}{r_5}$	k_1, k_2 rechts, k_3 links
7. $\frac{R_1}{R_2} \cdot \frac{r_2}{r_3} \cdot \frac{R_4}{R_5}$	k_1 und k_3 rechts, k_2 links
8. $\frac{r_1}{r_2} \cdot \frac{R_2}{R_3} \cdot \frac{r_4}{r_5}$	k_1 und k_3 links, k_2 rechts

Fig. 91.

Säulen-Bohrmaschine mit Wechselräderschaltung und Gewindeschneid-Vorrichtung.
Schuchardt & Schütte, Berlin C.

Dieses Rädergetriebe ist, wie Fig. 91 zeigt, für eine Säulenbohrmaschine gebaut In dem Antrieb der Bohrspindel sind noch zwei ausrückbare Vorgelege vorgesehen, so daß sechzehn Geschwindigkeiten vorrätig sind. Bemängeln könnte man hier, daß allemal sämtliche Räder laufen, allerdings sind Zahnbrüche ausgeschlossen.

Die Maschinenfabrik Hermann Schoening, auf dem Räderkasten montierten Motor. Auf seiner Ankerwelle sitzt ein Zahnrad (Fig. 93 und 94), das über ein Rohhauttrieb durch ein größeres Vorgelege die Welle I betätigt. Letztere arbeitet mittels 4 verschiedener Übersetzungen auf die Antriebswelle III der Maschine. Zum Einschalten der Vorgelege sind nur 2 Handhebel notwendig, welche die Kupplungen K_1 und K_2 bedienen.

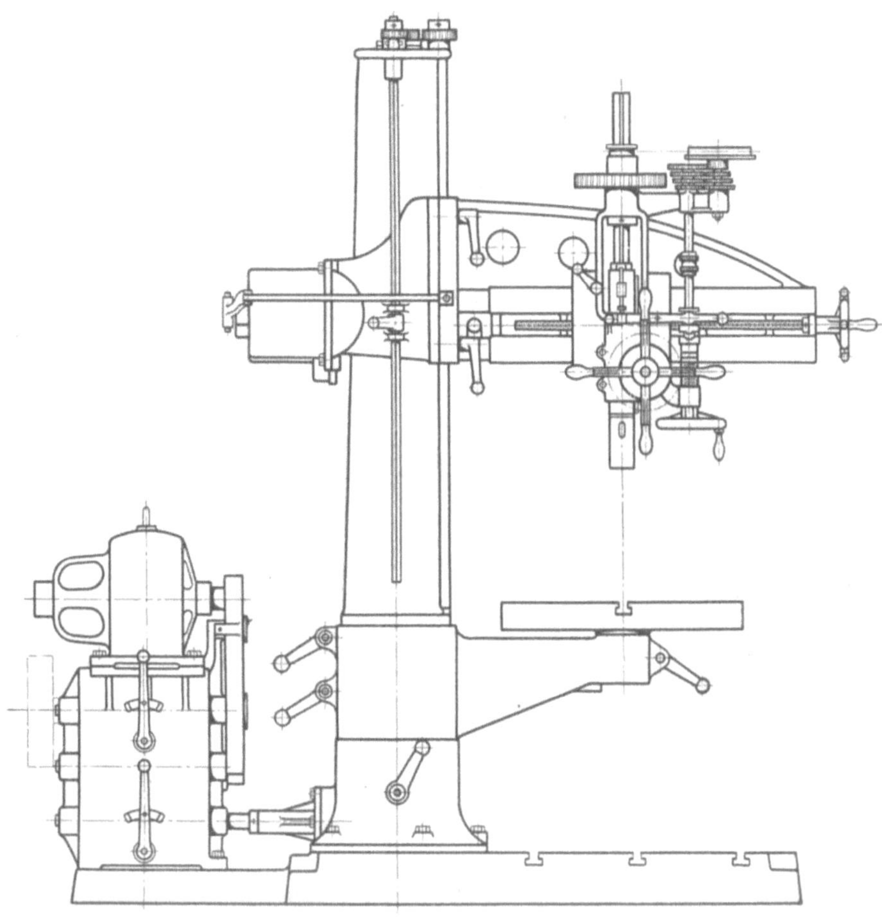

Fig. 92.

Radialbohrmaschine von Hermann Schoening, Berlin.

Berlin N., die sich besonders mit dem Bau von Radialbohrmaschinen befaßt, wendet bei ihren Maschinen mit elektrischem Antriebe (Fig. 92) ein ähnliches Getriebe an. Der Geschwindigkeitswechsel ist 4fach und durch 7 Räder und 3 Wellen geschaffen. Es ist also im Vergleich zu Fig. 90 die Welle IV mit der Kupplung k_3 fortgelassen. Um eine passende Übersetzung zu erhalten, sind außerdem auf II rechts 2 feste Räder vorgesehen. Der Antrieb des Räderwerkes erfolgt von einem

Übersetzungen:	Einstellung:
1. $\frac{r_1}{r_2} \cdot \frac{r_2}{r_3} = \frac{r_1}{r_3}$	K_1 und K_2 links.
2. $\frac{R_1}{R_2} \cdot \frac{R_3}{R_4}$	K_1 und K_2 rechts.
3. $\frac{r_1}{r_2} \cdot \frac{R_3}{R_4}$	K_1 links, K_2 rechts.
4. $\frac{R_1}{R_2} \cdot \frac{r_2}{r_3}$	K_1 rechts, K_2 links.

Die durch den Räderkasten erzielten vier Antriebsgeschwindigkeiten gelangen in ähnlicher Weise, wie in Fig. 76, auf doppeltem Wege auf die Bohrspindel. Die Maschine ist daher mit acht Schnittgeschwindigkeiten ausgestattet. Außerdem ist noch ein weiteres Vorgelege für den schnellen Rücklauf der Bohrspindel beim Gewindeschneiden vorgesehen. Die Anordnung dieser Vorgelege bringt Fig. 95—96. Die kurze Welle I erhält ihren das linke Rädervorgelege $\frac{r_5}{r_7}$, welches durch das Zwischenrad r_6 umsteuert. Für dieses Arbeitsverfahren besitzt die Maschine allerdings nur 4 Schnittgeschwindigkeiten, weil die 4 weiteren Geschwindigkeiten von dem Rücklauf beansprucht werden.

Eine praktische Handhabung der Maschine ist hierbei durch die Anordnung der beiden Kupp-

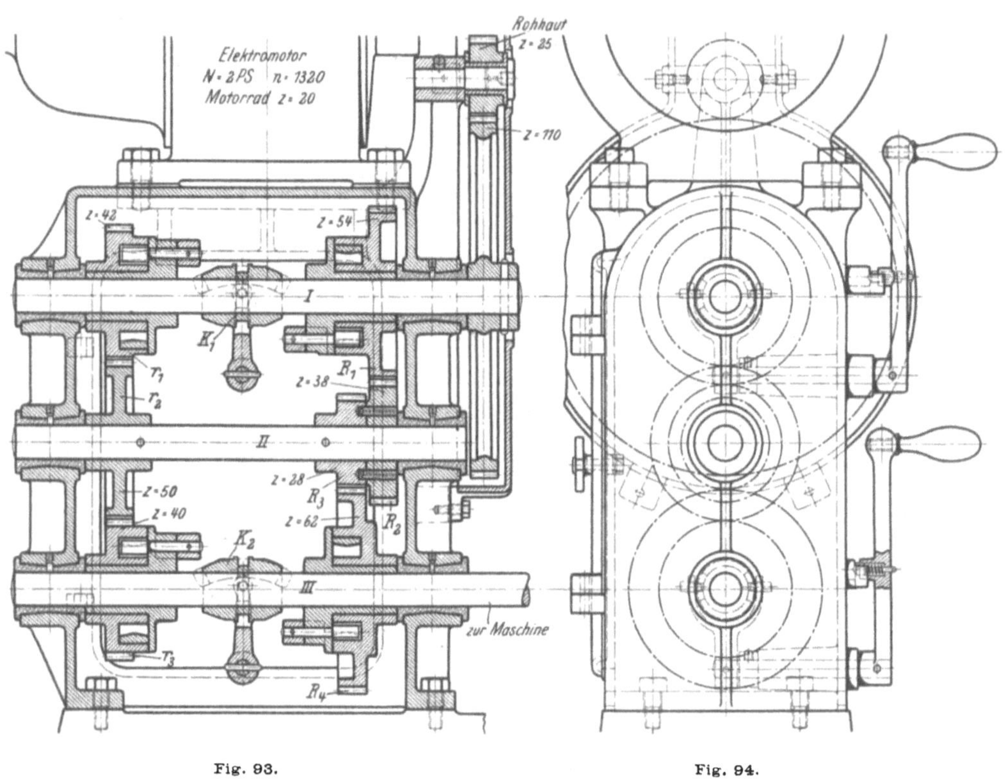

Fig. 93. Fig. 94.

Stufenrädergetriebe von H. Schoening.

Antrieb vom Räderkasten aus und besitzt daher 4 verschiedene Umläufe. Durch die Rädervorgelege $\frac{r_1}{r_2}$ bezw. $\frac{r_3}{r_4}$ treibt sie die lange Welle II, welche hinten am Ausleger gelagert ist. Von der letzteren Welle erfolgt auch der Antrieb der Bohrspindel. Für die Benutzung der Vorgelege ist auf II die Reibungskupplung K_2 vorgesehen. Bei größeren Bohrungen ist daher K_2 in r_2 einzurücken und bei kleineren in r_4, währenddessen K_1 ständig in r_3 sitzt. Die Maschine besitzt also für das Bohren 8 Geschwindigkeiten, die jederzeit gewechselt werden können. Den schnellen Rücklauf des Bohrers beim Gewindeschneiden vollzieht lungen erreicht. Dadurch daß diese auf beide Wellen verlegt sind, ist es ermöglicht, mit einem Handgriff umsteuern und stillsetzen zu können. Solange nämlich Gewinde geschnitten wird, soll K_1 das Rücklaufgetriebe, also r_5, kuppeln. Die ganze Bedienung erstreckt sich daher, sobald der Räderkasten und K_1 einmal eingestellt sind, nur auf die Kupplung K_2. Zum Gewindeschneiden ist letztere nach rechts zu ziehen, so daß das Vorgelege $\frac{r_1}{r_2}$ arbeitet. Auf Mittelstellung rückt K_2 die Maschine aus, und mit r_4 gekuppelt stellt K_2 den Rücklauf mit etwa dreifacher Beschleunigung ein. Die gleiche

Bequemlichkeit bietet die Einrichtung beim Bohren. Bei Bohrarbeiten soll nämlich K_1 ständig in r_3 sitzen, sodaß auch jetzt nur die Kupplung K_2 zu bedienen bleibt, sobald die Maschine einmal eingestellt ist. Durch entsprechende Hebel läßt sich die Einstellung leicht vom Stande des Arbeiters vollziehen.

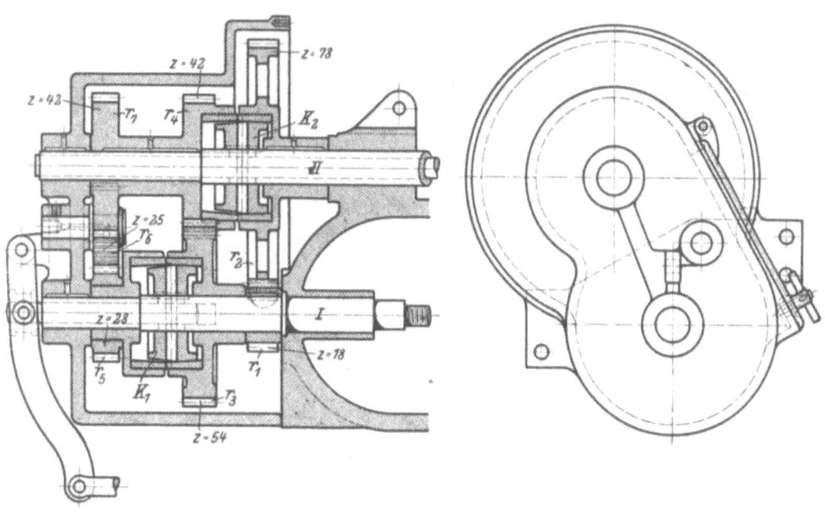

Fig. 95. Fig. 96.

Schalträderkasten.

Für Schnelldrehbänke ist der Räderkasten in Fig. 90 allerdings zu hoch gebaut. Für diese Zwecke besser geeignet ist eine ähnliche Konstruktion in Fig. 97. Die Anordnung der Rädervorgelege beansprucht auch hier für acht Geschwindigkeiten 4 Wellen und 10 Räder. Mit Rücksicht auf den Sonderzweck sind aber die einzelnen Vorgelege derart untergebracht, daß sich das ganze Triebwerk als geschlossener Spindelkasten ausführen läßt (Fig. 98). Im Vergleich zu den früheren Getrieben sind auch hier die Zahnkupplungen durch kräftige Reibungskupplungen ersetzt. Durch diese Konstruktionselemente ist Gewähr für einen ruhigen und stoßfreien Geschwindigkeitswechsel geboten, der sich sebst im Betriebe vollziehen läßt. Das Durchziehen der Kupplungen ist durch große Reibungsscheiben gesichert, bei denen die kraftübertragende Reibung einen großen Hebelarm findet.

Die acht Antriebsgeschwindigkeit sind hier planmäßig in der Weise geschaffen, daß die durch Riemen betätigte Welle I der Zwischenwelle II, wie vorhin, 2 verschiedene Umläufe erteilen kann. Jede der 2 Geschwindigkeiten wird auch hier auf doppeltem Wege auf die Arbeitsspindel A über-

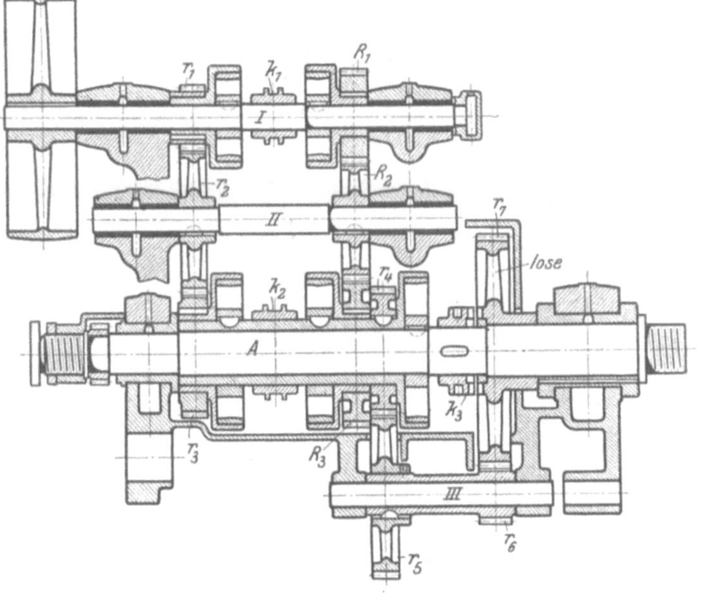

Fig. 97.

Spindelstock einer Schnelldrehbank mit 8 Antriebsgeschwindigkeiten.

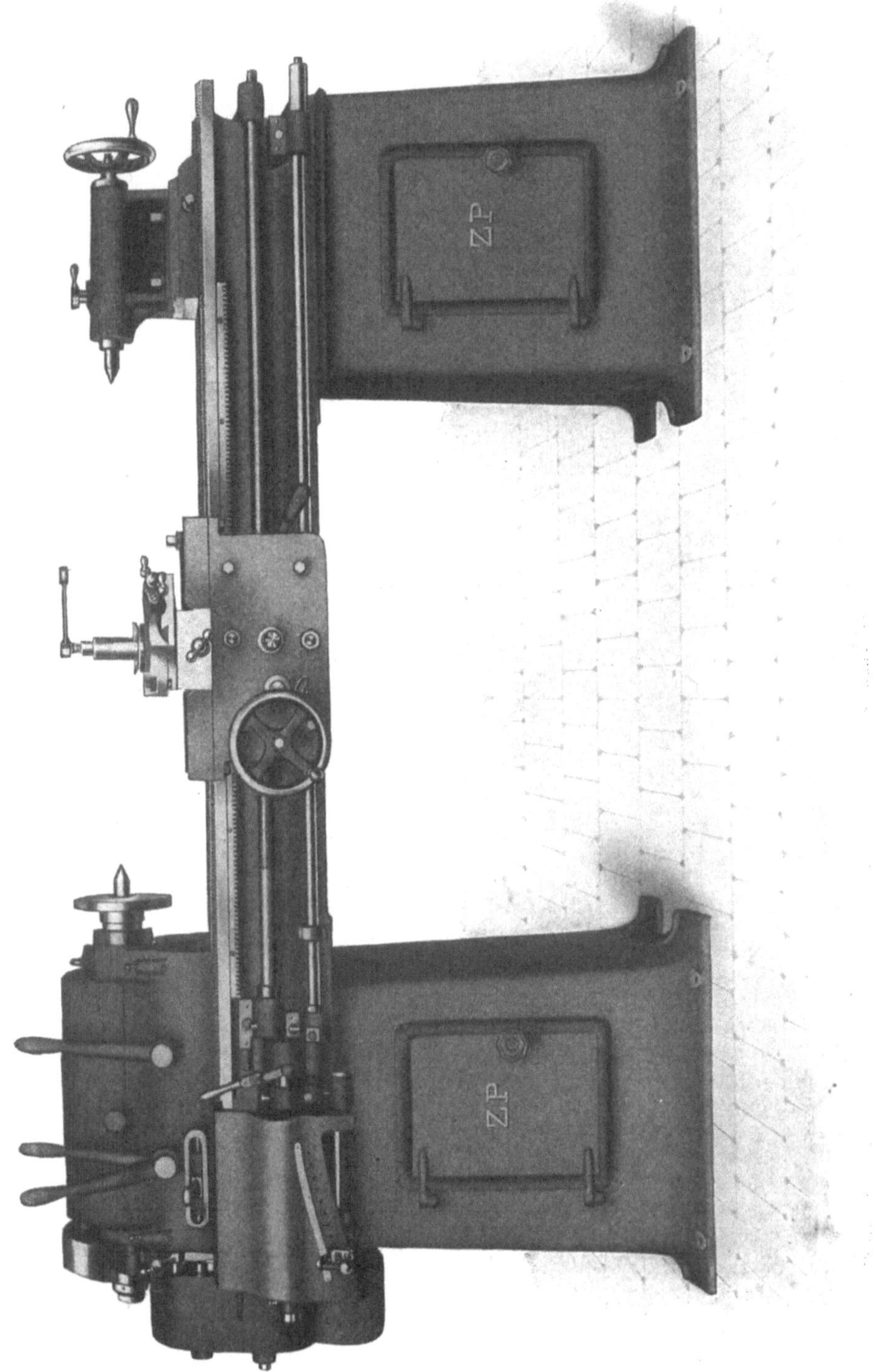

Fig. 98.
Schnelldrehbank mit Wechselräderschaltung, Spitzenhöhe = 180 mm. Schuchardt & Schütte, Berlin C.

tragen, so daß letztere 4 Geschwindigkeiten erhält. Diese Aufgabe ist zunächst durch die Vorgelege $\frac{r_1}{r_2}$ und $\frac{R_1}{R_2}$ gelöst. Durch die Reibungskupplung k_1 sind beide Vorgelege einzeln einzurücken. Hiermit sind die 2 Geschwindigkeiten der Zwischenwelle II erreicht. Zur weiteren Bewegungsübertragung arbeiten auch hier r_2 und R_2 auf je ein loses Rad r_3 und R_3. Beide sind jedoch durch die Reibungskupplung k_2 mit der Arbeitsspindel A bezw. der Buchse zu kuppeln, so daß diese, wie die Welle III in Fig. 90, zunächst 4 Geschwindigkeiten erhält. Die 4 weiteren Geschwindigkeiten sind hier, wie früher, durch ausrückbare Vorgelege $\frac{r_4}{r_5} \cdot \frac{r_6}{r_7}$ geschaffen.

Die Benutzung dieser Vorgelege setzt auch hier voraus:

1. die Triebräder r_3 und R_3 auf einer Laufbuchse der Arbeitsspindel A kuppeln zu können und das Rad r_4 auf ihr festzukeilen. Es arbeitet somit die Laufbuchse durch die Vorgelege $\frac{r_4}{r_5} \cdot \frac{r_6}{r_7}$ auf die Arbeitsspindel A;

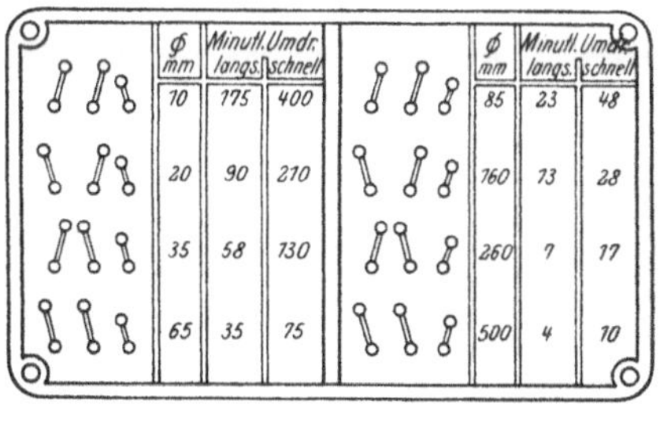

	Ø mm	Minutl. Umdr. langs.	Minutl. Umdr. schnell		Ø mm	Minutl. Umdr. langs.	Minutl. Umdr. schnell
	10	175	400		85	23	48
	20	90	210		160	13	28
	35	58	130		260	7	17
	65	35	75		500	4	10

Fig. 100.

Schalttafel.

2. zum Ausschalten der Vorgelege muß entweder die Welle III exzentrisch gelagert oder das Rad r_7 auf A zu entkuppeln sein.

Der letzte Weg gibt hier die beste Sicherheit gegen Fahrlässigkeiten in der Bedienung. Das Rad r_7 ist daher auch durch k_3 zu entkuppeln;

Fig. 99.

Ruppert-Getriebe, Union, Chemnitz.

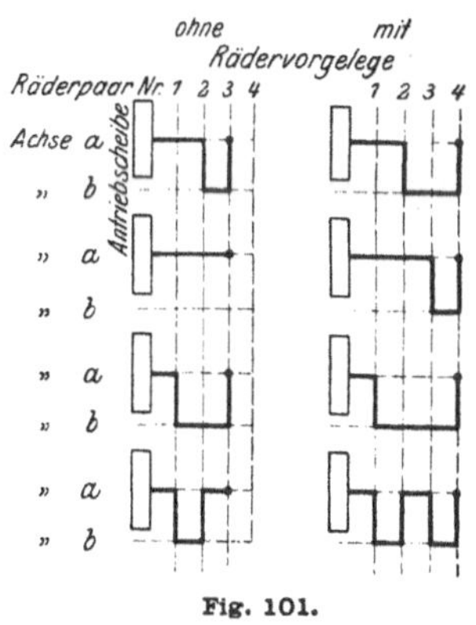

Fig. 101.

Schaltungen.

3. um die Arbeitsspindel A direkt antreiben zu können, sitzt am Kopfende der Laufbuchse noch eine Reibungskupplung, die durch k_3 einzurücken ist.

Bedienung:

Arbeitende Rädervorgelege:	Handgriffe:
1. $\frac{r_1}{r_3}$	k_1, k_2, k_3 links
2. $\frac{R_1}{R_3}$	k_1, k_2 rechts, k_3 links
3. $\frac{r_1}{r_2} \cdot \frac{R_2}{R_3}$	k_1 links, k_2 rechts, k_3 links
4. $\frac{R_1}{R_2} \cdot \frac{r_2}{r_3}$	k_1 rechts, k_2 links, k_3 links
5. $\frac{r_1}{r_3} \cdot \frac{r_4}{r_5} \cdot \frac{r_6}{r_7}$	wie bei 1, nur k_3 rechts
6. $\frac{R_1}{R_3} \cdot \frac{r_4}{r_5} \cdot \frac{r_6}{r_7}$	wie bei 2, nur k_3 rechts
7. $\frac{r_1}{r_2} \cdot \frac{R_2}{R_3} \cdot \frac{r_4}{r_5} \cdot \frac{r_6}{r_7}$	wie bei 3, nur k_3 rechts
8. $\frac{R_1}{R_2} \cdot \frac{r_2}{r_3} \cdot \frac{r_4}{r_5} \cdot \frac{r_6}{r_7}$	wie bei 4, nur k_3 rechts

Der Vorzug dieses Spindelstockes liegt in der vollen Sicherheit gegen fahrlässiges Bedienen und der großen Bequemlichkeit, den Geschwindigkeitswechsel jederzeit stoßfrei vollziehen zu können. Die 8 Geschwindigkeiten sind, wie vorhin, durch 3 Handgriffe einzustellen. Durch ein doppeltes Deckenvorgelege wird die Zahl der Antriebsgeschwindigkeiten noch auf 16 erhöht.

Ein hohes Maß an Vollkommenheit ist an dem Ruppertgetriebe neuester Konstruktion (Fig. 99) zu verzeichnen. Dieses Getriebe gestattet bereits bei 4 Räderpaaren 8 verschiedene Übersetzungen. Die verhältnismäßig große Geschwindigkeitsreihe ist durch eine sehr sinnreiche Anordnung der Räder auf 2 Wellen erreicht. Die 4 Räderpaare sind durch 2 zwangläufig verbundene Kupplungspaare und eine freie Kupplung in entsprechender Weise ein- und auszuschalten. Das Ende der Drehbankspindel ist durch die innen liegende Riemenscheibe für den Antrieb der Leitspindel frei gehalten. Die Bedienung erfordert höchstens 3 Handgriffe, die nach einer Skala (Fig. 100) auszuführen sind, so daß die in Fig. 101 dargestellten Kraftwege entstehen.

Dieses Ruppertgetriebe wird vorzugsweise bei Drehbänken angewandt. So zeigt das Bild der Drehbank Courier der Maschinenfabrik Union, Chemnitz, seine Anwendung (Fig. 102).

Das Deckenvorgelege besitzt 2 verschiedene Umdrehungen. Dabei bewegen sich die Umläufe der Bank zwischen 10 und 440 bezw. 4 und 175.

Der Gedanke, die einfachen Getriebe durch Hinzufügen besonderer Vorgelege mit einem größeren Geschwindigkeitswechsel und zugleich mit einer größeren Übersetzung auszustatten, ist auch auf das altehrwürdige Nortongetriebe übertragen worden. Hiermit ist der früher erwähnte

Fig. 102.

Schnelldrehbank „Courier" Union-Chemnitz.

Nachteil des Getriebes beseitigt und für schwere Schnitte eingerichtet.

Eine beachtenswerte Lösung dieser Art führt die Firma Brown & Sharpe bei ihren neueren Fräsmaschinen aus (Fig. 103). Die Konstruktion gestattet 16 Geschwindigkeiten. Für diesen Wechsel ist das Nortonsche Wechselrädergetriebe mit vier ausrückbaren Vorgelegen vereinigt (Fig. 104). Die 16 Antriebsgeschwindigkeiten werden hier planmäßig in der Weise erreicht, daß die mit stets gleicher Umdrehungszahl laufende Antriebswelle I zunächst 4 verschiedene Umdrehungen von II erzeugt. Diese Umläufe werden wieder auf doppeltem Wege auf die Frässpindel F übertragen, die hierdurch acht Geschwindigkeiten erhält. Durch zwei weitere ausrückbare Vorgelege wird dann die Reihe der Geschwindigkeiten auf sechzehn erhöht. In der Konstruktion des Spindelstockes würden nach Norton, um die 4 Geschwindigkeiten der Welle II zu erzeugen, auf letzterer 4 Wechselräder R_2 bis R_5 erforderlich sein, die durch ein einschwenkbares Zwischenrad r_1 von dem langen Triebe R_1 abwechselnd betätigt werden. Die 8 ersten Umläufe der Arbeitsspindel F verlangen also, um von II abgeleitet zu werden, noch zwei weitere abwechselnd arbeitende Vorgelege. Diese sind durch die äußersten Räderpaare $\frac{R_2}{R_7}$ und $\frac{R_5}{R_6}$ geschaffen, die durch seitliches Vorschieben zum Eingriff kommen. Die bis jetzt erreichte 8gliedrige Geschwindigkeitsreihe wäre noch zu verdoppeln. Hierzu dienen die 2 Vorgelege $\frac{R_8}{R_9}$ und $\frac{R_{10}}{R_{11}}$, die in der bekannten Weise auf III angebracht sind. Die Benutzung der Vorgelege $\frac{R_8}{R_9} \cdot \frac{R_{10}}{R_{11}}$ setzt auch hier voraus, daß die Räder R_6, R_7 und R_8 auf einer Laufbuchse L der Arbeitsspindel F sitzen, während das Rad R_{11} auf F festgekeilt ist. Das Arbeiten ohne Vorgelege verlangt daher, die Laufbuchse L mit R_{11} zu kuppeln.

Bei der neuen Hendey-Norton-Fräsmaschine (Fig. 105) ist in ähnlicher Weise das

Fig. 103. Fräsmaschine von Brown & Sharpe.

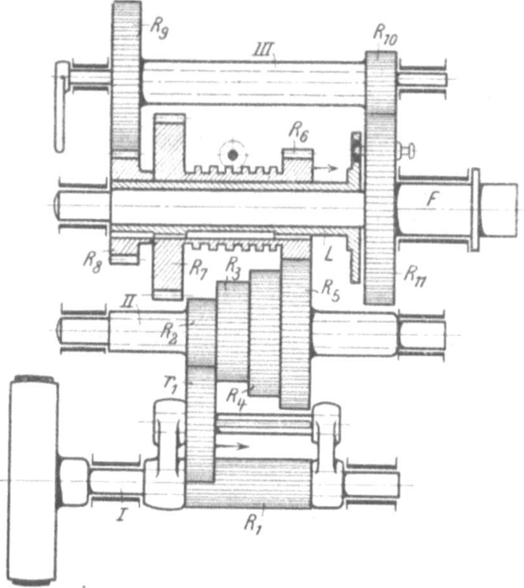

Fig. 104. Wechselrädergetriebe von Brown & Sharpe.

Nortongetriebe für einen 18fachen Geschwindigkeitswechsel ausgebaut. Die Anordnung der Räder ist hier so getroffen, daß eine Welle weniger gebraucht wird. Alle verschiebbaren Triebräder sind umgangen und durch Zahnkupplungen mit zugespitzten Zähnen (Fig. 106) ersetzt, die schneller fassen und wegen der günstigeren Abnutzungsverhältnisse die Räder besser schonen.

Für die 18 Geschwindigkeiten ist hier ein Nortongetriebe, bestehend aus 6 Wechselrädern, vorgesehen (Fig. 107), das die Frässpindel einmal direkt mit 6 Geschwindigkeiten treibt. Außerdem kann das Wechselrädergetriebe zweimal über die Vorgelege auf die Spindel arbeiten, sodaß letztere zusammen 3 × 6 Geschwindigkeiten erfährt.

Für den direkten Spindelantrieb sitzen hier die Wechselräder auf der Frässpindel, und zwar wegen der einzuschaltenden Vorgelege wiederum auf einer Laufbuchse L, die mittels k_1 auf F zu kuppeln ist.

Arbeitsweise:

6 Geschwindigkeiten durch Einrücken von k_1 in L;

6 weitere Geschwindigkeiten durch Einrücken von k_1 in R_{12} und k_2 in R_8;

6 weitere Geschwindigkeiten durch Einrücken von k_2 in R_{10}.

In der Betriebssicherheit kommt dieses Getriebe jenem von Brown & Sharpe gleich, da bei dem letzteren Zahnbrüche, die durch falsches Einrücken von Vorgelegen und Mitnehmer entstehen könnten durch eine Kurvensicherung vermieden werden. Zum Ausschalten der Vorgelege beim einfachen Spindelantrieb ist die Welle II exzentrisch gelagert, so daß die Räder nicht tot mitlaufen.

Fig. 105.

Hendey-Norton-Fräsmaschine. Hch. Dreyer, Berlin C.

Einen weiteren Schritt in der Ausbildung dieser Rädergetriebe für schwere Schnellarbeitsmaschinen hat die Firma de Fries & Co.*), Düsseldorf, unternommen. Beim Norton-Getriebe ist früher bemängelt worden, daß die Größe der Übersetzung durch die Wellenentfernung begrenzt ist. Dies umgehen de Fries & Co. durch eine sinnreiche Zickzackschaltung der Wechselräder. Bei dieser Schaltung kann die Übersetzung bei gleichmäßiger Abstufung beliebig gesteigert werden, ein Vorzug, der für schwere Maschinen von besonderer Bedeutung ist.

Das de Friessche Stufenrädergetriebe findet Verwendung bei Drehbänken mit liegender Plan-

*) Gestrecktes Bilgramgetriebe.

Fig. 106.

Räderkasten der Hendey-Norton-Fräsmaschine. Hch. Dreyer, Berlin C.

scheibe (Fig. 108 u. 109). Seine Konstruktion ist in Fig. 110 u. 111 wiedergegeben. Auf der Antriebswelle I sitzt hier bei elektrischem Antrieb ein Kettenrad für eine Renoldkette oder beim Transmissionsantrieb eine Fest- und Losscheibe S_2 und S_1. Die beiden ersten Räder R_1 und r_1 sind auf I festgekeilt. Um die folgenden Wechselräder zickzackförmig hintereinander schalten zu können, sind diese

1. auf zwei Wellen I und II zu verteilen und
2. in Gruppen von je 2 Rädern zu ordnen.

Der zweite Punkt ist dadurch gelöst, daß ein größeres und kleineres Wechselrad auf einer gemeinsamen Laufbuchse sitzen. Bei dieser Gruppierung der Wechselräder kann daher mittels einer Nortonschwinge S das Zwischenrad R_2 auf jedes Rad von I eingestellt werden. Auf die Welle III arbeiten daher folgende Übersetzungen:

	Einstellung von S bezw. S_3 auf:
$\varphi_1 = \frac{R_1}{R_3}$	R_1
$\varphi_2 = \frac{r_1}{R_3}$	r_1
$\varphi_3 = \frac{r_1}{r_2} \cdot \frac{r_3}{R_3}$	r_4
$\varphi_4 = \frac{r_1}{r_2} \cdot \frac{r_3}{r_4} \cdot \frac{r_5}{R_3}$	r_5
$\varphi_5 = \frac{r_1}{r_2} \cdot \frac{r_3}{r_4} \cdot \frac{r_5}{r_6} \cdot \frac{r_7}{R_3}$	r_8
$\varphi_6 = \frac{r_1}{r_2} \cdot \frac{r_3}{r_4} \cdot \frac{r_5}{r_6} \cdot \frac{r_7}{r_8} \cdot \frac{r_9}{R_3}$	r_9
$\varphi_7 = \frac{r_1}{r_2} \cdot \frac{r_3}{r_4} \cdot \frac{r_5}{r_6} \cdot \frac{r_7}{r_8} \cdot \frac{r_9}{r_{10}} \cdot \frac{r_{11}}{R_3}$	r_{12}
$\varphi_8 = \frac{r_1}{r_2} \cdot \frac{r_3}{r_4} \cdot \frac{r_5}{r_6} \cdot \frac{r_7}{r_8} \cdot \frac{r_9}{r_{10}} \cdot \frac{r_{11}}{r_{12}} \cdot \frac{r_{13}}{R_3}$	r_{13}

Unter der Voraussetzung, daß die größeren Wechselräder 30, die kleineren 24, R_2 und R_5 30 Zähne besitzen, ergibt sich für $\varphi_1 = 1$ und

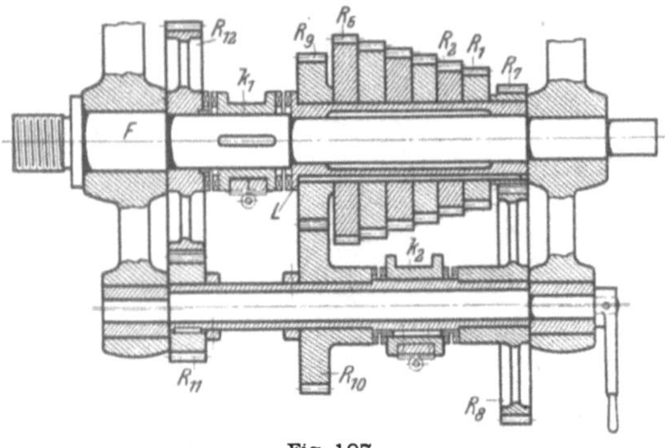

Fig. 107.

Spindelstock der Hendey-Norton-Fräsmaschine.

$\varphi_8 = \frac{1}{4,8}$. Diese Übersetzung kann selbstverständlich durch neue Wechselrädergruppen noch weiter gesteigert werden.

Fig. 108.

Planbank von de Fries, Düsseldorf.

Für schwere Schnitte verlangt die Maschine natürlich größere Übersetzungen. Zwischen der Welle III und der Antriebswelle V der Maschine sind daher noch 3 ausrückbare Vorgelege in bekannter Weise eingebaut. Die vorhin angeführten 8 Geschwindigkeiten können demnach auf 3fachem Wege zur Maschine gelangen, so daß 24 Antriebsgeschwindigkeiten vorrätig sind.

Die vorstehenden Übersetzungen φ_1 bis φ_8 sind daher noch mit folgenden Werten φ' zu multiplizieren:

Einstellung der Kupplung:	
k_1 auf R_6	$\varphi' = \frac{R_4}{R_6} = \frac{22}{22} = 1$
k_1 auf R_8	$\varphi'' = \frac{R_4}{R_5} \cdot \frac{R_7}{R_8} = \frac{22}{74} \cdot \frac{41}{41} = \frac{11}{37} \cong \frac{1}{3,4}$
k_2 auf R_{10}	$\varphi''' = \frac{R_4}{R_5} \cdot \frac{R_9}{R_{10}} = \frac{22}{74} \cdot \frac{20}{52} \cong \frac{1}{8,74}$

Die kleinste Übersetzung des Getriebes ist demgemäß

$$\varphi_{\min} = \varphi_1 \cdot \varphi' = 1.$$

Sie ist eingestellt, wenn die Schwinge S auf R_1 und die Kupplung k_1 auf R_6 steht. Die größte Übersetzung beträgt

$$\varphi_{\max} = \varphi_8 \cdot \varphi''' = \frac{1}{4,8} \cdot \frac{1}{8,74} \cong \frac{1}{42}$$

wenn die Schwinge S auf r_{13} und k_2 auf R_{10} eingestellt ist.

Das ganze Räderwerk ist in einem besonderen Räderkasten untergebracht, der durch 2 Hebel a und b und die Schwinge X (Fig. 112 und 113) die einzelnen Übersetzungen einzuschalten gestattet.

Die Blockierung der Kupplungshebel a und b gegen fahrlässiges Bedienen hat hier eine schöne Lösung gefunden (Fig. 114). Wird nämlich ein Hebel benutzt, so wird zugleich das Schild c herumgelegt. Dieses faßt mit einer Nut den zweiten Hebel, der so lange blockiert bleibt, bis die Kupplung wieder ausgerückt wird. Das Getriebe schließt daher jeden Fehler in der Bedienung aus.

Ein interessantes Stufenrädergetriebe (D. R. P. 168370) führt die Firma Blell, Zeulenroda, bei ihren Schnelldrehbänken aus. Der Antrieb ist für 18 Geschwindigkeiten eingerichtet. Diese Geschwindigkeitsreihe ist durch eine sinnreiche Anordnung von nur 15 Rädern auf

3 Wellen erreicht. Der Gedankengang dieser Konstruktion ist folgender: Treibt die durch Riemen betätigte Antriebsscheibe S (Fig. 115 bis 118) mittels zwei einzeln einzuschaltender Vorgelege die Welle I, so erhält letztere 2 verschiedene Umläufe. Arbeitet wiederum die Welle I mittels 3 abwechselnd einzuschaltender Räderpaare auf die Arbeitsspindel A, so sind mit diesem Antriebe die 6 ersten Geschwindigkeiten der Maschine erreicht. Diese Geschwindigkeitsreihe wäre noch in ähnlicher Weise, wie Fig. 107, durch 3 weitere ausrückbare Vorgelege auf 18 zu erhöhen.

In der konstruktiven Durchbildung zeigt das Bellsche Rädergetriebe eine ziemliche Verwandtschaft mit dem in Fig. 97. Durch einen praktischen Griff ist hier allerdings die 3. Welle umgangen und somit eine gedrängtere Bauart des ganzen Spindelstockes erreicht. Der Vorzug ist herbeigeführt durch die Verlegung der Antriebsscheibe S auf die Arbeitsspindel A. Bei dieser Anordnung wird allerdings die Arbeitsspindel durch den Riemenzug wieder belastet. Die lose Scheibe wird daher auslaufen und die Spindel stärker federn können. Beiden Mängeln ist jedoch konstruktiv vorgegriffen einmal durch die lange Laufbuchse, welche die Arbeitsspindel versteift, und zum andern durch die lange Nabe der Riemenscheibe S. Die 18 gliedrige Geschwindigkeitsreihe ist hier, wie folgt, geschaffen. Um mit der stets gleichen Umlaufszahl der Antriebsscheibe S zunächst die oben erwähnten 2 verschiedenen Umdrehungen der Vorgelegewelle I zu erreichen, sind 2 Vorgelege $\frac{r_1}{r_2}$ und $\frac{r_3}{r_4}$ eingebaut. Die Anordnung dieser Vorgelege verlangt,

1. daß die Antriebsscheibe S mit r_1 und r_3 lose auf der Laufbuchse sitzt und
2. daß die Vorgelege mittels der Kupplung k_1 abwechselnd einzuschalten sind.

Zur Vermittelung der ersten 6 Antriebsgeschwindigkeiten der Maschine sind die 3 weiteren Vorgelege $\frac{r_5}{r_6}$, $\frac{r_7}{r_8}$, $\frac{r_9}{r_{10}}$ vorgesehen. Sie müssen zwischen der Welle I und der Arbeitsspindel A einzeln einzuschalten sein. Dieser Punkt ist durch die 3 Räder r_5, r_7, r_9 gelöst, welche durch Verschieben mit r_6, r_8 oder r_{10} kämmen. Durch diese 5 Vorgelege sind somit die 6 ersten Geschwindigkeiten der Reihe erreicht. Um diese direkt auf die Arbeitsspindel A zu übertragen, ist die Laufbuchse, wie die Stufenscheibe der früheren Spindelstöcke, mit dem festgekeilten Rade r_{15} zu kuppeln. Die noch fehlenden 12 Geschwindigkeiten erzielt man durch die Vorgelege $\frac{r_{11}}{r_{12}}$, $\frac{r_8}{r_{13}}$, $\frac{r_{14}}{r_{15}}$, die zwischen der Arbeitsspindel A und der Vorgelegewelle II eingebaut sind. Sie arbeiten paarweise hintereinander geschaltet und ergeben somit eine große Übersetzung. Die Aufgabe, mit den Vorgelegen $\frac{r_{11}}{r_{12}} \cdot \frac{r_{14}}{r_{15}}$ bezw. $\frac{r_8}{r_{13}} \cdot \frac{r_{14}}{r_{15}}$ abwechselnd arbeiten zu können, ist ähnlich wie in Fig. 107 gelöst. Die mittleren Triebräder sind nämlich auf der Laufbuchse der Arbeitsspindel festgekeilt, während r_{12} und r_{13} auf der Hülse von II mittels k_2 zu kuppeln sind. Zum Ausschalten der letzten Vorgelege ist außerdem die Vorgelegewelle II exzentrisch gelagert.

Die Bedienung des Bellschen Stufenrädergetriebes bedarf zum Ein- und Ausrücken von k_1 eines Handgriffes h_1. Die Vorgelegewelle II ist

Fig. 109.
Planbank von de Fries, Düsseldorf.

mit dem Griff h_3 herumzulegen. Für das Ein- und Ausschalten von k_2 dient die Handkurbel h_2 mit 3 charakteristischen Stellungen. Zu beachten ist hierbei, daß die k_2 fassende Ausrückgabel

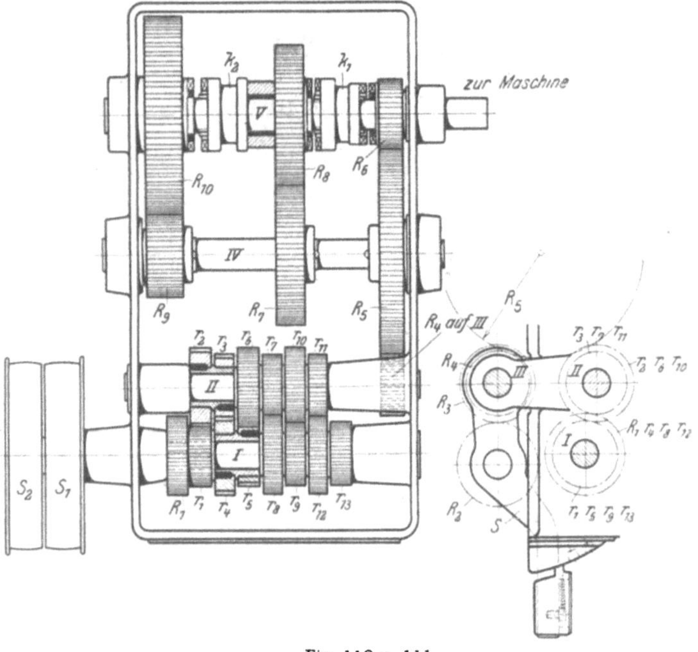

Fig. 110 u. 111.

Stufenrädergetriebe von de Fries.

wegen der umlegbaren Welle II gelenkig einzubauen ist. (Fig. 116.) Eine besondere Vorrichtung verlangt das Verschieben der Räder r_5, r_7 und r_9 auf I. Hierzu sitzt die das mittlere Rad r_7 fassende Gabel g an einer Zahnstange z. (Fig. 117 u. 118.) Die Handkurbel h_4 verschiebt durch ein Zahnrad die Zahnstange z und bringt somit die 3 Räder nacheinander zum Eingriff.

Eine interessante Lösung hat auch die Frage der Betriebssicherheit gefunden. Zum Schutz gegen Zahnbrüche, welche durch das Einschalten falscher Rädervorgelege während des Ganges eintreten können, ist eine Vorrichtung getroffen, die den Arbeiter zwingt, den Geschwindigkeitswechsel nur während des Stillstandes der Maschine vorzunehmen. Zu diesem Zweck ist der Kupplungshebel h_1 mit einem Sperrschieber s versehen und die Kurbel h_4 mit einer verzahnten Sperrscheibe. Solange die Kupplung k_1 das Rad r_2 oder r_4 faßt, sitzt der Sperrschieber rechts oder links in einem Einschnitt der Sperrscheibe. Die Kurbel h_4 ist daher verriegelt und erst wieder zu benutzen, wenn k_1 auf Mitte steht, d. h. die Maschine ausgerückt ist. Besondere Aufmerksamkeit seitens des bedienenden Arbeiters erfordert also nur das Einrücken des Mitnehmers von r_{15}, was bei zurückgelegten Vorgelegen vorzunehmen ist.

Verzichtet man auf 6 Antriebsgeschwindigkeiten, so läßt sich der Blellsche Spindelstock

Fig. 112.

Fig. 113.

Räderkasten von de Fries.

sehr bequem für einen selbsttätigen und beschleunigten Rücklauf des Supports einrichten. Dieser verlangt allerdings zweierlei:

1. eine Umsteuerung der Leitspindel und
2. zur Beschleunigung des Supports während des Rücklaufs eine größere Umlaufszahl der Spindel.

Beide Forderungen finden eine einfache Lösung durch ein Zwischenrad in einem der Vorgelege, z. B. $\frac{r_3}{r_4}$. Durch dieses Zwischenrad würde nämlich r_3 mittelbar auf r_4 arbeiten und die Maschine nebst Leitspindel umsteuern. Bei entsprechender Übersetzung von $\frac{r_1}{r_2}$ und $\frac{r_3}{r_4}$ würde auch der Rücklauf des Supports beschleunigt werden. Um diese Umsteuerung beim Drehen gleicher Längen selbsttätig zu gestalten, legt der Support vor jedem Hubwechsel durch Anschläge eine Steuerstange s_1 herum, die die Umschaltung bewirkt.

Im Anschluß an das Wohlenbergsche Stufenrädergetriebe für 6 Geschwindigkeiten, Fig. 88—89, sei hier noch ein Weg angegeben, um zu einem Getriebe mit 8fachem Geschwindigkeitswechsel zu gelangen. Hierzu müßten in Fig. 119 von der Welle I auf die Arbeitsspindel II die 4 Räderpaare $\frac{r_3}{r_4}$, $\frac{r_5}{r_6}$, $\frac{r_7}{r_8}$, $\frac{r_9}{r_{10}}$ einzeln arbeiten können. Außerdem hätte jedes dieser 4 Räderpaare noch durch die Vor-

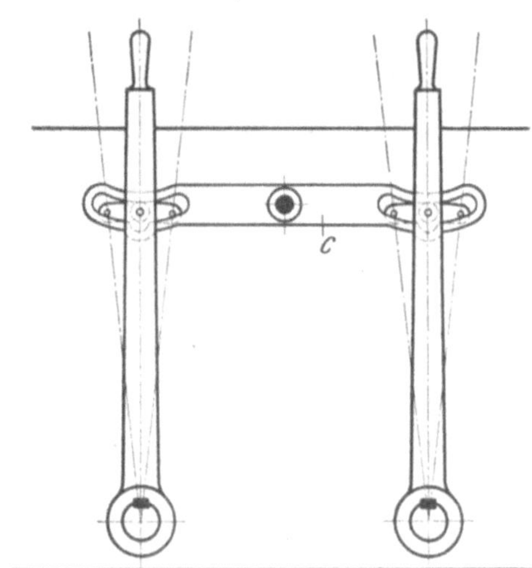

Fig. 114.
Sperrung der Handhebel.

gelege $\frac{r_{11}}{r_{12}} \cdot \frac{r_{13}}{r_{14}}$ die Maschine zu treiben, sodaß insgesamt 2×4 Geschwindigkeiten zur Ver-

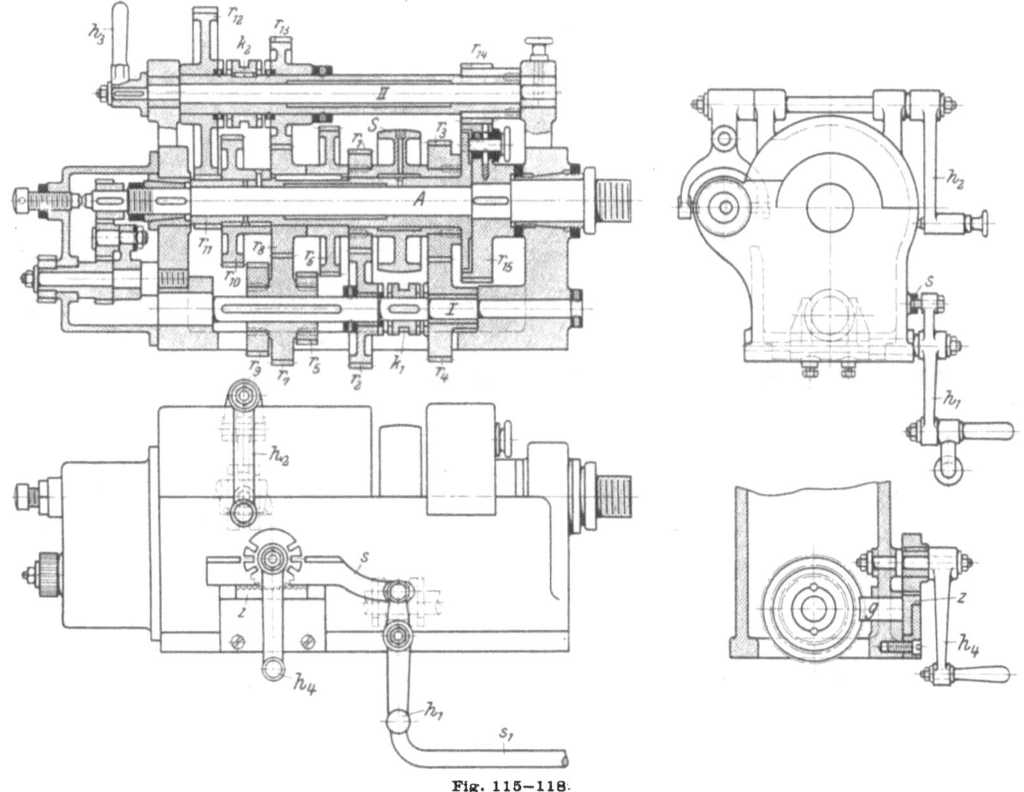

Fig. 115—118.
Stufenrädergetriebe von P. Blell, Zeulenroda.

fügung ständen. Die geplante Arbeitsweise stellt allerdings an die Anordnung der Räder noch einige Bedingungen: Die 4 Räderpaare $\frac{r_3}{r_4}$, $\frac{r_5}{r_6}$,

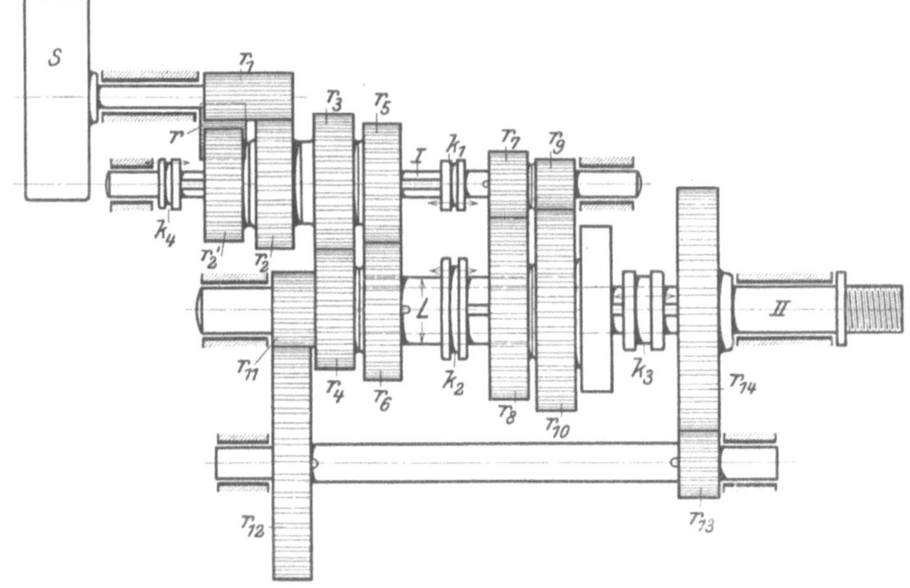

Fig. 119.
Schema des Stufenrädergetriebes der Firma Heidenreich & Harbeck, Hamburg.

$\frac{r_7}{r_8}$, $\frac{r_9}{r_{10}}$ müßten zunächst einzeln einzurücken sein. Für die Benutzung der Vorgelege $\frac{r_{11}}{r_{12}} \cdot \frac{r_{13}}{r_{14}}$

Fig. 120.
Schnelldrehbank von Heidenreich & Harbeck, Hamburg.

müßten die Räderpaare ferner auf eine Laufbuchse L wirken, die erst durch $\frac{r_{11}}{r_{12}} \cdot \frac{r_{13}}{r_{14}}$ die Arbeitsspindel treibt. Zum Arbeiten ohne Vorgelege wäre schließlich noch erforderlich, die Laufbuchse L auf der Arbeitsspindel II kuppeln zu können. Die 4 Räderpaare könnten somit einzeln die Maschine treiben, wobei allerdings die Vorgelege auszurücken sind oder r_{14} zu entkuppeln ist.

Die Werkzeugmaschinenfabrik Heidenreich & Harbeck, Hamburg, hat den vorhin skizzierten Weg bei ihren neuen Schnelldrehbänken, Fig. 120, in überaus praktischer Weise ausgebaut. Das Stufenrädergetriebe dieser Maschinen ist in den Fig. 121—124 ausführlich wiedergegeben. Zum Kuppeln der einzelnen Räder wendet die Firma ausschließlich Reibkupplungen mit Spreizring an (Fig. 35—36). Die Maschinen bieten daher die Möglichkeit, selbst im Betrieb die Geschwindigkeit nach Bedarf wechseln zu können und zwar vollkommen stoßfrei. Das Durchziehen der Kupplungen ist in der Weise gesichert, daß immer die größten Räder gekuppelt werden, bei denen die Reibung einen großen Hebelarm findet. Auf der Welle I (Fig. 121) sind daher die größeren Räder r_3 und r_5 mittels K_1 zu kuppeln, während die kleineren r_7 und r_9 fest sitzen. Auf der Laufbuchse L müssen demnach die mit r_7 und r_9 in Eingriff stehenden, größeren Räder r_8 und r_{10} mittels K_2 zu kuppeln, die kleineren r_4 und r_6 aber aufgekeilt sein. Diese Anordnung gestattet, beide Kupplungsmuffen k_1 und k_2 in eine Ebene zu legen und mit einem Handhebel zu fassen. Von beiden Kupplungen darf aber immer nur eine benutzt werden. Auch diese Aufgabe ist hier geschickt gelöst (Fig. 123). Auf der Spindel w oder Zurückschieben der Spindel w faßt daher die Muffe m immer nur eine der beiden Gabeln, die beim Umlegen des vorderen Handhebels die betreffende Kupplung einrückt. Diese Vorrich-

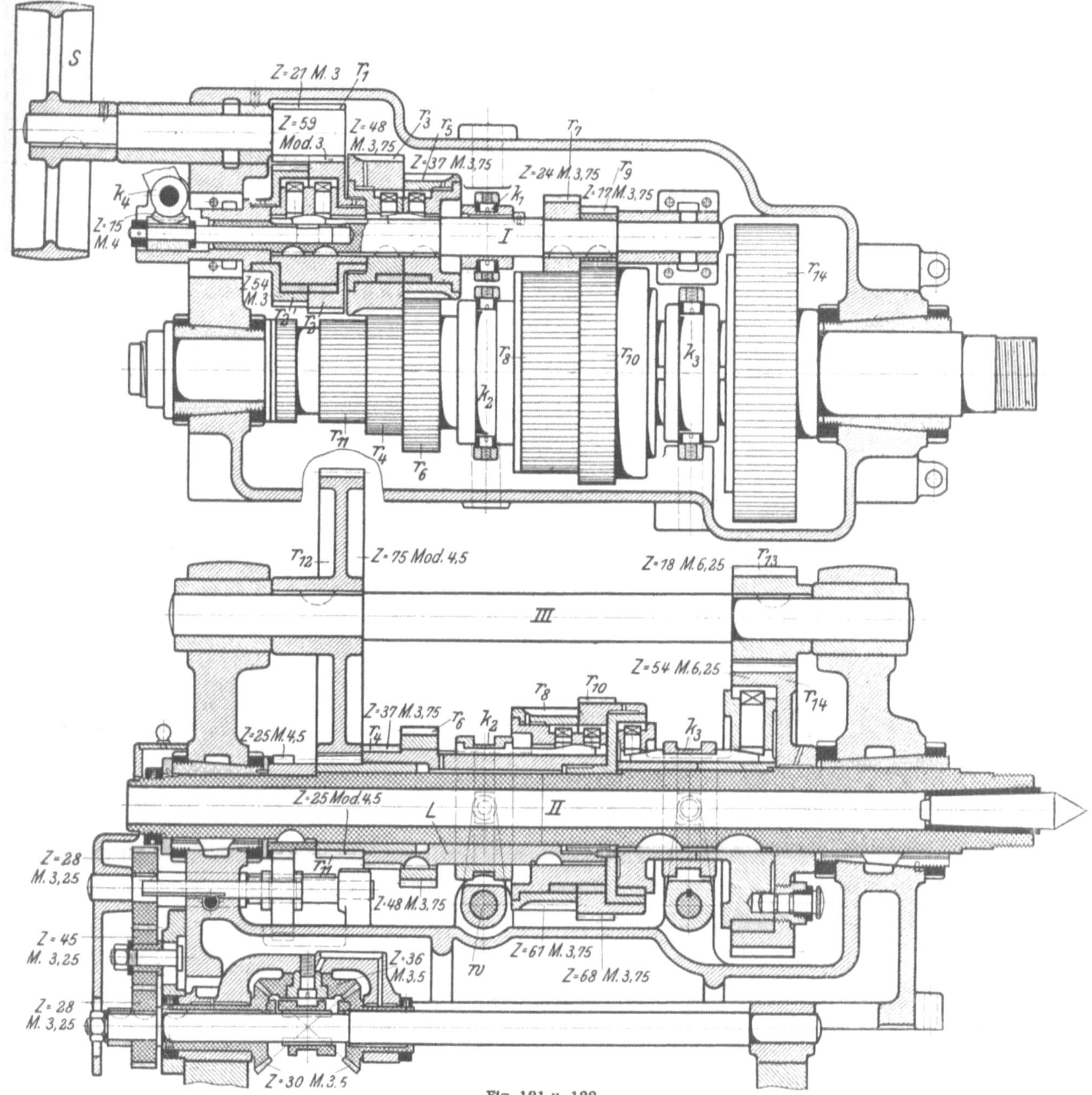

Fig. 121 u. 122.
Stufenrädergetriebe der Firma Heidenreich & Harbeck, Hamburg.

sitzen nämlich eine festgekeilte Zahnmuffe m und die beiden losen Gabeln für die Kupplungen K_1 und K_2. Die Naben der Gabeln sind ebenfalls auf der inneren Seite verzahnt. Durch Vorziehen tung schließt daher bei einem einzigen Hebel jeden Fehler in der Bedienung aus. Das Arbeiten ohne und mit Vorgelegen gestattet die Kupplung k_3. Sie kuppelt auf der einen Seite die Laufbuchse L mit der Arbeitsspindel, sodaß die Vorgelege leer laufen. Auf der anderen Seite schaltet sie die Vorgelege wieder in den Antrieb ein, indem sie r_{14} auf II kuppelt.

In dem Antriebe selbst besitzt das Stufenrädergetriebe noch eine Erweiterung für den Rückwärtsgang der Maschine. Die Riemenscheibe S arbeitet nämlich durch das breite Triebrad r_1 entweder direkt auf r_2 oder durch das Zwischenrad r auf r_2', wodurch die Maschine in den Rücklauf umsteuert. Hierzu ist allerdings notwendig, die Räder r_2 und r_2' auf I abwechselnd zu kuppeln. Dies besorgt die Kupplung k_4, die durch einen dritten Handhebel bedient wird.

Fig. 123.

Einzelrücker für k_1 u. k_2.

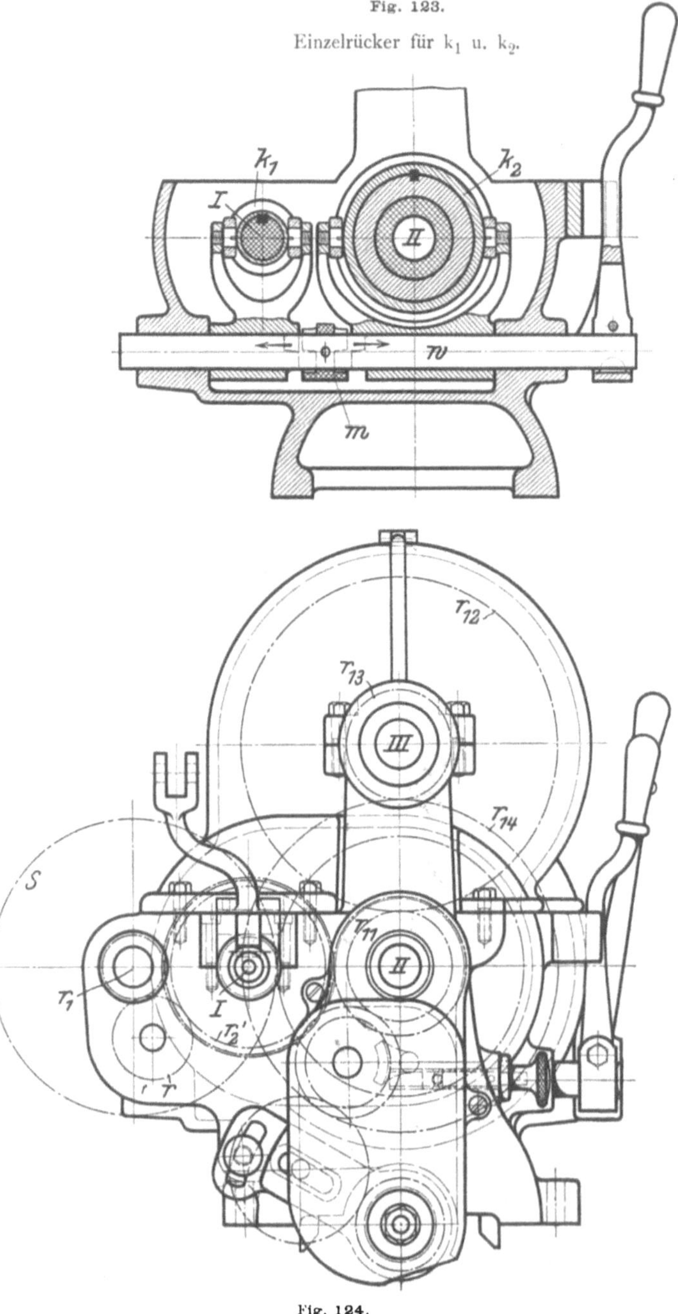

Fig. 124.

Seitenansicht.

Der Spindelstock erfordert daher bei je 8 Geschwindigkeiten für den Hingang und Rückgang höchstens 3 Handhebel zu bedienen, was jederzeit fehlerfrei und ohne Gefahr erfolgen kann. Das Rad r_{14} besitzt noch einen Mitnehmer, der bei ständiger Benutzung der Vorgelege und besonders bei schweren Schnitten zur Entlastung von k_3 eingerückt werden kann.

Auch das in Fig. 97 besprochene Stufenrädergetriebe hat eine Erweiterung in dem Geschwindigkeitswechsel erfahren. Der Antrieb war bekanntlich für 8 Geschwindigkeiten gebaut. Die Firma Gebrüder Böhringer, Göppingen, führt bei ihren Schnelldrehbänken mit Stufenräderantrieb ein ähnliches Getriebe aus, das für 16 Geschwindigkeiten eingerichtet ist (Fig. 125). Diese Verdoppelung der Antriebsgeschwindigkeiten ist, im Vergleich zu Fig. 97, durch das Einfügen 2 neuer Vorgelege zwischen den Wellen I und II erreicht, die sich in entsprechender Schaltung einrücken lassen. Die Anzahl der arbeitenden Räder wird dadurch von 10 auf nur 14 erhöht, die Zahl der umzulegenden Handhebel um einen vermehrt, die Übersetzung aber bedeutend gesteigert. Der letzte Punkt ist in der Anordnung der Räderpaare deutlich zu erkennen. So arbeitet das Vorgelege $\frac{r_1}{r_2}$ von I auf II und $\frac{r_3}{r_4}$ wieder zurück auf I, ferner $\frac{r_5}{r_7}$ auf die Arbeitsspindel A. Diese Zickzackschaltung schafft eine große Übersetzung für schwere Schnitte, verlangt aber bei I die losen Räder r_4, r_5 und r_8 mit der Laufbuchse L_1 kuppeln zu können. Zum Antriebe der Laufbuchse L_1 muß außerdem r_1 auf I fest sitzen und mit L_1 durch k_1 zu verbinden sein. Auf II sind die Räder r_2 und r_3 festzukeilen, während r_6 und r_9 auf einer gemein-

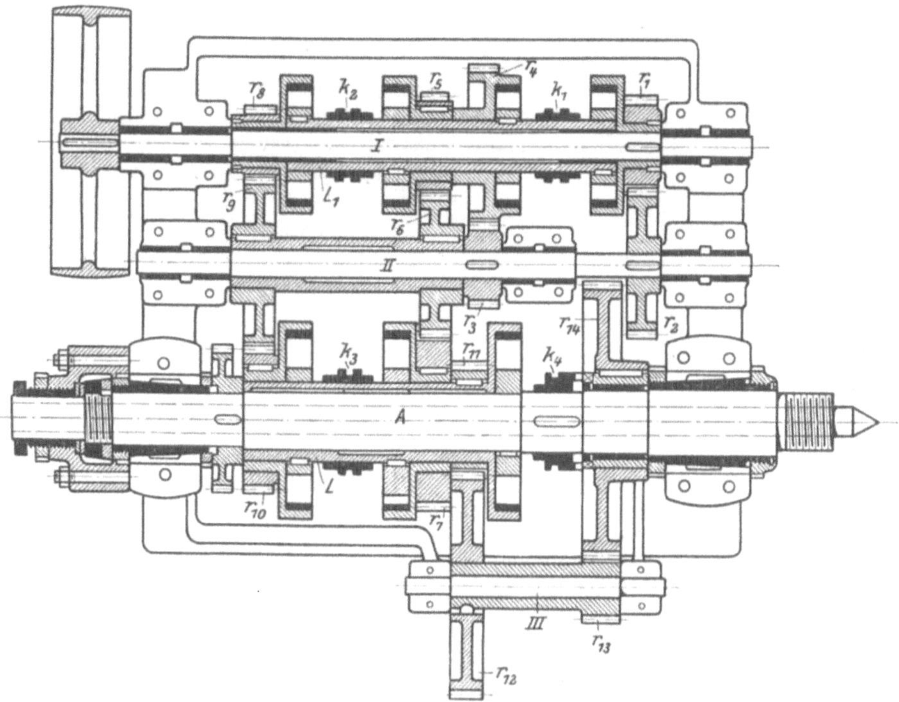

Fig. 125. Stufenrädergetriebe der Gebr. Böhringer, Göppingen.

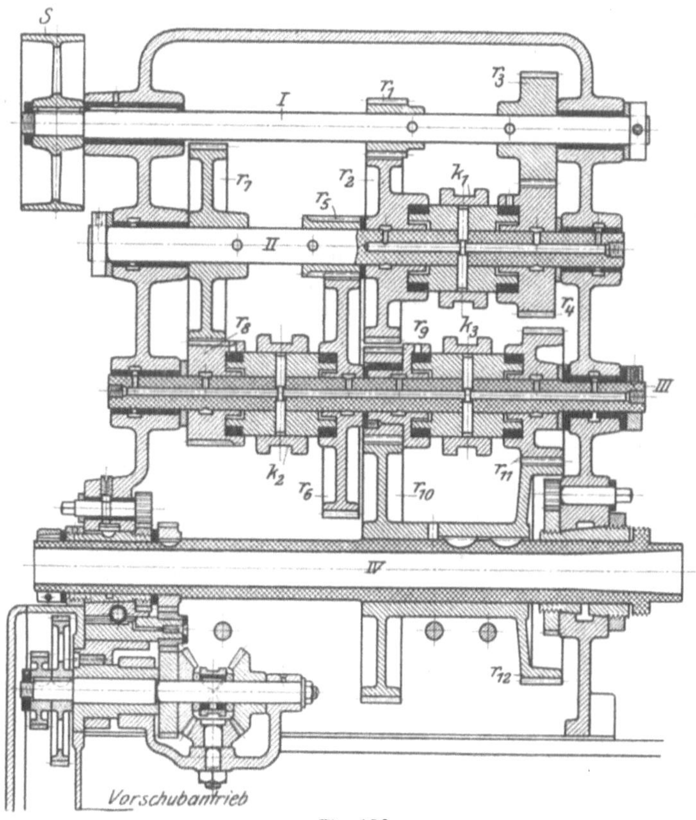

Fig. 126.

samen Radhülse anzuordnen sind. Der übrige Aufbau ist derselbe, wie in Fig. 97.

	Vorgelege:	k_1	k_2	k_3	k_4
		Schaltungen:			
1.	$\frac{r_8}{r_{10}}$	r_1	r_8	r_{10}	L
2.	$\frac{r_5}{r_7}$	„	r_5	r_7	„
3.	$\frac{r_8}{r_9} \cdot \frac{r_6}{r_7}$	„	r_8	r_7	„
4.	$\frac{r_5}{r_6} \cdot \frac{r_9}{r_{10}}$	„	r_5	r_{10}	„
5.	$\frac{r_1}{r_2} \cdot \frac{r_3}{r_4} \cdot \frac{r_8}{r_{10}}$	r_1	r_8	r_{10}	„
6.	$\frac{r_1}{r_2} \cdot \frac{r_3}{r_4} \cdot \frac{r_5}{r_7}$	„	r_5	r_7	„
7.	$\frac{r_1}{r_2} \cdot \frac{r_3}{r_4} \cdot \frac{r_8}{r_9} \cdot \frac{r_6}{r_7}$ . . .	„	r_8	r_7	„
8.	$\frac{r_1}{r_2} \cdot \frac{r_3}{r_4} \cdot \frac{r_5}{r_6} \cdot \frac{r_9}{r_{10}}$ . . .	„	r_5	r_{10}	„

Schaltet man k_4 auf r_{14} um, so ergeben sich nochmals 8 Schaltungen, da jetzt die Vorgelege $\frac{r_{11}}{r_{12}} \cdot \frac{r_{13}}{r_{14}}$ mitarbeiten. Das Deckenvorgelege ist dazu für „schnell und langsam" eingerichtet, so daß die Schnelldrehbänke von Böhringer mit 32 Antriebsgeschwindigkeiten ausgestattet sind. Die Umläufe bewegen sich zwischen 3 und 300.

Die Pratt & Whitney Co in New-York stattet ihre neueren Schnelldrehbänke ebenfalls mit einem Stufenräderantrieb aus, den ich hier noch einfügen möchte.

Das Stufenrädergetriebe der Pratt & Whitney Co ist für 8 Antriebsgeschwindigkeiten eingerichtet. Es muß also eine gewisse Ähnlichkeit mit den früheren Getrieben für 8 Geschwindigkeiten haben. Mit dem Stufenrädergetriebe von Heidenreich & Harbeck, Hamburg, verglichen, erreichen beide den 8 fachen Geschwindigkeitswechsel mit 12 Rädern. Die Anordnung dieser Räder erfordert bei dem ersten Getriebe nur 3 Wellen, während sie bei Pratt & Whitney 4 Wellen beansprucht. Hierdurch baut sich der Räderkasten weiter aus, wodurch das ganze Getriebe an Ruhe verliert. Durch das Hinzufügen der 2 Vorgelege $\frac{r_1}{r_2}$ und $\frac{r_1}{r_2'}$ erreichen Heidenreich & Harbeck außer den 8 Geschwindigkeiten für den Vorwärtsgang noch 8 für den Rückwärtsgang.

Der Plan, der dem Pratt & Whitney-Getriebe zugrunde liegt, ist folgender (Fig. 126): Die Antriebswelle I erteilt der Welle II 2 Geschwindigkeiten, und zwar durch die Vorgelege $\frac{r_1}{r_2}$ bezw. $\frac{r_3}{r_4}$. Durch die Kupplung k_1 lassen sich diese Räderpaare abwechselnd einschalten. Die 2 Geschwindigkeiten der Welle II können auf doppeltem Wege auf III gelangen, sodaß letztere mit 4 Geschwindigkeiten laufen kann. Durch die Kupplung k_2 läßt sich nämlich entweder das Räderpaar $\frac{r_5}{r_6}$ oder $\frac{r_7}{r_8}$ zwischen II und III einrücken. Die Drehbankspindel IV kann von III aus ebenfalls durch 2 Vorgelege mit 4 Geschwindigkeiten angetrieben werden, sodaß sich die Gesamtzahl der verfügbaren Geschwindigkeiten auf 8 stellt.

	Vorgelege:	k_1	k_2	k_3
			Schaltung:	
1.	$\frac{r_1}{r_2} \cdot \frac{r_5}{r_6} \cdot \frac{r_9}{r_{10}}$	r_2	r_6	r_9
2.	$\frac{r_1}{r_2} \cdot \frac{r_7}{r_8} \cdot \frac{r_9}{r_{10}}$	„	r_8	„
3.	$\frac{r_1}{r_2} \cdot \frac{r_5}{r_6} \cdot \frac{r_{11}}{r_{12}}$	„	r_6	r_{11}
4.	$\frac{r_1}{r_2} \cdot \frac{r_7}{r_8} \cdot \frac{r_{11}}{r_{12}}$	„	r_8	„
5.	$\frac{r_3}{r_4} \cdot \frac{r_5}{r_6} \cdot \frac{r_9}{r_{10}}$	r_4	r_6	r_9
6.	$\frac{r_3}{r_4} \cdot \frac{r_7}{r_8} \cdot \frac{r_9}{r_{10}}$	„	r_8	„
7.	$\frac{r_3}{r_4} \cdot \frac{r_5}{r_6} \cdot \frac{r_{11}}{r_{12}}$	„	r_6	r_{11}
8.	$\frac{r_3}{r_4} \cdot \frac{r_7}{r_8} \cdot \frac{r_{11}}{r_{12}}$	„	r_8	„

Der Zahnkettenantrieb.

Der Kampf gegen die Unvollkommenheit des Riemens bei größeren Übersetzungen und kleineren Wellenabständen hieß nach einem neuen Triebmittel suchen, da die Durchzugskraft des Riemens versagte. Von dem Ersatzmittel mußte man daher eine größere Zwangläufigkeit fordern. Hier kam die Renold-Zahnkette sehr zu statten. Sie gewährt einen zwangläufigen und fast geräuschlosen Antrieb. Ihre größte Übersetzung beträgt 1 : 6 und ihre Geschwindigkeit bis zu 6,5 m/Sek. Bei schweren Maschinen hat sie seit der Einführung der Schnellstähle vielfach Aufnahme gefunden. So zeigt Fig. 127 die Anwendung einer Zahnkette als bewegungsübertragendes Element zwischen Elektromotor und Arbeitsmaschine. Sie überträgt hier 8 PS bei 1500 Umläufen in der Minute.

Der Zahnkettenantrieb verdient noch in anderer Hinsicht Beachtung. Will man mit der Zahnkette eine Reihe von Arbeitsgeschwindigkeiten erreichen, so erfordert dies, da die Kette selbst nicht verlegt werden soll, eine entsprechende Anzahl Rädervorgelege. Letztere erschweren aber die Bedienung und Konstruktion der Maschine. Bei dem elektrischen Antrieb bietet sich zur Erzeugung einer gewissen Geschwindigkeitsreihe ein vollkommenes Hilfsmittel in Gestalt des Stufenmotors, der eine veränderliche Umlaufszahl besitzt. Bei einem Stufenmotor kann daher die Zahl der Rädervorgelege auf 2 bis 3 beschränkt werden, so daß bei jeder Umdrehung des Motors 2 bis 3 Spindelgeschwindigkeiten vorhanden sind. Ein treffendes Beispiel eines Zahnkettenantriebes zeigt die schwere Cincinnati-Fräsmaschine (Fig. 129 und 130). Die Maschine erhält ihren Antrieb von einem Stufenmotor, der mittels Zahnkette das lose Kettenrad k_1 treibt (Fig. 130). Von der Welle I führt ein zweiter Kettenzug nach der Frässpindel II. Von ihm sitzt das Kettenrad k_2 fest auf I und k_3 lose auf II. Letzteres kann nun auf dreifache Weise auf die Frässpindel arbeiten:

Fig. 127.

Antrieb mit Renold-Kette. Friedrich Stolzenberg & Co. G. m. b. H., Reinickendorf-West b. Berlin.

1. unmittelbar durch Einrücken des Mitnehmers m, der k_3 mit dem festgekeilten Rade R_2 kuppelt bei zurückgelegten Vorgelegen;
2. unter Benutzung der Vorgelege $\frac{r_1}{R_1} \cdot \frac{r_2}{R_2}$ bei ausgerücktem Mitnehmer, und
3. unter Benutzung des Vorgeleges $\frac{r_1'}{R_1'} \cdot \frac{r_2}{R_2}$.

Um hierbei R_1 und R_1' nur bei zurückgelegten Vorgelegen verschieben zu können, ist auch hier R_1' mit einer Scheibe versehen (Fig. 80).

Für die Bedienung der Maschine ist durch die ersten Kettenzüge noch eine große Handlichkeit geschaffen. Das Kettenrad k_1 sitzt nämlich lose auf I. Durch die Reibungskupplung r, die durch den vorderen Hebel h bedient wird, läßt sich k_1 vom Stande des Arbeiters jederzeit kuppeln. Diese Anordnung bietet den großen Vorzug, daß zum Ausrücken der Maschine nicht jedesmal der Motor auszuschalten ist. Der Arbeiter hat also nur die Kupplung r auszurücken. Hiermit ist eine große Zeitersparnis verbunden, da er nicht nötig hat, beim Ausrücken der Maschine zu warten, bis der Motor stillsteht, und beim Einrücken, bis der Motor die richtige Geschwindigkeit besitzt. Auch beim Anstellen des Fräsers ist diese Einrichtung sehr handlich. Der Arbeiter kann die Frässpindel leichter einige Umläufe machen lassen und gleich wieder stillsetzen, als dies bei einem Deckenvorgelege möglich ist.

Die Berechnung eines Stufenrädergetriebes.

Die Berechnung eines Stufenrädergetriebes erfolgt in ähnlicher Weise wie die Berechnung des Stufenscheibenantriebes mit mehrfachen Rädervorgelegen. Als Beispiel sei hier der Antrieb der Planfräsmaschine von Brown & Sharpe (Fig. 131) gewählt. Bei dieser Maschine werden als höchste Umlaufszahl 350 Umdrehungen in der Minute gefordert, als kleinste 15. Das Stufenrädergetriebe gestattet bekanntlich 16 verschiedene Umläufe. Es wird verlangt, daß die Umdrehungen der Maschine nach einer geometrischen Reihe abgestuft sind.

Lösung:

Geometrische Reihe der Umdrehungen:

$$n_1, n_2, \ldots, n_z$$

Nach dem Gesetz der geometrischen Reihen ist

$$n_z = n_1 q^{z-1}$$

Bei der obigen Maschine sind:

$$n_1 = 15$$
$$n_z = n_{16} = 350$$
$$z = 16$$

Der Quotient der Reihe berechnet sich aus Gl. 1 S. 29

$$q = \sqrt[z-1]{\frac{n_z}{n_1}} = \sqrt[15]{\frac{350}{15}} = 1{,}23$$

1. Die nach der geometrischen Reihe abgestuften Umdrehungen der Maschine wären demnach:

$n_1 = 15$
$n_2 = n_1\, q = 15 \cdot 1{,}23 = 18$
$n_3 = n_1\, q^2 = 15 \cdot 1{,}23^2 = 23$
$n_4 = n_1\, q^3 = 15 \cdot 1{,}23^3 = 28$
$n_5 = 15 \cdot 1{,}23^4 = 35$
$n_6 = 43$
$n_7 = 53$
$n_8 = 65$
$n_9 = n_1 q^8 = 15 \cdot 1{,}23^8 = 81$
$n_{10} = 99$
$n_{11} = 123$
$n_{12} = 151$
$n_{13} = n_1 q^{12} = 15 \cdot 1{,}23^{12} = 186$
$n_{14} = 230$
$n_{15} = 284$
$n_{16} = 350$

Die 4 höchsten Umlaufszahlen n_{16} bis n_{13} werden dadurch erzielt, daß das Nortongetriebe auf R_6 arbeitet, die 4 folgenden Umläufe n_{12} bis n_9 durch Einschalten von R_7 auf R_3 und die übrigen n_8 bis n_1 durch die Benutzung der ausrückbaren Vorgelege $\frac{R_8}{R_9} \cdot \frac{R_{10}}{R_{11}}$

2. Die Berechnung des Nortongetriebes.

Soll die Maschine mit der höchsten Umlaufszahl, also mit $n_{16} = 350$ Umdrehungen in der Minute laufen, so ist von dem Stufengetriebe die Übersetzung $q_{16} = \frac{R_1}{R_2} \cdot \frac{R_5}{R_6}$ einzuschalten.

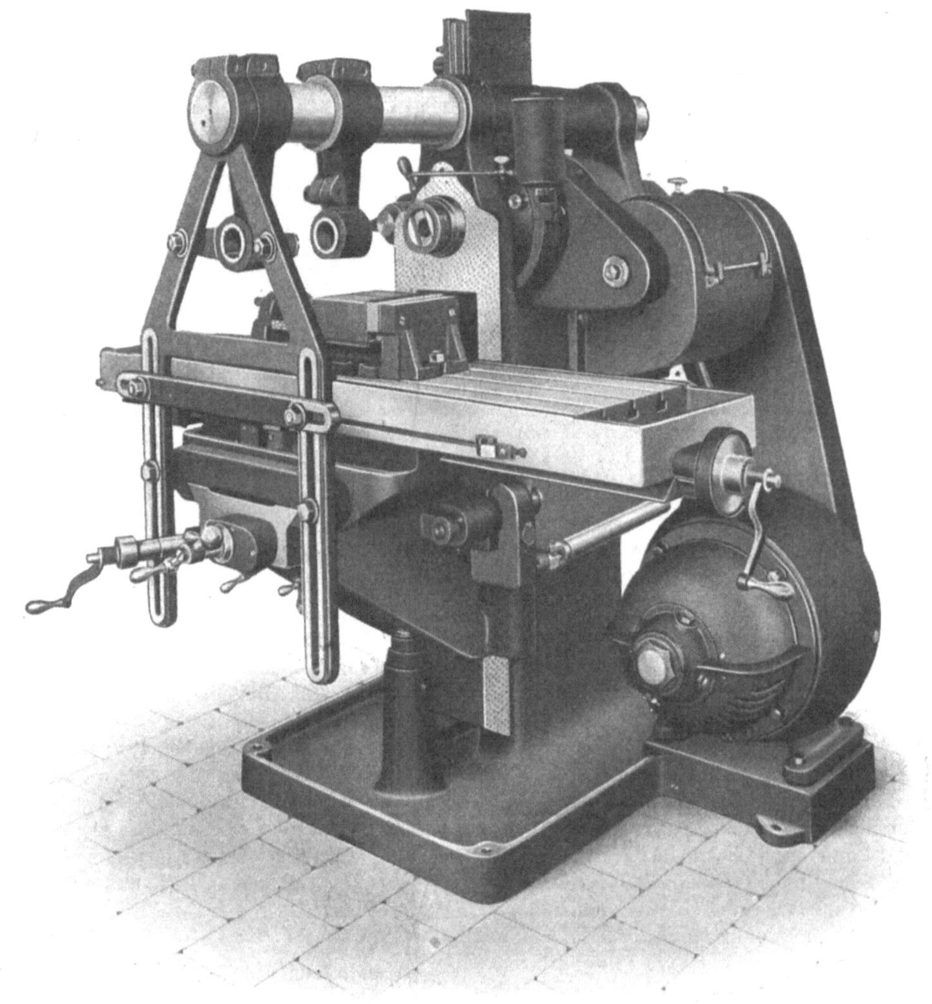

Fig. 128.
Cincinnati-Fräsmaschine mit Rädervorgelegen und elektrischem Antrieb. Schuchardt & Schütte, Berlin C.

Macht dabei die Antriebsscheibe S der Maschine $n = 320$ Umdrehungen in der Minute, so ist

$$\varphi_{16} = \frac{R_1}{R_2} \cdot \frac{R_5}{R_6} = \frac{n_{16}}{n} = \frac{350}{320}$$

Bei $n_{15} = 284$ Umdrehungen, müßte

$$\varphi_{15} = \frac{R_1}{R_3} \cdot \frac{R_5}{R_6} = \frac{n_{15}}{n} = \frac{284}{320}$$

sein.

Bei $n_{14} = 230$; $\varphi_{14} = \frac{R_1}{R_4} \cdot \frac{R_5}{R_6} = \frac{n_{14}}{n} = \frac{230}{320}$

Bei $n_{13} = 186$; $\varphi_{13} = \frac{R_1}{R_5} \cdot \frac{R_5}{R_6} = \frac{R_1}{R_6} = \frac{186}{320}$

Für die Bestimmung der einzelnen Radgrößen sei angenommen, daß das Triebrad R_1 18 Zähne erhalte, also $z_1 = 18$.

Aus

$$\varphi_{13} = \frac{R_1}{R_6} = \frac{z_1}{z_6} = \frac{186}{320}$$

ergibt sich für

$$R_6 : z_6 = \frac{320}{186} \cdot 18 = 31$$

Aus den übrigen Gleichungen für φ_{16}, φ_{15} und φ_{14} sind vorläufig R_2, R_3, R_4, R_5 noch nicht zu bestimmen, da jede Gleichung 2 unbekannte Größen enthält.

In ähnlicher Weise, wie oben die Zähnezahl von R_6 ermittelt wurde, läßt sich aber R_7 noch bestimmen und zwar aus

Fig. 129.

Bedienungsseite.

$$\varphi_{11} = \frac{n_{11}}{n} = \frac{R_1}{R_3} \cdot \frac{R_3}{R_7} = \frac{R_1}{R_7} = \frac{z_1}{z_7}$$

$$\frac{123}{320} = \frac{18}{z_7}$$

$$z_7 = \frac{18 \cdot 320}{123} = 47.$$

Da ferner R_5 mit R_6 und R_3 mit R_7 kämmen und alle Räder von R_1 bis R_7 denselben Modul in der Teilung haben müssen, so ist infolge des gleichbleibenden Achsenabstandes zwischen II und F

$$m\,z_3 + m\,z_7 = m\,z_6 + m\,z_5$$

oder $$z_3 + z_7 = z_6 + z_5$$

$$z_3 - z_5 = z_6 - z_7 = 31 - 47 = -16.$$

$$\varphi_{16} = \frac{R_1}{R_2} \cdot \frac{R_5}{R_6} = \frac{350}{320}$$

$$\frac{z_1}{z_2} \cdot \frac{z_5}{z_6} = \frac{18}{z_2} \cdot \frac{47}{31} = \frac{350}{320}$$

$$z_2 = \frac{320 \cdot 18 \cdot 47}{350 \cdot 31} = 25$$

und z_4 aus:

$$\varphi_{14} = \frac{R_1}{R_4} \cdot \frac{R_5}{R_6} = \frac{230}{320}$$

$$\frac{z_1}{z_4} \cdot \frac{z_5}{z_6} = \frac{18}{z_4} \cdot \frac{47}{31} = \frac{230}{320}$$

$$z_4 = \frac{320 \cdot 18 \cdot 47}{31 \cdot 230} = 38.$$

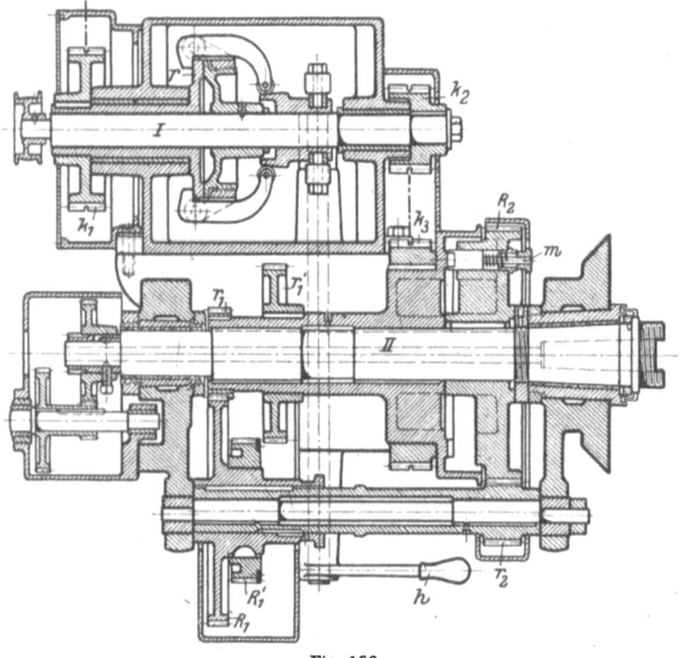

Fig. 130.

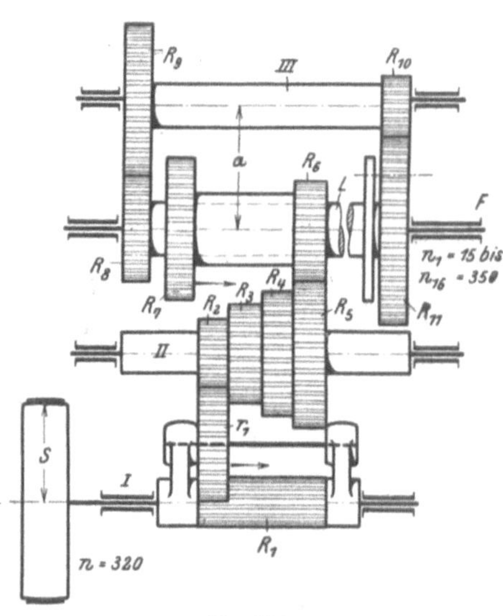

Fig. 131.

Antrieb der Cincinnati-Fräsmaschine.

Aus $\varphi_{15} = \frac{R_1}{R_3} \cdot \frac{R_5}{R_6} = \frac{284}{320}$

ergibt sich $\frac{R_5}{R_3} = \frac{z_5}{z_3} = \frac{284}{320} \cdot \frac{R_6}{R_1} = \frac{284 \cdot 31}{320 \cdot 18}$

$$\frac{z_5}{z_3} = 1{,}52 \text{ und}$$

$$z_5 = 1{,}52\, z_3$$

Diesen Wert oben eingesetzt:

$$z_3 - 1{,}52\, z_3 = -0{,}52\, z_3 = -16$$

$$z_3 = \frac{16}{0{,}52} = 31$$

und $z_5 = 1{,}52 \cdot z_3 = 1{,}52 \cdot 31 = 47.$

Die Zähnezahl z_2 von R_2 läßt sich jetzt berechnen aus:

3. Die Berechnung der ausrückbaren Vorgelege $\frac{R_8}{R_9} \cdot \frac{R_{10}}{R_{11}}$.

Soll die Maschine z. B. mit der kleinsten Umlaufszahl $n_1 = 15$ Umdrehungen in d. Min. laufen, so ist von dem Stufenrädergetriebe die größte Übersetzung einzuschalten:

$$\varphi_1 = \frac{R_1}{R_5} \cdot \frac{R_3}{R_7} \cdot \frac{R_8}{R_9} \cdot \frac{R_{10}}{R_{11}} = \frac{n_1}{n}$$

$$\frac{18}{47} \cdot \frac{31}{47} \cdot \frac{R_8}{R_9} \cdot \frac{R_{10}}{R_{11}} = \frac{15}{320}.$$

Die Übersetzung der ausrückbaren Vorgelege ergibt sich hieraus zu

$$\frac{R_8}{R_9} \cdot \frac{R_{10}}{R_{11}} = \frac{15 \cdot 47 \cdot 47}{320 \cdot 18 \cdot 31} = \frac{1}{5{,}35} = \frac{1}{2} \cdot \frac{1}{2{,}6}.$$

Verlangen nun die Abmessungen der Frässpindel und der Laufbuchse für R_8 einen Durchmesser von etwa 165 mm, so würde die Teilung von R_8 für folgenden größten Zahndruck Z zu berechnen sein:

$$Z_{max} \cdot R_8 = P \cdot S \cdot \frac{R_5}{R_1} \cdot \frac{R_7}{R_3}.$$

Hierin ist die Durchzugskraft des Riemens P = 75 kg, der Scheibenradius S = 22 cm, sodaß sich der Zahndruck auf

$$Z = \frac{75 \cdot 22 \cdot 47 \cdot 47}{\frac{16,5}{2} \cdot 18 \cdot 31} = 825 \text{ kg}$$

stellt.

Vorausgesetzt, Räder aus Stahl, Zähne gehärtet, so ergibt sich die Teilung t für R_8 aus:

$$Z = c\,b\,t.$$

Hierin $c = 0,07 \cdot k_b = 0,07 \cdot 2000 = 140$ und $b = 3t$

$$825 = 140 \,.\, 3\,t^2$$
$$t^2 = \frac{825}{420} \sim 2$$
$$t = 1,41 \sim 5\,\pi,\ m = 5.$$

Die Zähnezahl von R_8 wäre demnach

$$m \cdot z_8 = 165$$
$$z_8 = \frac{165}{5} = 33$$
$$z_8 = 33.$$

Die Zähnezahl z_9 von R_9 ergibt sich aus dem Wellenabstande a, der zu 250 mm angenommen sei:

$$m \cdot z_8 + m \,.\, z_9 = 2a$$
$$z_9 = \frac{2a}{m} - z_8 = \frac{500}{5} - 33 = 67$$
$$z_9 = 67.$$

Es fehlen noch die Räder R_{10} und R_{11}.

Für den Modul sei zunächst m = 6,25 angenommen. Ihre Zähnezahlen lassen sich dann bestimmen aus:

$$(1) \ldots\; m \,.\, (z_{10} + z_{11}) = 2a$$

und

$$(2) \ldots\; \frac{z_8}{z_9} \cdot \frac{z_{10}}{z_{11}} = \frac{1}{5,35},$$

hieraus $\frac{z_{10}}{z_{11}} = \frac{z_9}{z_8} \cdot \frac{1}{5,35} = \frac{67}{33} \cdot \frac{1}{5,35} = \frac{1}{2,64}.$

Also $z_{10} = \frac{z_{11}}{2,64}$ oben in 1. eingesetzt, ergibt

$$m \cdot \left(\frac{z_{11}}{2,64} + z_{11}\right) = 2a$$
$$m \cdot z_{11}\left(\frac{1}{2,64} + 1\right) = 2a$$
$$6,25 \cdot z_{11} \cdot \frac{3,64}{2,64} = 500$$
$$z_{11} = 58.$$

$$z_{10} = \frac{z_{11}}{2,64} = \frac{58}{2,64} = 22$$
$$z_{10} = 22.$$

Kontrolle des Moduls.

Das Rad R_{11} hat das Maximalmoment der Maschine aufzunehmen.

$$M_{max} = P \cdot S \cdot \frac{R_5}{R_1} \cdot \frac{R_7}{R_3} \cdot \frac{R_9}{R_8} \cdot \frac{R_{11}}{R_{10}} = 75 \cdot 22 \cdot 21,3.$$

Hierfür die Teilung t:

$$t = \sqrt[3]{\frac{2 \cdot \pi}{c \,.\, \psi} \frac{M}{z_{11}}} = \sqrt[3]{\frac{2 \cdot \pi}{140 \cdot 3} \frac{75 \cdot 22 \cdot 21,3}{58}} \sim 2 \text{ cm}.$$

Hiernach würde sich die Teilung auf 6,5 π stellen.

Der Wellenabstand a würde jetzt

$$\frac{1}{2} \cdot 6,5\,(58 + 22) = \frac{520}{2} \text{ mm} = 260 \text{ mm}.$$

Darnach würden sich auch die Zähnezahlen z_8 und z_9 etwas ändern.

Bei 5 π-Teilung müßte

$$5\,(z_8 + z_9) = 520$$
$$z_8 + z_9 = 104$$

sein. Behält man für die Räder das alte Übersetzungsverhältnis $\frac{33}{67}$ bei, so bekommt man:

$$z_8 = 34$$
und $$z_9 = 70.$$

Die Teilung der Räder R_1 bis R_7.

Das Maximalmoment tritt auf, wenn R_1 auf R_5 und R_3 auf R_7 arbeiten.

Hierfür:

$$M_{max} = P \cdot S \cdot \frac{47}{18} \cdot \frac{47}{31}$$

und $$t = \sqrt[3]{\frac{2 \cdot \pi \cdot M_{max}}{c \cdot \psi \cdot z_7}}$$

$$= \sqrt[3]{\frac{2\,\pi \cdot 75 \cdot 22 \cdot 47 \cdot 47}{140 \cdot 3 \cdot 18 \cdot 31 \cdot 47}} = 1,26$$
$$t = 4\,\pi.$$

$$\left.\begin{array}{l} z_1 = 18 \\ z_2 = 25 \\ z_3 = 31 \\ z_4 = 38 \\ z_5 = 47 \\ z_6 = 31 \\ z_7 = 47 \end{array}\right\} m = 4 \qquad \left.\begin{array}{l} z_8 = 34 \\ z_9 = 70 \end{array}\right\} m = 5 \qquad \left.\begin{array}{l} z_{10} = 22 \\ z_{11} = 58 \end{array}\right\} m = 6,5$$

Das Zwischenrad r_1 muß $m = 4$ haben, die Zähnezahl oder der Durchmesser ist nach den Abmessungen der Maschine zu wählen.

Die Vorschubgetriebe.

Der Einfluß, den der Schnellstahl auf die konstruktive Entwicklung unserer Werkzeugmaschinen ausgeübt hat, mußte sich, wie schon früher bemerkt, auch auf die Vorschubgetriebe erstrecken. Die wirtschaftliche Ausnutzung der Schnellstähle verlangte nämlich neben einer größeren Zahl von Antriebsgeschwindigkeiten auch eine größere Auswahl in den Vorschüben, als sie bisher bei unseren Metallbearbeitungsmaschinen erforderlich gewesen war. Die letzte Forderung wurde noch verschärft, wenn die Maschine nicht nur für das Arbeiten mit Schnellstahl, sondern auch für gewöhnliche Werkzeuge gebaut werden sollte. Bei den Schnellarbeitsmaschinen für allgemeine Zwecke waren daher die Vorschubgetriebe in erster Linie für eine größere Reihe von Vorschüben einzurichten, zumal sich der Schnellstahl bei großen Vorschüben am besten bewährte. Zu dieser Hauptaufgabe trat noch eine zweite, die der Schnellbetrieb allgemein stellt. Zur Erhöhung der Leistung der Maschine war eine einfache und sichere Handhabung der Vorschubgetriebe anzustreben.

Für die Schnellarbeitsmaschinen mit kreisender Hauptbewegung kommen fast ausnahmslos Dauervorschübe in Betracht. Infolge der schweren Schnitte würden Momentvorschübe nicht nur den ruhigen Gang der Maschine beeinträchtigen, sondern auch Maschine und Werkzeuge sehr ungünstig beanspruchen.

Der Antrieb der Dauervorschübe wird bei den meisten Schnellarbeitsmaschinen nach wie vor von der Hauptspindel abgeleitet und zwar durch Riemen, Ketten oder Räder. Nur bei besonders schweren Maschinen kann für den Antrieb der Vorschubsteuerung ein besonderes Deckenvorgelege in Frage kommen.

Fig. 132.

Schnelldrehbank von Gebr. Böhringer, Göppingen.

1. Der Größenwechsel des Vorschubes mittels Riemen.

Zu dem Riemenantrieb sei bemerkt, daß ein ausreichender Größenwechsel des Vorschubes für gewöhnlich Stufenscheiben verlangt, deren Stufenzahl gleich der Gliederzahl der Vorschubreihe ist. Es gibt allerdings ein einfaches Mittel, die breiten Scheiben zu umgehen. Durch gegenseitiges Vertauschen der beiden Scheiben wird nämlich die Zahl der Vorschübe verdoppelt, so daß die Stufenzahl der Scheiben auf die Hälfte vermindert werden kann. Dies verlangt aber 2 Scheiben von verschiedener Größe, die zum bequemen Austauschen fliegend angeordnet sind. Immerhin verbleibt dem Riemen außer dem lästigen Umlegen der Nachteil einer unsicheren

Bewegungsübertragung, da bei den starken Schnitten der Schnellstähle die Gefahr des Gleitens sehr nahe liegt. Sie ist besonders groß in den äußersten Riemenlagen und wird noch erhöht durch den geringen Abstand der Haupt- und Vorschubwelle.

Eine noch größere Zahl von Vorschüben läßt

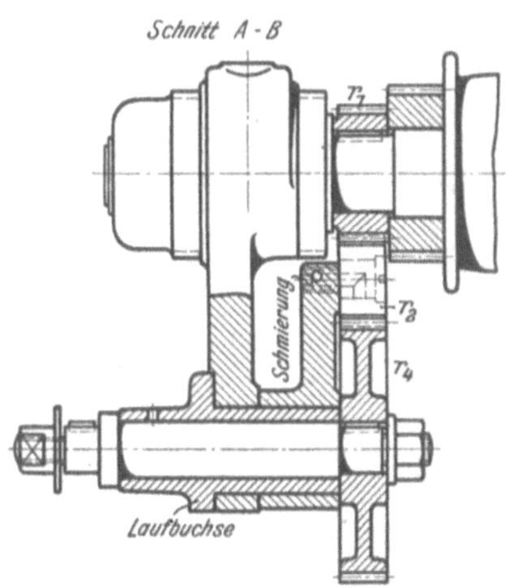

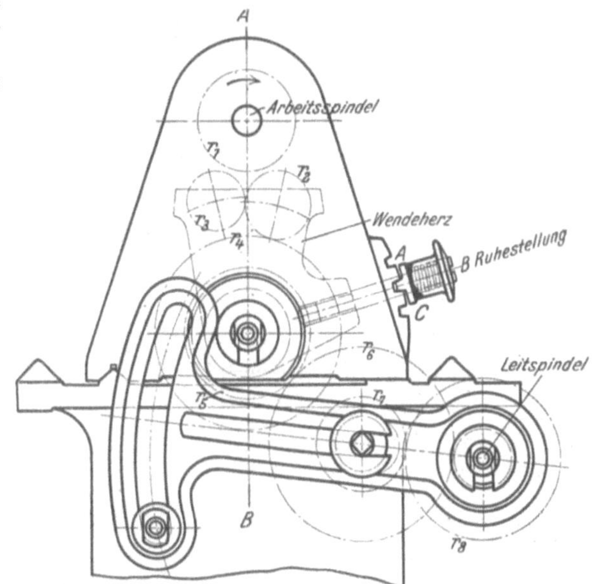

Fig. 133.
Gewöhnlicher Leitspindelantrieb.

sich beim Riemenantrieb erreichen, wenn zwei Riemen genommen werden, von denen der erste (Fig. 15) auf den äußersten Rollen liegt und der zweite von der Rolle am Fuße der Bank auf die der Vorschubwelle wirkt. Durch Umstecken der äußeren Scheiben läßt sich dann die Vorschubreihe noch verdoppeln. Vorausgesetzt ist, daß auch diese Scheiben verschieden groß und fliegend angebracht sind. Immerhin ist der Vorschubwechsel zeitraubend und mühsam.

Die Gefahr des Riemengleitens hat vielfach bei Schnelldrehbänken zur Benutzung der Kettengetriebe geführt. Dieser Antrieb sichert volle Zwangläufigkeit, die für ruhigen Gang und saubere Arbeit anzustreben ist. Der erforderliche Größenwechsel des Vorschubes verlangt allerdings einen besonderen Vorschubregler, wie er bei den Schnelldrehbänken von Gebr. Böhringer durch Räder geschaffen ist (Fig. 132).

2. Der Größenwechsel des Vorschubes mittels wegnehmbarer Wechselräder.

Wie bei der Hauptbewegung, so haben auch bei der Erzeugung des Vorschubes die Rädergetriebe die ausgedehnteste Verwendung gefunden. Gründe, wie die volle Zwangläufigkeit in dem Antriebe der Steuerung, sowie die größere Bequemlichkeit bei dem Größenwechsel des Vorschubes selbst, sprechen für ihre Bevorzugung.

Das Gewindeschneiden auf der Drehbank verlangte schon früher, um eine größere Genauigkeit der Vorschübe zu erlangen, wie sie hier un-

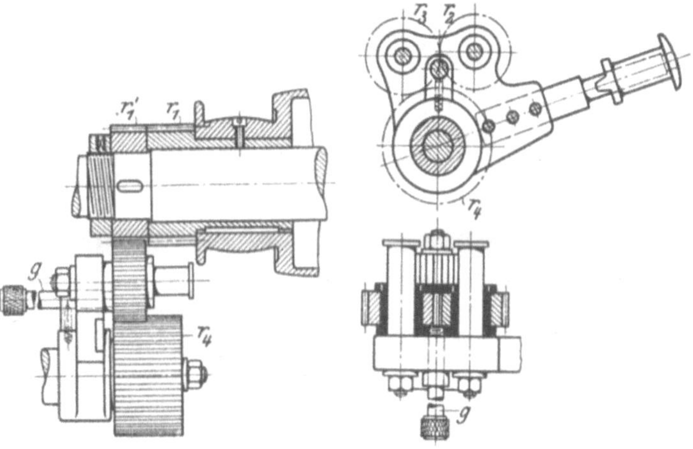

Fig. 134—136.

bedingt gefordert werden muß, die Leitspindel durch Räder anzutreiben. Die verschiedene Steigung der einzelnen Gewinde fordert auch hier schon eine entsprechend große Zahl von Vorschüben, die durch Austauschen der Wechselräder geschaffen wurde. Sollte dazu der Support nach beiden Richtungen arbeiten können, so war der

Vorschub noch umzusteuern. Dieser Richtungswechsel wurde meist durch ein Wendeherz oder auch durch ein Kegelräderwendegetriebe erzeugt. Steht demnach in Fig. 133 das Wendeherz auf A, so ist nur das Herzrad r_2 eingerückt. Die Leitspindel aus. Bei weitergehenden Ansprüchen versagt die Steuerung sowohl hinsichtlich der durch den Schnellbetrieb geforderten raschen Bedienung als auch meist in bezug auf die Zahl und Größe der Vorschübe.

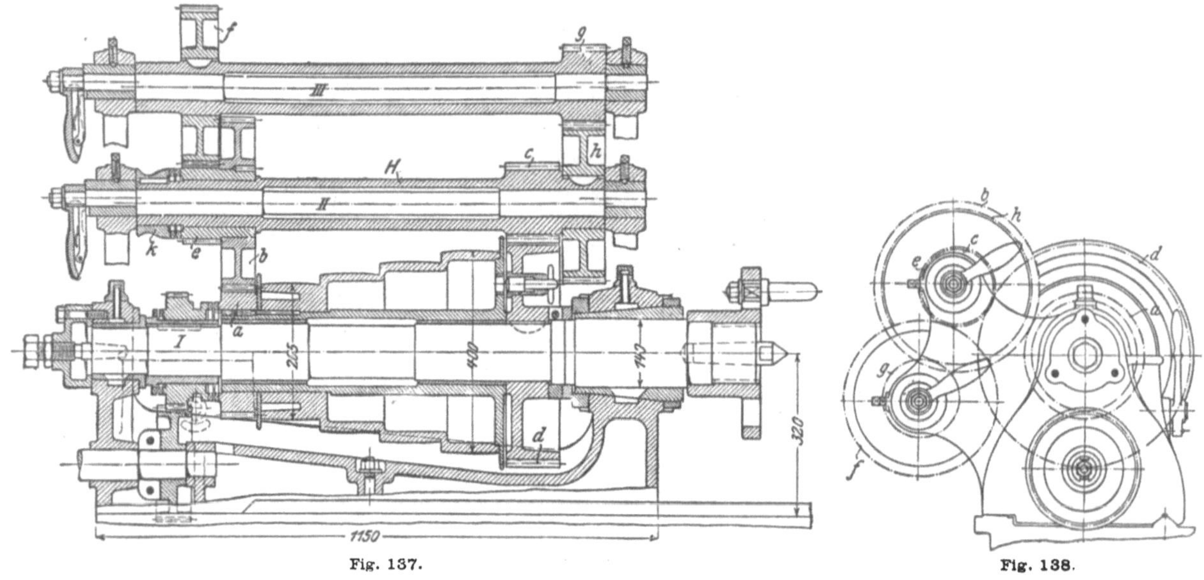

Fig. 137. Fig. 138.

Spindelstock von H. Hessenmüller, Ludwigshafen.

läuft daher in demselben Sinne wie die Arbeitsspindel. Schaltet man auf C um, so treten beide Herzräder r_3 und r_2 in Tätigkeit und steuern die Leitspindel um. In beiden Stellungen ist aber die Übersetzung

$$\varphi = \frac{r_1}{r_4} \cdot \frac{r_5}{r_6} \cdot \frac{r_7}{r_8},$$

Die Vorschubreihe läßt sich allerdings ausreichend gestalten durch einen weiteren Ausbau von dem Wendeherz. In Fig. 133 leitet bekanntlich das Wendeherz den Antrieb des Supports von dem Rade r_1 der Arbeitsspindel ab. Die Vorschübe sind also lediglich von den Umläufen der letz-

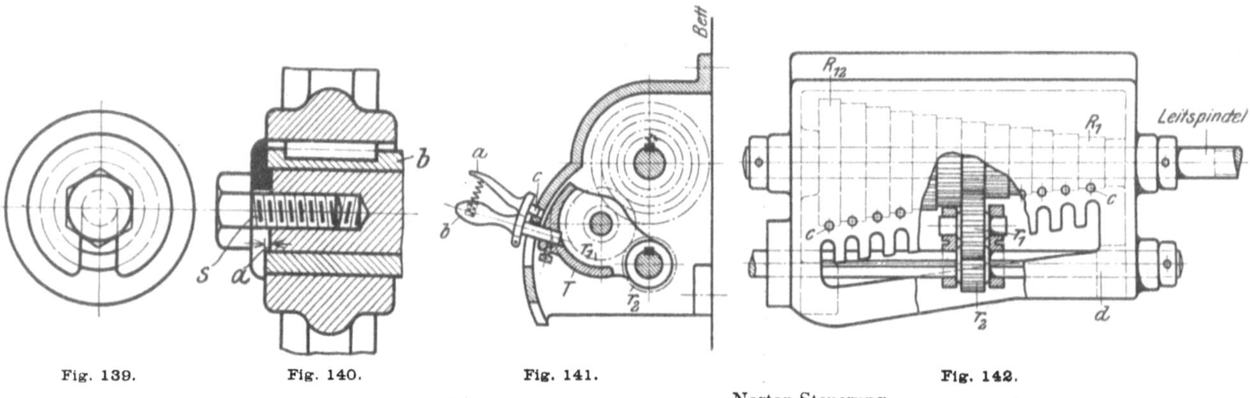

Fig. 139. Fig. 140. Fig. 141. Fig. 142.

Norton-Steuerung.

da die Herzräder als Zwischenräder keinen Einfluß auf φ haben.

Die vorstehende Vorschubsteuerung (Fig. 133) war lange Zeit trotz mancher Mängel vorherrschend und ist auch heute noch bei gewöhnlichen Drehbänken viel im Gebrauch. Bei Schnelldrehbänken reicht sie jedoch nur bei geringen Ansprüchen teren abhängig. Eine größere Unabhängigkeit in der Wahl der Vorschübe würde jedenfalls erreicht, wenn der Antrieb des Supports auch von der Stufenscheibe abzuleiten wäre. Durch diese Einrichtung würde die Vorschubreihe verdoppelt. Es könnte also mit der langsam laufenden Arbeitsspindel ein größerer Vorschub vereinigt werden,

Fig. 143.

Hendey-Bank. (Schuchardt & Schütte, Berlin.)

wie das auch beim Schneiden von steilem Gewinde erforderlich ist. Für den Riemenantrieb der Vorschubwelle gewinnt dieses Wendeherz eine besondere Bedeutung. Bei schweren Werkstücken und schweren Schnitten läuft nämlich die Arbeitsspindel sehr langsam. Der Vorschubriemen muß daher förmlich schleichen und gewinnt nicht immer die erforderliche Durchzugskraft. Anders ist es jedoch, sobald er von der schneller laufenden Stufenscheibe angetrieben werden kann. Der Antrieb wird daher für schwere Schnitte brauchbarer.

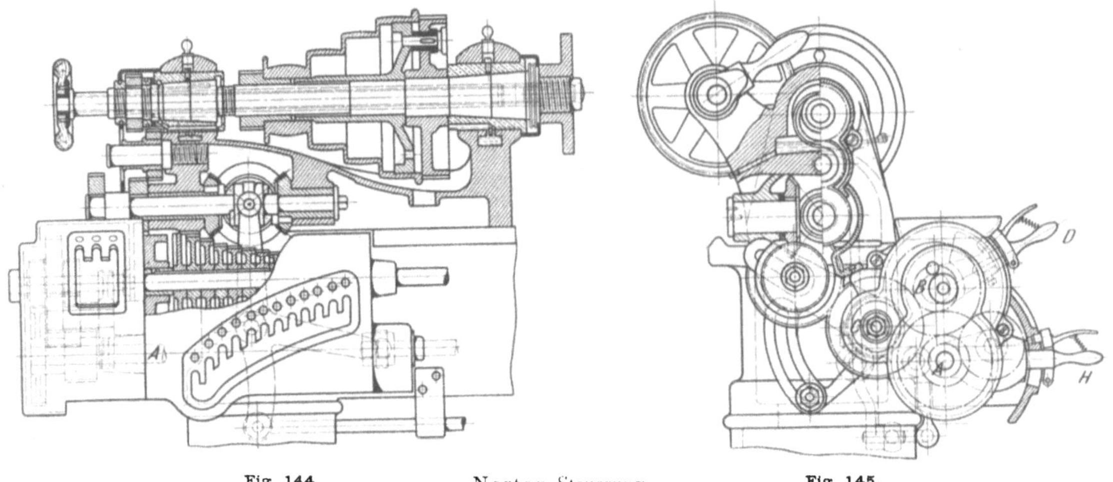

Fig. 144. Norton-Steuerung. Fig. 145.

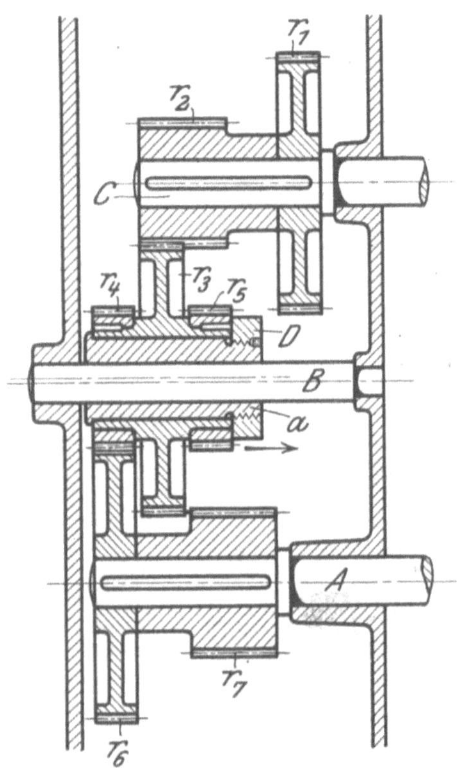

Fig. 146.

Norton-Steuerung.

So besitzen auch eine ganze Reihe guter Schnelldrehbänke ein derartiges Wendeherz.

Obiger Gedanke ist bei dem Wendeherz in Fig. 134 bis 136 durch die auf ihren Zapfen verschiebbaren Räder gelöst. Letztere laufen zwischen zwei Seitenschildern. Durch einen aus dem Spindelkasten hervorstehenden Griff g sind die Herzräder auf die Arbeitsspindel r_1' oder auf die Stufenscheibe r_1 von außen her einzustellen (siehe auch Fig. 18).

An Stelle der verschiebbaren Herzräder kann auch das Rad r_1' auf der Arbeitsspindel benutzt werden. Dieses müßte abwechselnd mit der Stufenscheibe oder der Arbeitsspindel zu kuppeln sein. Zu diesem Zweck sitzt das Steuerrad der Leitspindel lose auf der Arbeitsspindel I und trägt beiderseits Kupplungszähne (Fig. 137 und 138). Es kann daher durch Verschieben nach rechts mit der Stufenscheibe bezw. dem Rade a verbunden werden und somit große Vorschübe erzeugen. Für kleinere Vorschübe ist hingegen das Steuerrad mit der auf I festgekeilten Büchse zu kuppeln.

Bei dem Spindelstock der Magdeburger Schnelldrehbank (Fig. 34) sind an dem Wendeherz zwei Paare Herzräder vorgesehen, von denen das linke Paar mit dem Rade der Arbeitsspindel in Eingriff steht und das rechte mit dem der Stufenscheibe. Für den Vorschub-Wechsel ist daher das Rad auf der Umsteuerwelle zu verschieben und zwar für große Vorschübe nach rechts und für kleinere nach links. Diese Einstellung läßt sich durch Umlegen einer vor dem Spindelkasten liegenden Handkurbel bewirken.

Der Mangel des ganzen Systems liegt in dem zeitraubenden Auswechseln der Wechselräder.

Eine kleine Zeitersparnis wird hierbei durch die geschlitzte Unterlegscheibe erzielt (Fig. 139 und 140). Sobald nämlich die Schraube s um a gelöst ist, kann die Scheibe hochgezogen und hierauf die Buchse b mit den auszuwechselnden Rädern über den Schraubenkopf hinweg abgezogen werden.

Vielfach kann man sogar auf die Schraube s verzichten. Wird nämlich der Wechselräderzapfen auf die Breite des Scheibenschlitzes eingefräst, so kann die Unterlagscheibe jederzeit fortgezogen werden.

Schaltgetriebe kann in einem Kasten untergebracht werden, so daß alle Getriebeteile verdeckt liegen. Um die Einstellung der Tasche äußerlich zu kennzeichnen, besitzt die Vorderwand des Räderkastens eine Anzahl Kämme. Auf diese hat der Arbeiter die Tasche mit dem Griff b einzurücken. Gegenüber dem Arbeitsdruck ist T durch eine Fallsperre a gehalten, die in die Löcher c einschnappt. Die Gesamtzahl der Vorschübe beträgt 36, von denen je 12 ein Vertauschen der vorderen Wechselräder erfordern.

Fig 147.
Amerikanische Schnelldrehbank (Hch. Dreyer, Berlin C.).

3. Der Größenwechsel des Vorschubes mit verschiebbaren und einschwenkbaren Wechselrädern.

Eine weitgehende Verbesserung in der Schaltsteuerung hat Norton geschaffen, indem er das lästige und zeitraubende Auswechseln der Wechselräder beseitigte. Die Norton-Einrichtung war (Fig. 141 und 142) ursprünglich für das Gewindeschneiden bestimmt. Sie ist durch ihre praktische Brauchbarkeit auch auf die Schnelldrehbänke übertragen worden. Ihr Grundgedanke ist, durch die staffelförmige Anordnung von 12 Wechselrädern auf der Leitspindel das Auswechseln der Wechselräder zu umgehen. Diese Schaltsteuerung verlangt daher bei 12 aufeinander folgenden Vorschüben nichts anderes als mit dem Handgriff b die Tasche T mit dem Triebe r_2 und dem Zwischenrade r_1 auszuschwenken, zu verschieben und wieder einzuschwenken. Es kann daher das Triebrad r_2 durch das Zwischenrad r_1 mit jedem der 12 Wechselräder R_1 bis R_{12} arbeiten. Das ganze

Für das Auswechseln dieser Räder hat Norton ebenfalls eine sehr praktische Lösung gefunden. Sie ist bei der Hendey-Bank (Fig. 143) zur Ausführung gebracht und gestattet, durch die Handhabung eines zweiten Hebels, die 3 × 12 Vorschübe einzuschalten.

Die Einrichtung (Fig. 144 bis 146) ist folgende: Der aus dem rechten Wechselräderkasten hervorragende Handhebel H stellt, wie der Griff b in Fig. 141 u. 142 Trieb- und Zwischenrad mit Hilfe der Stelltasche auf je eins der 12 Leitspindelräder ein. Um auch die äußeren Wechselräder mit einem Handhebel D fassen und dreifach einstellen zu können, sitzt vorn auf A ein doppelbreites Zahnrad r_7 (Fig. 146) und daneben ein einfaches Stirnrad r_6. In dem sie umschließenden linken Räderkasten sind außerdem ein Zapfen B und eine Vorgelegewelle C untergebracht. Das rechts auf C sitzende Zahnrad r_1 wird von der Drehbankspindel aus angetrieben. Es treibt selbst entweder durch das Doppelrad r_2 die Welle A oder auch diese direkt durch Vermittlung von r_5.

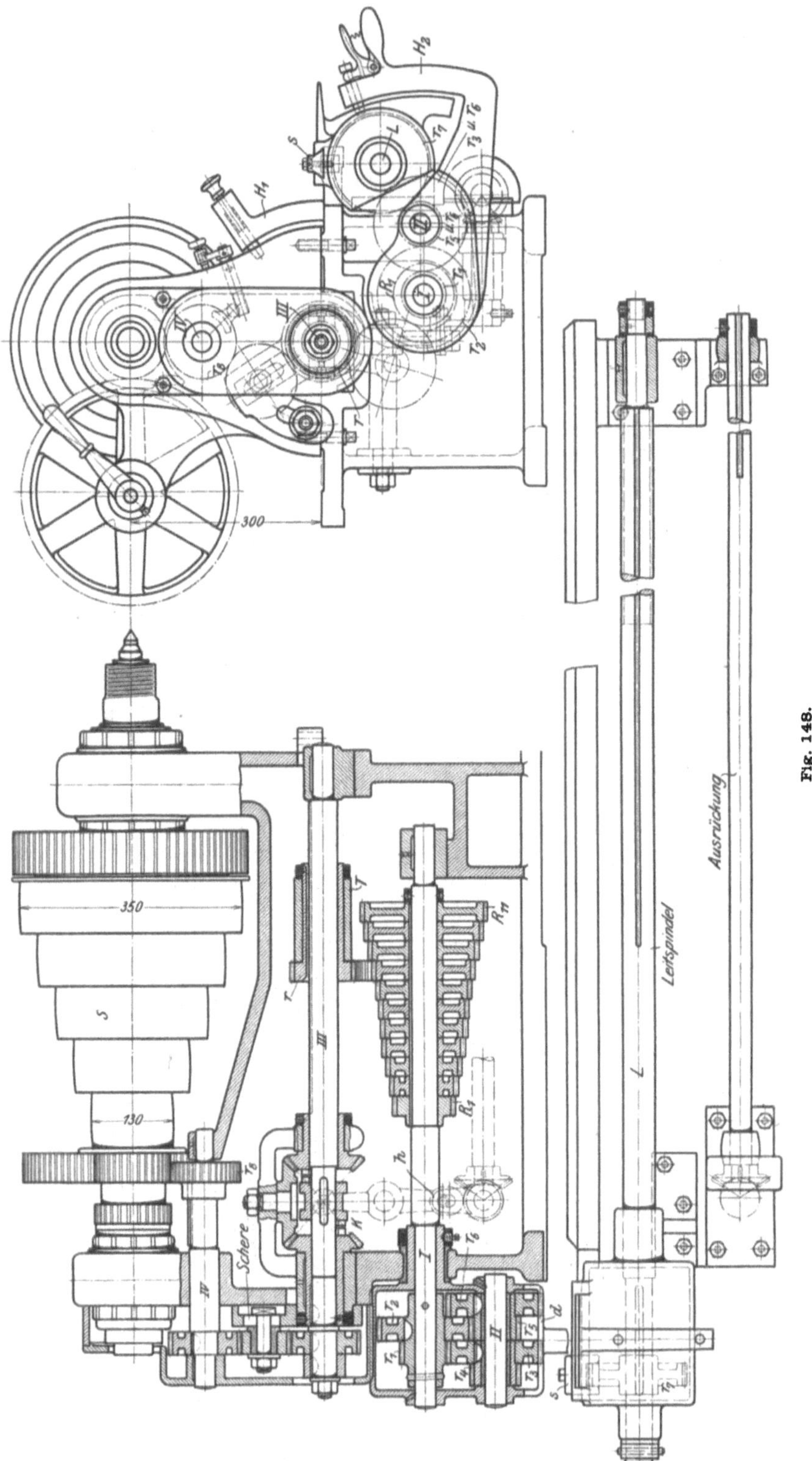

Fig. 148.

Vorschubsteuerung der Schnelldrehbänke von Heidenreich & Harbeck, Hamburg.

Zu diesem Zweck sind die **3** Räder auf B zum Verschieben eingerichtet. Um ferner jedesmal den Eingriff der auf diesen **3** Wellen sitzenden Räder herstellen zu können, laufen die 3 Räder auf B auf einer exzentrisch gebohrten Buchse a, die mit einem aus dem Gehäuse hervorstehenden Handhebel D auf B herumgelegt und verschoben werden kann.

Es ergeben sich demnach für die äußeren Räder 3 Einstellungen und zwar

1. für kleine Vorschübe $\frac{r_2}{r_3} \cdot \frac{r_4}{r_6}$

2. „ mittelgroße „ $\frac{r_2}{r_7}$ { Räder auf B so weit nach rechts schieben, bis r_3 mit r_7 kämmt.

3. „ große „ $\frac{r_1}{r_5} \cdot \frac{r_3}{r_7}$ { Räder auf B so weit nach rechts schieben, bis r_5 mit r_1 kämmt.

Die sich durch diese Einstellungen ergebenden **36** Vorschübe erfordern also höchstens zwei Handgriffe, die an Hand einer Skala ohne jede Rechnung und ohne jede Fahrlässigkeit einzuschalten sind.

Auch in Verbindung mit der Schloßplatte hat die Norton-Einrichtung Verwendung gefunden. So zeigt die Schnelldrehbank in Fig. 147 ein Vorschubgetriebe, das nach dem Norton-System gebaut und mit der Schloßplatte direkt verbunden ist. Es gewährt mit Einschluß des linken Räderkastens **40** Vorschübe.

Die Norton-Konstruktion bedeutet daher einen gewaltigen Vorsprung zum Schnellbetrieb, einmal durch die durchaus einfache und rasche Handhabung und zum andern durch die große Sicherheit in der Bedienung. Die Wechselräderschere ist allerdings noch nicht ganz verschwunden, sondern für außergewöhnliche Vorschübe, wie sie beim Schneiden außergewöhnlicher Gangzahlen erforderlich werden, beibehalten.

Eine ähnliche Lösung der vorstehenden Aufgabe bringen Fig. 148 und 149. Hier sind für das Auswechseln der äußeren Wechselräder auf der Vorgelegewelle I zwei Räder r_1 und r_2 vorgesehen. Jedes dieser Räder kann in doppelter Weise arbeiten auf die Leitspindel L, so daß letztere hierdurch **4** Geschwindigkeiten erhält.

Der Antrieb ist in der Weise gelöst, daß das Rad r_1 das Räderpaar r_3, r_4 auf dem Schaft II betätigt und r_2 das Räderpaar r_5, r_6. Das Leitspindelrad r_7 kann durch den Schieber s von außen her in die Ebene der Räder r_3, r_4, r_5 und r_6 geschoben werden. Die Doppelräderpaare selbst sitzen in einer Schwinge, die mit dem vorstehenden Handgriff H_2 die Räder r_3, r_4, r_5 und r_6 einzeln mit r_7 in Eingriff bringt. Es arbeiten demnach von der Welle I auf die Leitspindel L folgende

	Übersetzungen:	Einstellung:
1.	$\frac{r_1}{r_3} \cdot \frac{r_4}{r_7}$	r_7 nach r_4
2.	$\frac{r_1}{r_3} \cdot \frac{r_3}{r_7} = \frac{r_1}{r_7}$	r_7 nach r_3
3.	$\frac{r_2}{r_5} \cdot \frac{r_5}{r_7} = \frac{r_2}{r_7}$	r_7 nach r_5
4.	$\frac{r_2}{r_5} \cdot \frac{r_6}{r_7}$	r_7 nach r

Die Welle I erhält außerdem durch **11** Wechselräder R_1 bis R_{11} nach System Norton **11** Geschwindigkeiten, so daß sich der Größenwechsel der Vorschübe auf **44** stellt. Diese Anzahl läßt sich jedoch noch verdoppeln.

Fig. 149.

Vorschubsteuerung der Schnelldrehbänke von Heidenreich & Harbeck, Hamburg.

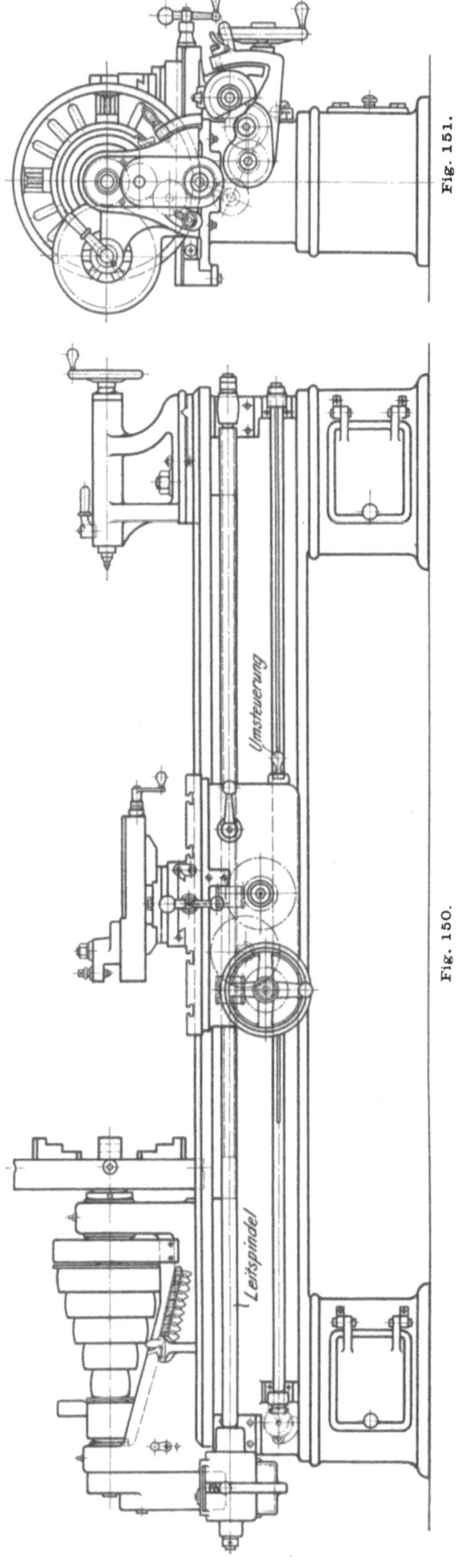

Fig. 151.

Fig. 150.

Schnelldrehbank, 300 mm Spitzenhöhe, Heidenreich & Harbeck, Hamburg.

Die Welle III, auf der die Tasche T mit dem Triebe r des Norton-Getriebes verschoben wird, erhält von IV ihren Antrieb. Die letzte Welle kann durch Verschieben von r_8 entweder von der Stufenscheibe oder auch von der Arbeitsspindel angetrieben werden. Demnach stellt sich die Gesamtzahl der Vorschübe auf 88.

Ein Vorzug, den die Bank der Firma Heidenreich & Harbeck, Hamburg (Fig. 150 u. 151), gegenüber der Hendey-Norton-Bank besitzt, besteht darin, daß die Getriebe innen liegen. Der Arbeiter kann also bequem an den Spindelstock heran, was bei der letzten Bank durch die weit auslegenden Räderkästen erschwert wird.

Eine konstruktive Verbesserung des Norton-Getriebes ist das Getriebe von Hermann Isler (Fig. 152). Durch 2 verschieden große Zwischenräder r_2 und r_3 erreichte Isler, die Zahl der Leitspindelräder auf die Hälfte zu vermindern. Bedingung für die Anordnung der 6 Stufenräder R_1 bis R_6 ist allerdings, für das abwechselnde Einschalten von r_2 und r_3 zwischen den einzelnen Rädern genügend Platz zu lassen.

Übersetzungen:

$$\varphi_1 = \frac{r_1}{r_2} \cdot \frac{r_2}{R_1} = \frac{r_1}{R_1}$$

$$\varphi_2 = \frac{r_1}{R_2}$$

$$\vdots$$

$$\varphi_6 = \frac{r_1}{R_6},$$

wenn r_2 allein benutzt wird:

Für beide Zwischenräder

$$\varphi_7 = \frac{r_1}{r_2} \cdot \frac{r_3}{R_1}$$

$$\varphi_8 = \frac{r_1}{r_2} \cdot \frac{r_3}{R_2}$$

$$\vdots$$

$$\varphi_{12} = \frac{r_1}{r_2} \cdot \frac{r_3}{R_6}.$$

Die staffelförmige Anordnung der Wechselräder in einer fortlaufenden Gruppe nach dem Norton-System bringt den Nachteil einer großen Baulänge mit sich. Ein Mittel, sie zu kürzen, wäre, die Wechselräder in 2 Gruppen einzuschwenken. Allerdings geschieht diese Kürzung der Baulänge auf Kosten der Breite. Der vorstehende Gedanke ist dem Fosdick-Getriebe in Fig. 153 bis 154 zugrunde gelegt. Zum Einrücken der einzelnen Übersetzungen sind hier die Wechselräder in zwei Gruppen in einer Wippe gelagert. Letztere schwingt um die treibende Welle I und besteht aus den Doppelhebeln H mit den Wellen w.

Der Antrieb der oberen Wechselrädergruppe erfolgt durch $\frac{r_1}{r_2}$, der unteren durch $\frac{r_1}{r_3}$. Um die Wechselräder auf die getriebene Welle II arbeiten zu lassen, ist das Rad r_4 auf II verschiebbar. Durch Verschieben von r_4 und Einschwenken der Wippe können daher die Wechselräder R_1 bis R_8 der Reihe nach mit r_4 zum Eingriff kommen.

Übersetzungen der unteren Gruppe:

$$\varphi_1 = \frac{r_1}{r_3} \cdot \frac{R_5}{r_4}$$

$$\vdots \qquad \vdots$$

$$\varphi_4 = \frac{r_1}{r_3} \cdot \frac{R_8}{r_4},$$

der oberen Gruppe:

$$\varphi_5 = \frac{r_1}{r_2} \cdot \frac{R_1}{r_4}$$

$$\vdots \qquad \vdots$$

$$\varphi_8 = \frac{r_1}{r_2} \cdot \frac{R_4}{r_4}.$$

Der Hauptvorzug der beiden letzten Konstruktionen liegt darin, daß die Grenzen der Übersetzung weiter auseinander liegen als beim Norton-Getriebe.

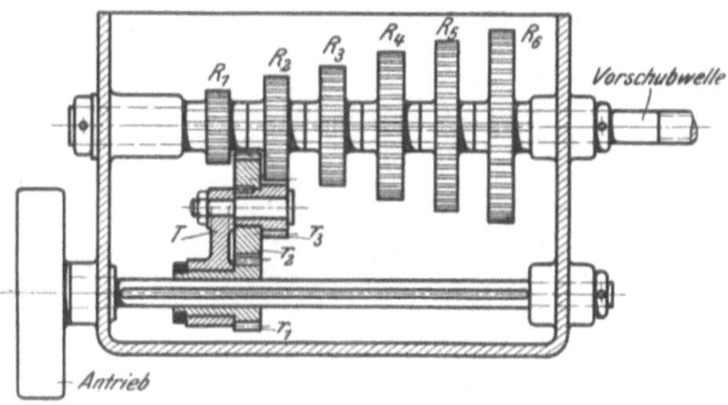

Fig. 152.
Isler-Getriebe.

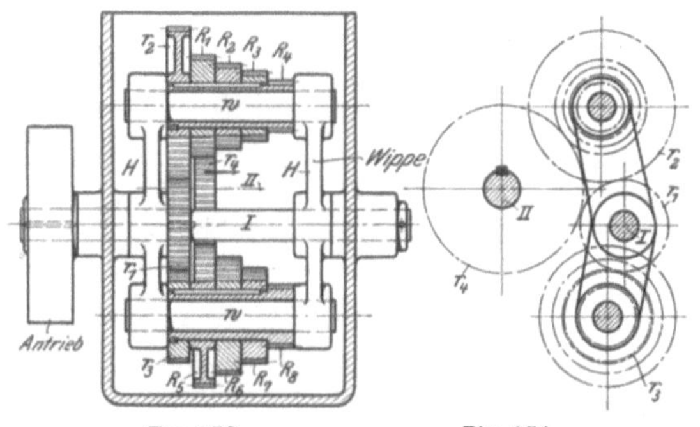

Fig. 153. Fig. 154.
Fosdick-Getriebe.

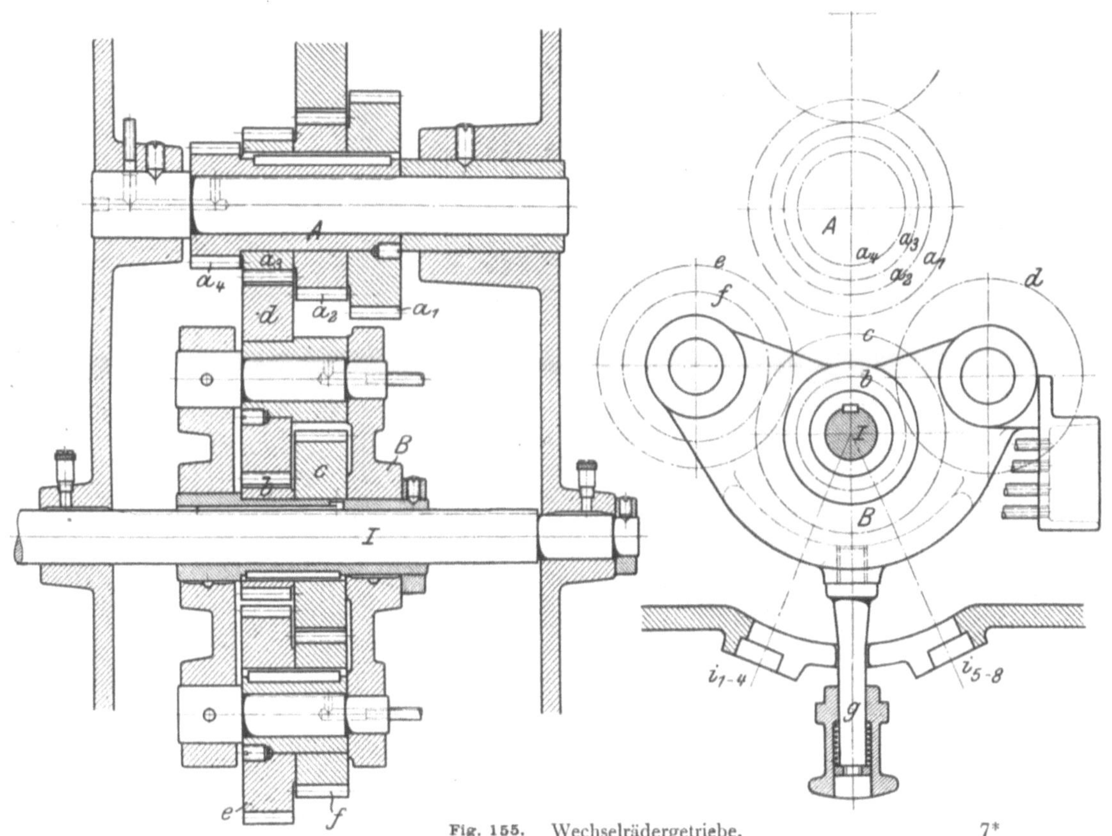

Fig. 155. Wechselrädergetriebe.

Das Fosdick-Getriebe erfordert also für 8 Geschwindigkeiten 12 Räder, eine Zahl, die sich noch auf 9 vermindern läßt. Hierzu ist allerdings erforderlich, auf der Welle A (Fig. 155) eine Gruppe von 4 Wechselrädern anzuordnen und die Schwinge B ebenfalls doppelt wirkend und außerdem zum Verschieben auf I einzurichten.

Durch Verschieben und abwechselndes Einschwenken der rechten und linken Räder der Schwinge ergeben sich folgende Schaltungen:

1. $\frac{a_1}{d} \cdot \frac{d}{b} = \frac{a_1}{b}$, 2. $\frac{a_2}{b}$,

3. $\frac{a_3}{b}$, 4. $\frac{a_4}{b}$,

5. $\frac{a_1}{e} \cdot \frac{f}{c}$, 6. $\frac{a_2}{e} \cdot \frac{f}{c}$,

7. $\frac{a_3}{e} \cdot \frac{f}{c}$, 8. $\frac{a_4}{e} \cdot \frac{f}{c}$.

Die in Fig. 156 abgebildete neue Fräsmaschine von Gildemeister & Comp. besitzt für die Vorschübe des Arbeitstisches einen zwangläufigen Antrieb, der ebenfalls aus einer doppelseitigen Schwinge mit verschiebbaren Wechselrädern besteht. Dieses Schaltwerk (Fig. 157—159) ist für 16 Vorschübe eingerichtet.

Die Welle I wird von der Frässpindel angetrieben und zwar durch Räder oder Stufenscheiben. Auf I sitzen die Triebe 1 und 1′, von denen 1 das linke Doppelrad 2, 3 treibt und 1′ das rechte 2′, 3′. Die Doppelräder 2, 3 und 2′, 3′ können einzeln auf 4 oder 5 eingeschaltet werden. Durch diese Schaltungen erhält die Welle II bereits 8 verschiedene Umläufe. Durch die ausrückbaren Vorgelege $\frac{6}{7} \cdot \frac{8}{9}$ wird diese Zahl noch auf 16 erhöht. Die 16 Umläufe gelangen über 10, 11 auf die Welle III und den Tischantrieb.

Die Ausrückung der Vorgelege $\frac{6}{7} \cdot \frac{8}{9}$ ist in der bekannten Weise durch die Kupplung k gelöst. Durch die in Fig. 156 sichtbare Handkurbel wird k auf 4 oder 9 eingerückt, so daß einmal ohne und das andere Mal mit Vorgelegen gesteuert wird. In der Mittelstellung setzt die Handkurbel den Tischantrieb still.

Der Schwerpunkt der Konstruktion liegt in der Schaltung der oberen Wechselräder. Um die Doppeltriebe 2, 3 bezw. 2′, 3′ in die Ebene von 4 oder 5 zu bringen, ist der ganze Wechselräderblock auf I zu verschieben. Um ferner den Eingriff mit 4 oder 5 zu bekommen,

Fig. 156.
Fräsmaschine von Gildemeister & Comp., Bielefeld.

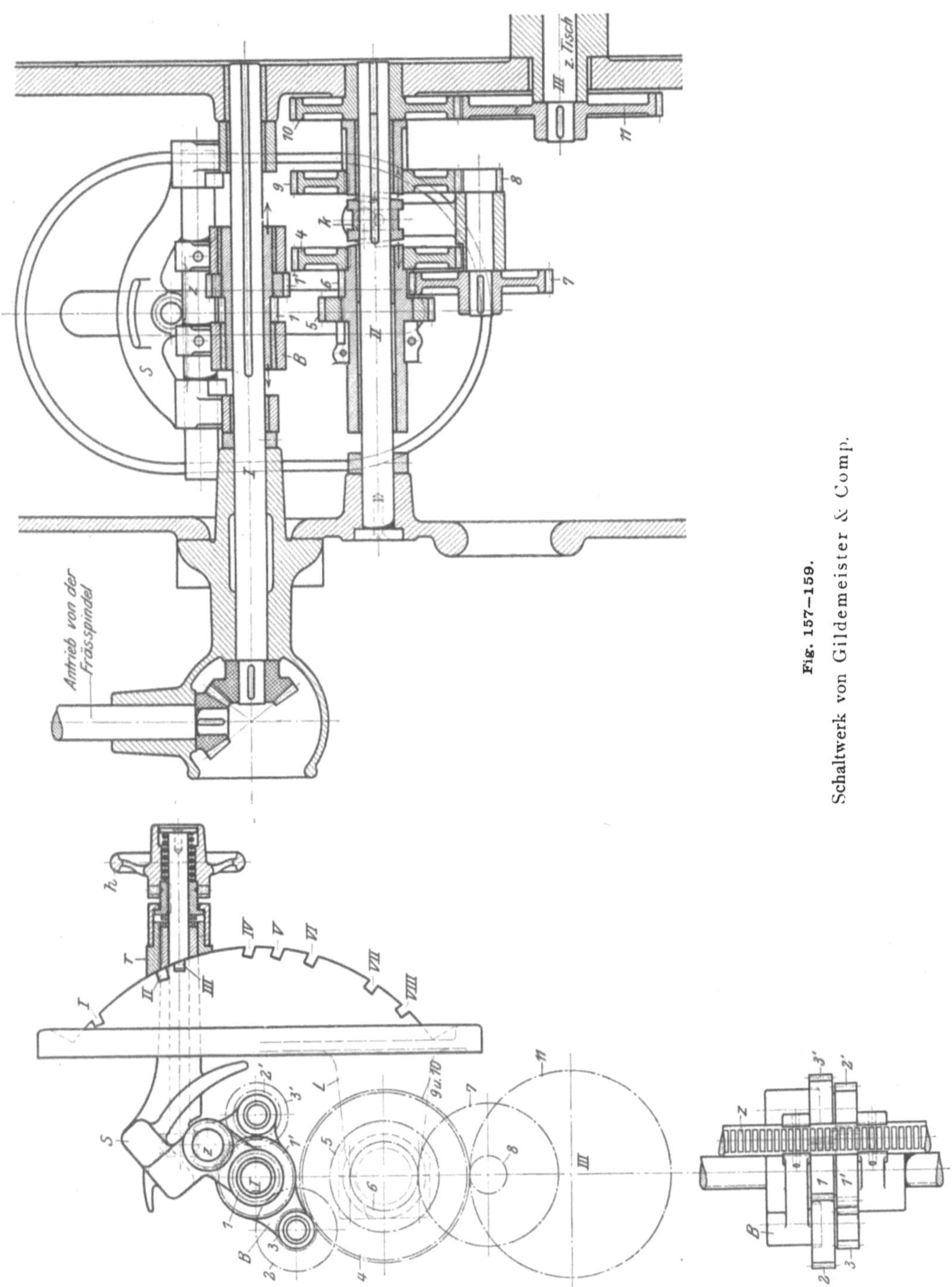

Fig. 157–159. Schaltwerk von Gildemeister & Comp.

müssen die Doppelräder rechts oder links einzuschwenken sein. Diese Einstellungen sollen natürlich von außen her vorgenommen werden. Zum Verschieben des Räderblockes auf I ist daher ein Handrädchen h vorgesehen, das durch Zahnrad und Zahnstange z die Triebe 2, 3 bezw. 2′, 3′ auf die Ebene von 4 oder 5 einstellt. Das Einschwenken dieser Triebe geschieht mit der Schwinge S. Durch Zurückziehen des Riegels r läßt sich nämlich S auf die 8 Einschnitte I—VIII einrücken. In den 4 oberen Stellungen von S arbeitet das linke Doppelrad 2, 3 auf 4 oder 5 und in den 4 unteren das rechte 2′, 3′. Hierdurch entstehen folgende Schaltungen:

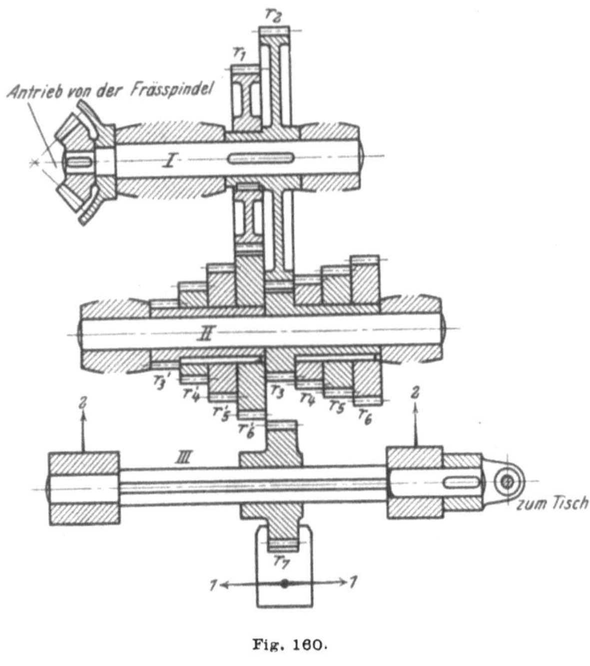

Fig. 160.

bei I: $\frac{1}{2} \cdot \frac{3}{5}$;

„ II: $\frac{1}{2} \cdot \frac{2}{5}$;

„ III: $\frac{1}{2} \cdot \frac{3}{4}$;

„ IV: $\frac{1}{2} \cdot \frac{2}{4}$;

„ V: $\frac{1'}{2'} \cdot \frac{3'}{4}$;

„ VI: $\frac{1'}{2'} \cdot \frac{2'}{4}$;

„ VII: $\frac{1'}{2'} \cdot \frac{3'}{5}$;

„ VIII: $\frac{1'}{2'} \cdot \frac{2'}{5}$.

Ist nun k auf 4 eingerückt, so treiben die vorstehenden Rädergruppen direkt den Tisch. Schaltet man hingegen k auf 9 ein, so treten zu den obigen Räderpaaren noch die Vorgelege $\frac{6}{7}$, $\frac{8}{9}$ mit 8 weiteren Übersetzungen hinzu.

Bei dem Vorschubgetriebe der Cincinnati-Fräsmaschine (Fig. 128 und 129) sind die

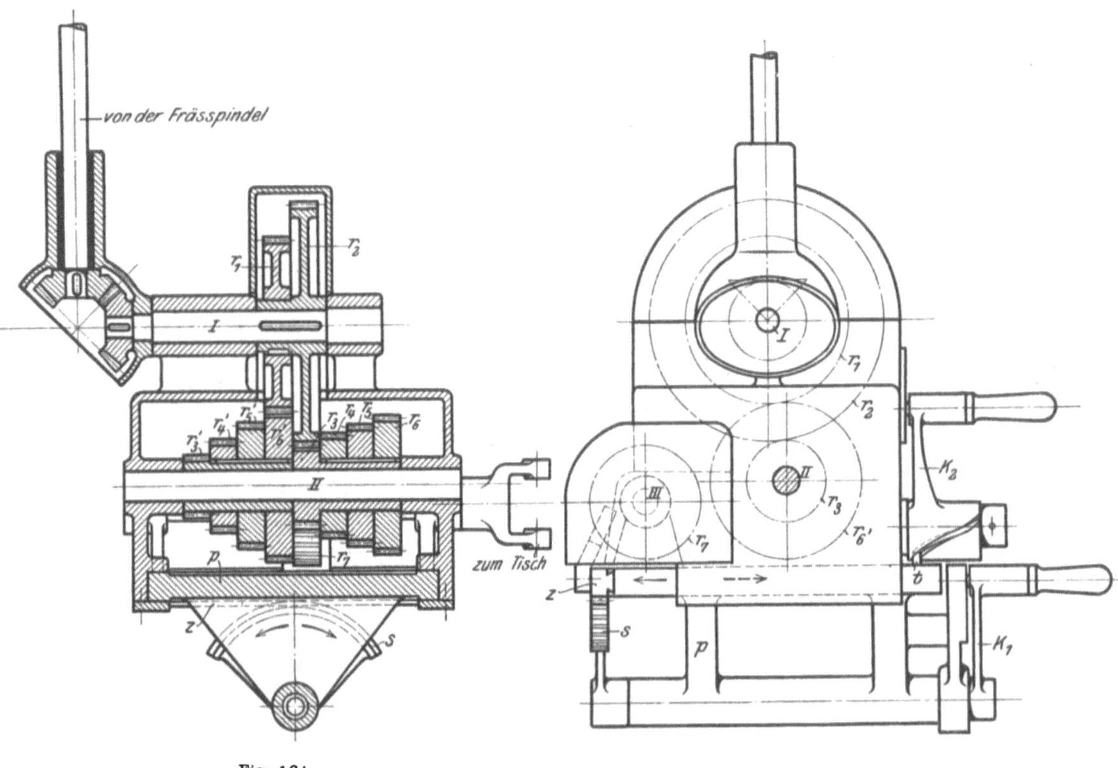

Fig. 161. Fig. 162.

Schaltwerk der Cincinnati-Fräsmaschine.

Fig. 163.

Fig. 164.

Schaltwerk der Cincinnati-Fräsmaschine.

Wechselräder ebenfalls in 2 Gruppen geordnet, allerdings unter Preisgabe der kürzeren Baulänge des Fosdick-Getriebes. Die beiden Rädergruppen sitzen hier getrennt nebeneinander (Fig. 160) und laufen lose auf der mittleren Welle II. Der Antrieb der rechten Gruppe erfolgt durch das größere Stirnrad r_2 und der der linken durch das kleinere Rad r_1. Hierdurch wird die Vorschubreihe ziemlich gleichmäßig ansteigen. Der eigentliche Vorschub, also der Antrieb des Arbeitstisches, wird von dem Rade r_7 abgeleitet. Zur Charakteristik dieses Getriebes ist das Rad r_7 nicht, wie früher, einzu-

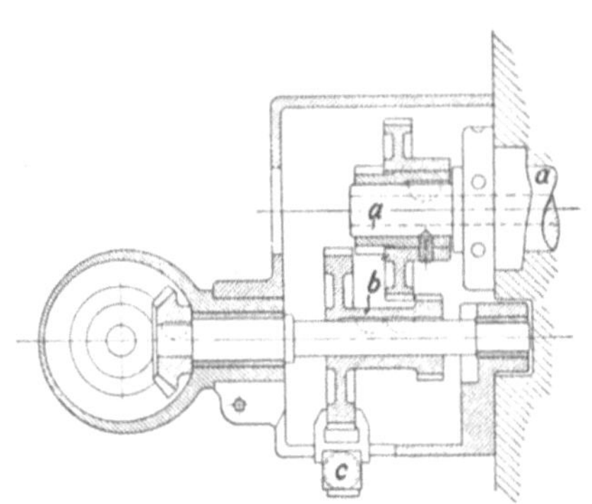

Fig. 165.

Fig. 166.

Antrieb des Schaltwerks.

schwenken, sondern achsial im Sinne 1 und radial im Sinne 2 einzustellen. Die achsiale Einstellung in Richtung 1 bewirkt die Handkurbel k_1 (Fig. 161 bis 164), die mittels des Zahnsegments s und der Zahnstange z das Rad r_7 vor das betreffende Wechselrad schiebt. Der Zahneingriff erfordert in dieser Einstellung noch eine Radialverschiebung in Richtung 2. Diese Aufgabe ist in der Weise gelöst, daß die Welle III auf einer Schieberplatte p gelagert ist, die sich durch die Kurbel k_2 quer einstellen läßt. Ein Stift t der Platte p faßt nämlich in die Schraubennut der Kurbel k_2.

Da der obere Räderkasten (Fig. 165 u. 166) zum Ableiten des Vorschubes von der Arbeitsspindel 2 verschiedene Übersetzungen enthält, so lassen sich mit dem Regler 16 Vorschübe bei jeder Spindelumdrehung erzielen. Diese Geschwindigkeitsreihe läßt sich noch auf 24 Vorschübe steigern, wenn in dem Antriebe 3 abwechselnd einzuschaltende Vorgelege eingebaut werden, wie dies bei den schwersten Modellen der Fall ist.

Die Magdeburger Werkzeugmaschinenfabrik, G. m. b. H., Magdeburg-Neustadt, wendet bei ihren vorzüglich durchkonstruierten Schnell-

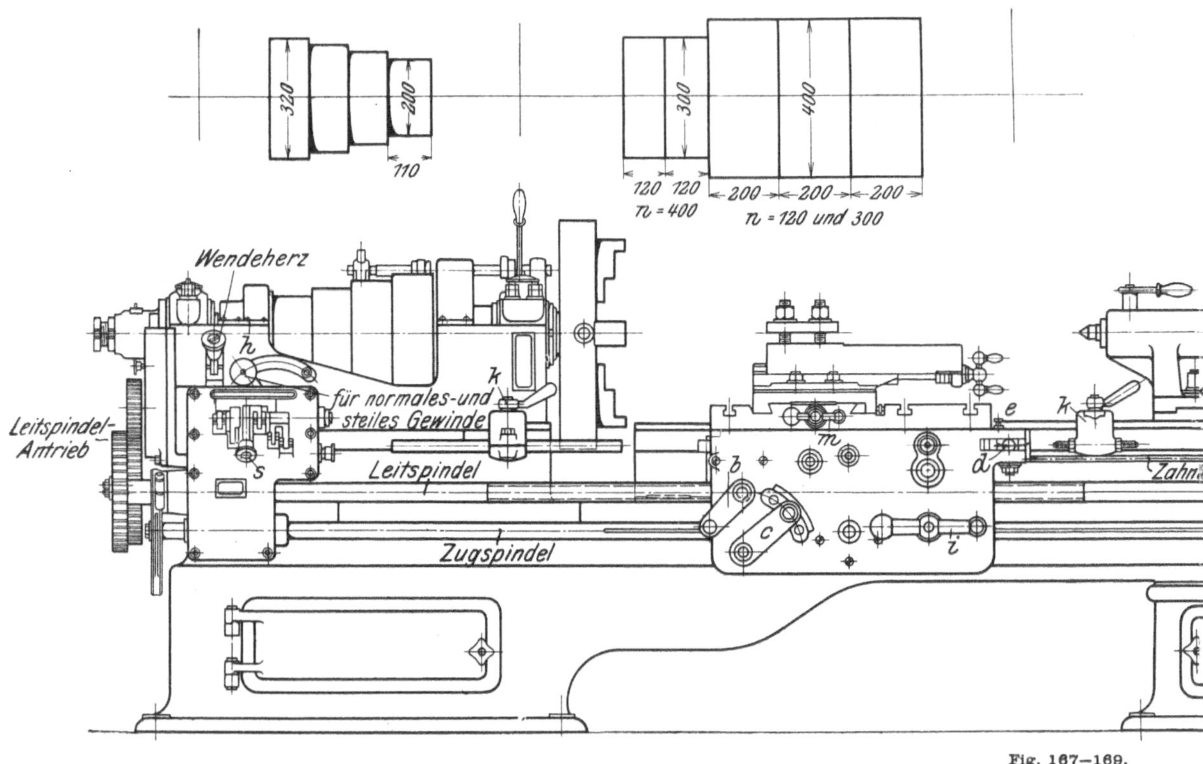

Fig. 167—169.
Schnelldrehbank, 250 mm Spitzenhöhe, Magdeburger Werkzeugmaschi

Durch Drehen der letzteren wird daher der Zahneingriff von r_7 mit dem davorstehenden Wechselrad hergestellt. Dieser Vorschubregler erfordert allerdings zur weiteren Bewegungsübertragung auf den Arbeitstisch der Fräsmaschine Gelenkwellen.

Die Bedienung dieses Getriebes ist ebenfalls sehr einfach und läßt sich im Betriebe vornehmen. Sie erfordert nur die Handhabung zweier Kurbeln mit der Bestimmung, daß beim Einstellen des Vorschubes zuerst die untere Kurbel zu bedienen ist, beim Umschalten aber zunächst die obere Kurbel ganz nach links zurückzulegen ist. Zur Vereinfachung der Bedienung ist neben jeder Kurbelstellung die Vorschubgröße angegeben.

drehbänken (Fig. 167 bis 169) ebenfalls eine Art Bickford-Getriebe an. Für gewöhnliche Dreharbeiten, also mit Ausnahme des Gewindeschneidens, besitzt die Bank zur Steuerung des Supports eine Zugspindel z (Fig. 172), die durch das betreffende Schaltwerk angetrieben wird. Das Magdeburger Schaltgetriebe, das für 6 Vorschübe eingerichtet ist, besitzt im Vergleich zu Fig. 160 an Stelle des vorhin nach zwei Richtungen einstellbaren Rades r_7 eine Norton-Schwinge. Außerdem arbeitet hier das Getriebe in umgekehrter Anordnung. Durch die Räder r_1, r_2, r_3 (Fig. 170 bis 172) wird zunächst die Welle I von der Drehspindel aus betätigt. Hierzu ist auf dem Schwanzende der letzteren ein Trieb vorgesehen (s. Spindelstock der Magdeburger Bank, Fig. 33 S. 23). Auf I sitzt die Norton-Schwinge s mit dem Trieb r_4 und dem Zwischenrade r. Die Wechselräder sind auch hier in zwei Gruppen zu je 3 Rädern auf II untergebracht. Durch das Einstellen der Schwinge auf die sechs Kämme erhält jede Rädergruppe infolge der paarweise gleichen Räder 3 gleiche Geschwindigkeiten. Diese Geschwindigkeitsreihe wird noch durch das Doppelräderpaar r_{11}, r_{12} verdoppelt, so daß die Zugspindel z 6 Vorschübe erzeugt.

Übersetzungen:

1. $\frac{r_4}{r_5} \cdot \frac{r_7}{r_{13}}$,

2. $\frac{r_4}{r_6} \cdot \frac{r_7}{r_{13}}$,

3. $\frac{r_4}{r_7} \cdot \frac{r_7}{r_{13}} = \frac{r_4}{r_{13}}$,

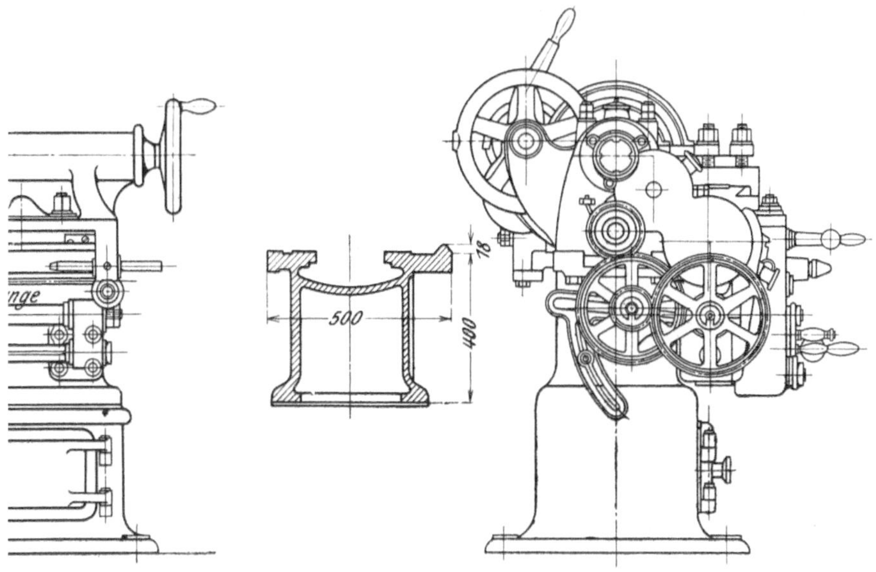

nfabrik, G. m. b. H., Magdeburg-Neustadt.

4. $\frac{r_4}{r_8} \cdot \frac{r_8}{r_{12}} \cdot \frac{r_{11}}{r_{13}} = \frac{r_4}{r_{12}} \cdot \frac{r_{11}}{r_{13}}$,

5. $\frac{r_4}{r_9} \cdot \frac{r_8}{r_{12}} \cdot \frac{r_{11}}{r_{13}}$,

6. $\frac{r_4}{r_{10}} \cdot \frac{r_8}{r_{12}} \cdot \frac{r_{11}}{r_{13}}$.

Die Leitspindel dieser Bank besitzt vollständig getrennten Antrieb durch die bekannte Anordnung der Wechselräderschere. Das Wendeherz ist für normales und steiles Gewinde eingerichtet.

Auch die zickzackförmige Hintereinanderschaltung der Wechselräder ist bei den Vorschubgetrieben durchgeführt worden. So ist das Schaltwerk für die Werkzeugstößel bei der rühmlichst bekannten Plandrehbank von de Fries, Düsseldorf (S. 60 und 61, Fig. 108 und 109), in ähnlicher Weise gebaut wie das Stufenrädergetriebe für die Hauptbewegung dieser Maschine (S. 62, Fig. 110 bis 114). Es gestattet also, die paarweise laufenden Wechselräder zickzackförmig hintereinander zu schalten (Fig. 173 bis 176). Für diese Zickzackschaltung sitzen die Doppelräderpaare 3, 4 und 7, 8 lose auf III, ebenso 1, 2 und 5, 6 lose auf II, während das Räderpaar 9, 10 auf der letzten Welle festgekeilt ist. Auf der Welle I sitzt die verschiebbare Schwinge S mit dem Trieb r_1 und mehreren Zwischenrädern. Die Welle II erhält den Antrieb, und zwar entweder von IV oder von V aus. Hierzu ist mit dem Handgriff h die Kupplung k umzuschalten. Stellt man nun die Schwinge S der Reihe nach auf die Räder 1, 2, 5, 6, 9 oder 10 ein, so werden immer weniger Wechselräder in den Antrieb der Vorschubwelle eingereiht, so daß mit S der Größenwechsel des Vorschubes vollzogen werden kann. Das Schaltwerk gestattet in dieser Form 6 Vorschübe, die über I auf die senkrechte Vorschubwelle und von dieser auf die Werkzeugstößel gelangen.

Eine besondere Bedingung stellt hier noch die selbsttätige Auf- und Abwärtsbewegung der Stößel. Diese verlangt die Vorschubrichtung umzusteuern, eine Aufgabe, die hier ebenfalls durch die Schwinge S gelöst ist. S besitzt nämlich auf der einen Seite ein Zwischenrad r_2, auf der Gegenseite aber 2 Räder r_3 und r_4. Die Folge dieser Konstruktion ist, daß, wie beim Wendeherz der Drehbank (S. 75, Fig. 133), die Schwinge S durch Umlegen nach oben oder unten den Vorschub umsteuert.

4. Der Größenwechsel des Vorschubes mit auf einem Kreise einschwenkbaren Wechselrädern.

Soll der Vorschubwechsel mit einem auf einem Kreise einschwenkbaren Zwischenrade r_2 bewirkt werden (Fig. 177 u. 178), so sind die Wechselräderpaare in gleichem Abstande auf einem Kreise vom Radius R anzuordnen, so daß jedesmal zwischen den einzelnen Achsen I bis VIII zwei Räder von der Größe a und b arbeiten. Zur Unterbrechung der Reihe ist zwischen dem ersten und letzten Paar der Achsenabstand A mindestens um die Zahnhöhe größer zu nehmen. Der Größenwechsel soll also durch Drehen des Zwischenrades r_2 bewerkstelligt werden. Es steht mit dem getriebenen Rade r_1 in Eingriff und sitzt auf einem drehbaren Arm. Mit einer Handkurbel kann r_2 auf jedes der Rädergruppe a eingerückt werden, so daß mehr oder weniger Räderpaare einzuschalten sind. Bedingung ist jedoch, daß die Räder a allemal in der Ebene des einschwenkbaren Rades sitzen. Diese Anordnung ist in dem Seitenriß klar gestellt, in dem sämtliche Räder übereinander gelegt sind.

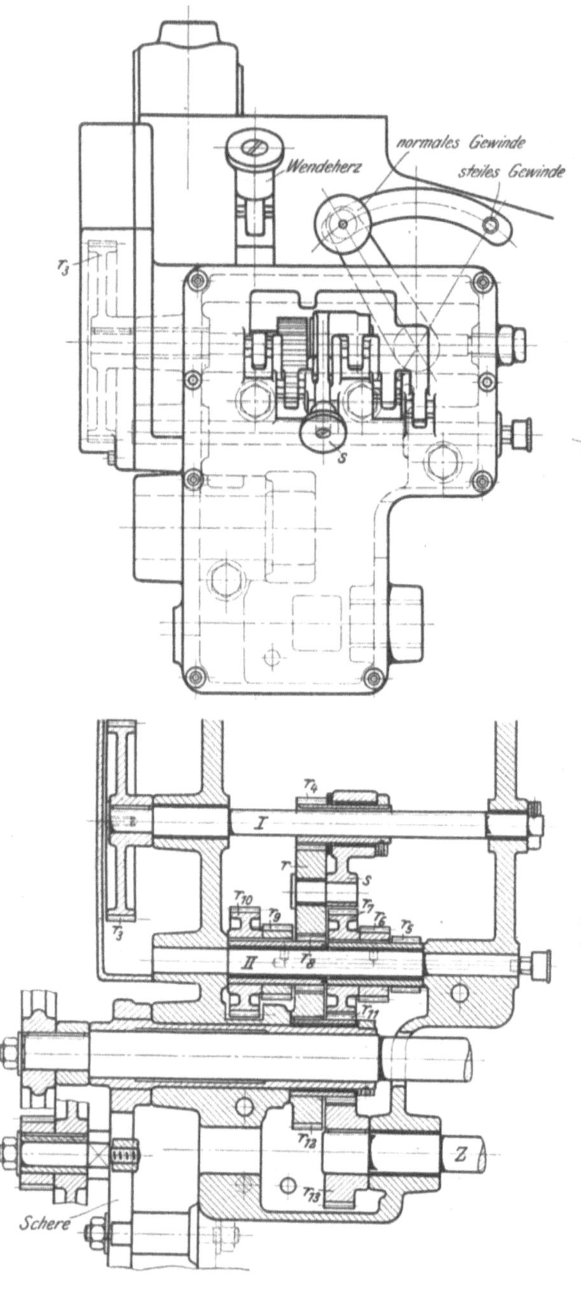

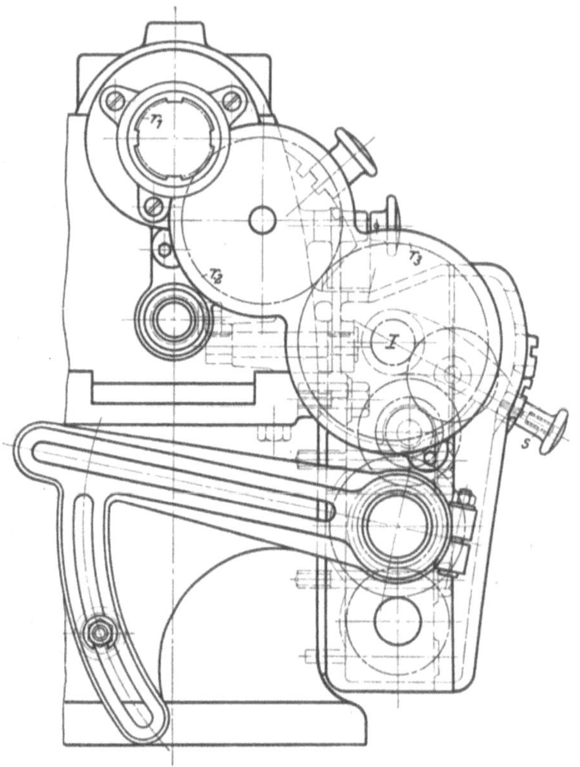

Fig. 170—172.
Schaltwerk der Magdeburger Schnelldrehbank.

Übersetzungen:	Einstellung von r_2 auf Achse
1. $\frac{a}{r_1}$	I
2. $\frac{a}{b} \cdot \frac{a}{r_1}$	II
3. $\frac{a}{b} \cdot \frac{a}{b} \cdot \frac{a}{r_1} = \left(\frac{a}{b}\right)^2 \cdot \frac{a}{r_1}$	III
4. $\frac{a}{b} \cdot \frac{a}{b} \cdot \frac{a}{b} \cdot \frac{a}{r_1} = \left(\frac{a}{b}\right) \cdot \frac{a}{r_1}$	IV usw.

Der Vorzug dieser Konstruktion liegt in der feinen Abstufung der Vorschübe und der einfachen und sicheren Bedienung. Es hat bereits eine treffliche Verwendung gefunden bei der Bilgram-Kegelräderhobelmaschine.

Grundsätzlich ist dieses Bilgram-Getriebe nichts anderes, als das Gegenbild zum Schaltwerk von de Fries. Beide unterscheiden sich nur durch die Anordnung der Wechselräder. Bei de Fries sitzen die Doppelräder für die Zickzackschaltung auf 2 Wellen, und zwar so, daß für den Vorschubwechsel eine Nortonschwinge notwendig wird. Bilgram hat die kreisförmige Anordnung gewählt, so daß das Zwischenrad r_2 mit einem drehbaren Hebel eingestellt werden kann.

Auch die Umkehrung des Bilgram-Getriebes gibt eine praktische Lösung. Hierzu wäre eine entsprechende Anzahl von Wechselrädern in einer

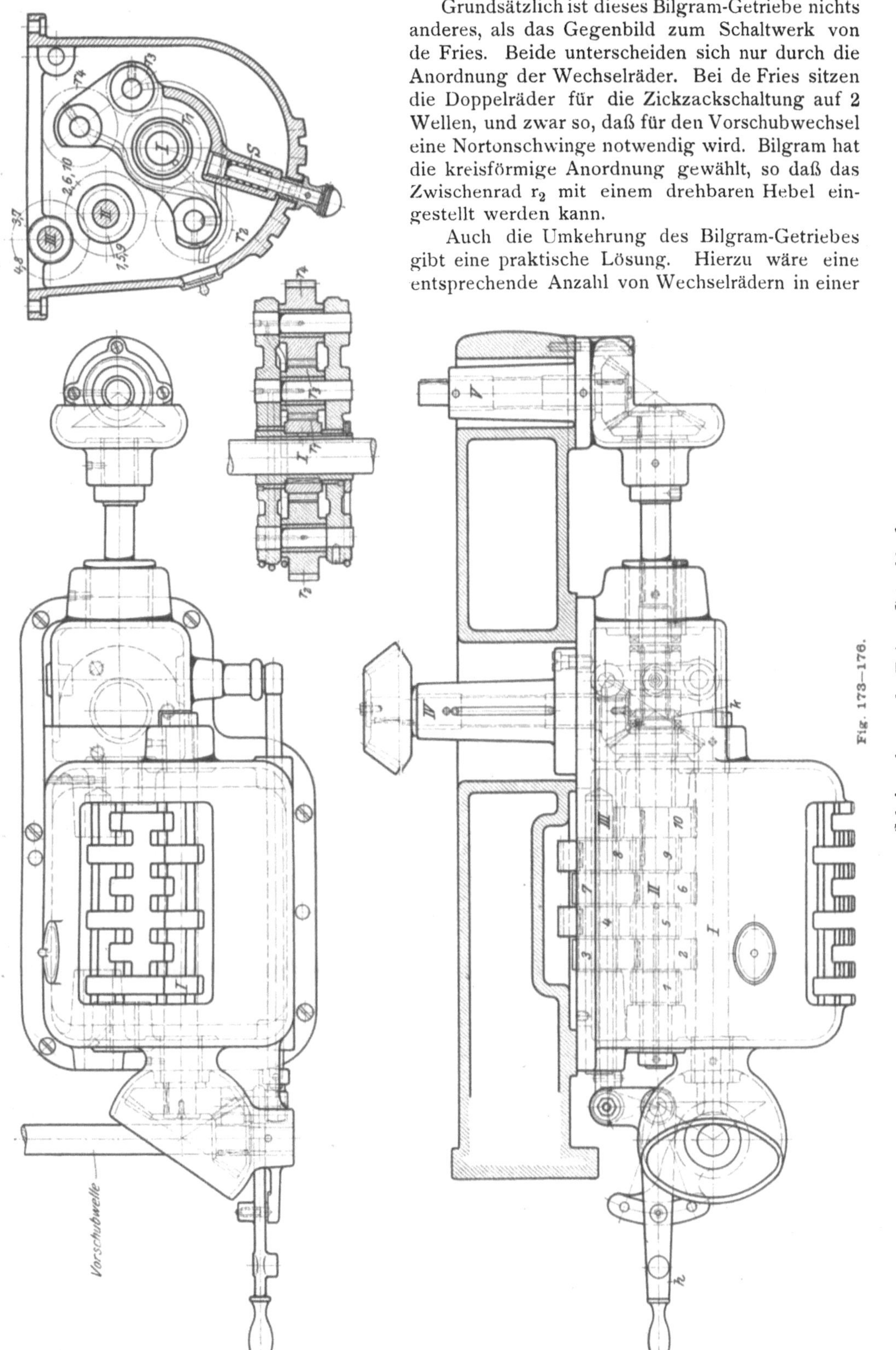

Fig. 173–176. Schaltwerk von de Fries, Düsseldorf.

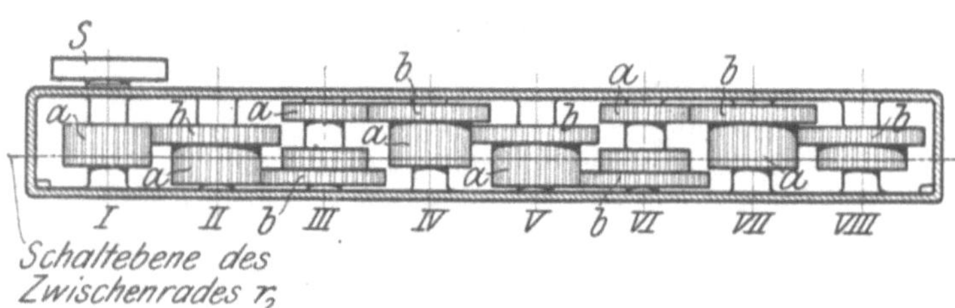

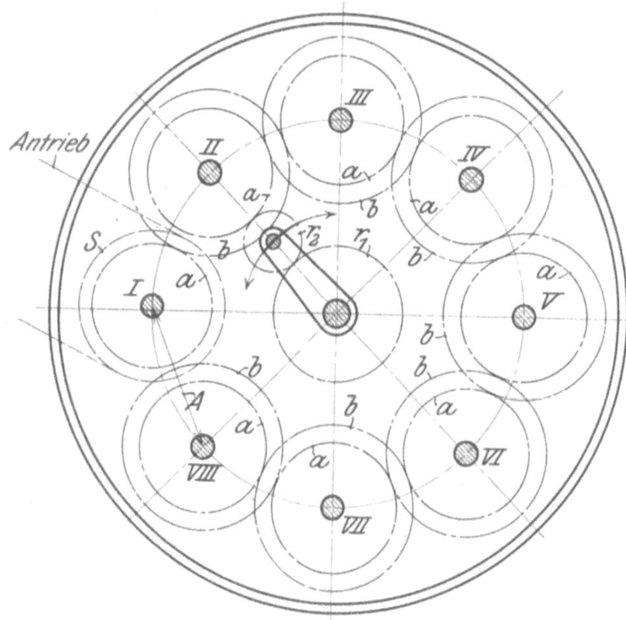

Fig. 177 u. 178.

Bilgram-Getriebe.

Platte anzuordnen, und durch Drehen dieser Räderplatte müßte sich der Vorschubwechsel vollziehen lassen.

Einen hübschen Versuch dieser Art zeigt uns die Wechselräderdose der Springfield Machine Tool Co. (Fig. 179 u. 180). An dem Schilde S der Dose sitzen hier die 8 Wechselräder R_1 bis R_8 mit den Zapfen I bis VIII. Diese Räder sind so angeordnet, daß durch Drehen des Schildes S jedes Rad mit der Leitspindel L gleichachsig eingestellt werden kann. Um mit dem betreffenden Rade die Leitspindel treiben zu können, ist eine Kupplung k eingebaut. Sie läßt sich mit einem Trieb auf das jeweilige Wechselrad einschalten und stützt dies noch mit einem Zapfen z ab. Der Antrieb dieses Schaltwerks erfolgt von der Welle A aus, die ihrerseits von der Arbeitsspindel der Drehbank betätigt wird. Die Bewegungsübertragung von der Welle A auf das jeweilige Leitspindelrad erfordert also auch hier ein Zwischenrad r_2, das mit einer Tasche T den Eingriff herstellt. Durch entsprechende Aussparungen der Schaltdose kann infolgedessen durch Drehen des Schildes S das Zwischenrad r_2 mit der Tasche T auf jedes der Wechselräder R_1 bis R_8 eingestellt werden. Die Tasche stützt sich dabei mit einem Lappen l jedesmal auf einen Knaggen k_1, k_2 des Schildes S und ist in dieser Stellung zu verriegeln.

Als eine Erweiterung der letzten Ausführnng kann das Thyll-Getriebe*) angesehen werden. Die Kennzeichnung dieses Getriebes liegt darin, daß die Wechselräder an 2 drehbaren Schildern sitzen, die durch Drehen je 2 Wechselräderpaare zwischen dem treibenden und getriebenen Rade einschalten.

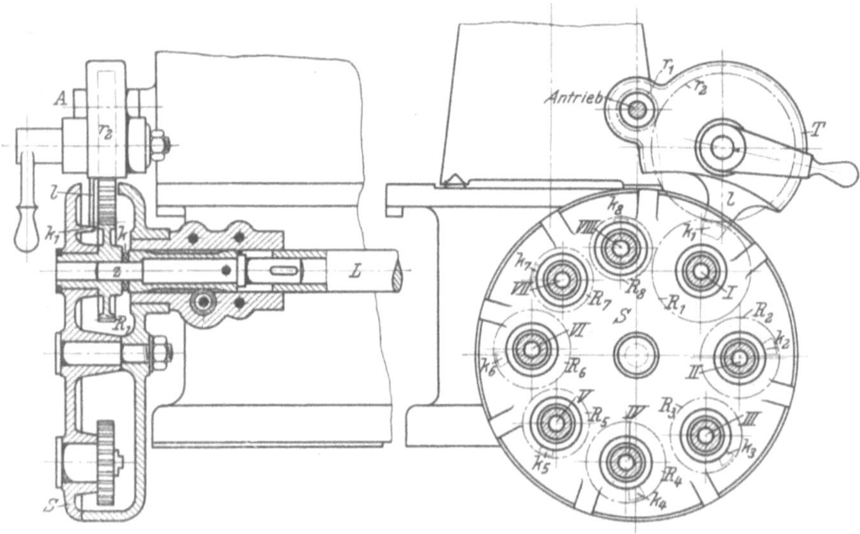

Fig. 179. Fig. 180.

Schalterwerk der Springfield Machine Tool Co.

*) Zeitschrift für Werkzeugmaschinen und Werkzeuge 1905, S. 2.

5. Der Größenwechsel des Vorschubes mit durch Ziehkeile einschaltbaren Wechselrädern.

Die Wechselrädergetriebe mit Ziehkeil-Einstellung sind bei den Schnellarbeitsmaschinen sehr verbreitet, obwohl ihre Bauart mehr Räder erfordert als das Einschwenken der Wechselräder nach Norton. Dafür bietet die Ziehkeileinstellung den Vorzug, daß die Räder ständig in Eingriff bleiben und sich in einem allseitig geschlossenen Kasten einbauen lassen. Der Ziehkeil ist allerdings nur für Vorschübe geeignet, weil gegenüber größeren Kraftübertragungen, wie sie die Hauptbewegung erfordert, die kraftübertragende Fläche zwischen Keil und Rad zu klein ist.

Bei der Anwendung eines Ziehkeils sind die Wechselräder in 2 Gruppen zu ordnen (Fig. 181 und 182). Die erste Gruppe ist auf der Welle I festgekeilt, während die Räder der Gruppe II einzeln durch einen Ziehkeil k zu kuppeln sind. Diese Konstruktion gestattet zwar, den Keil jederzeit aus der Nut a in die Ausbohrung b zu ziehen, die Wechselräder also jederzeit auszurücken, nicht aber, sie jederzeit wieder zu kuppeln. Hierzu muß erst der Augenblick abgepaßt werden, wo die Nut a vor dem Ziehkeil steht.

Diese kleine Unbequemlichkeit läßt sich jedoch leicht vermeiden, wenn der Ziehkeil durch Federdruck in die Keilnut einspringt — Springkeil — (Fig. 183). Besitzen dazu die Wechselräder beiderseits Ausdrehungen, so wird beim Weiterziehen der Keil zunächst durch die volle Nabe zurückgedrückt. Er springt aber durch den Druck der Feder wieder ein, sobald die Keilnut der Räder vor ihm steht. In dieser Ausführung kann natürlich der Vorschubregler auch im vollen Betriebe benutzt werden.

Das in Fig. 183 dargestellte Ziehkeil-Wechselrädergetriebe einer Schnelldrehbank (Fig. 184) der Firma E. Hettner, Münstereifel, gestattet daher 5 Vorschübe, die durch Verschieben des Ringes r einzustellen sind.

Die Firma de Fries & Cie. Akt.-Ges., Düsseldorf, wendet bei ihren bekannten Mutterplatten-Schnelldrehbänken ebenfalls eine Ziehkeilschaltung an (Fig. 185 bis 186). Dieses Wechselrädergetriebe ist für einen dreifachen Vorschubwechsel eingerichtet (Fig. 187). Durch Vorziehen oder Zurückschieben des vorderen Knopfes kann hier der

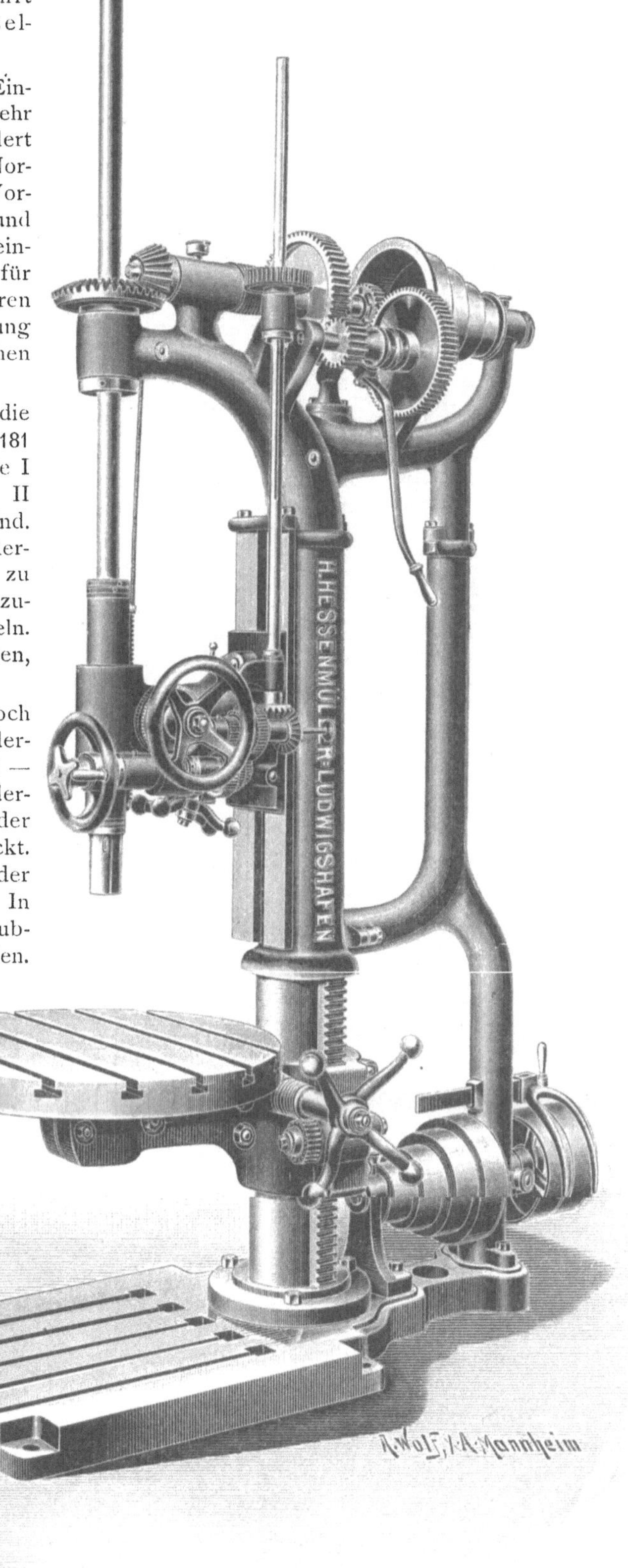

Fig. 181. Bohrmaschine von H. Hessenmüller, Ludwigshafen.

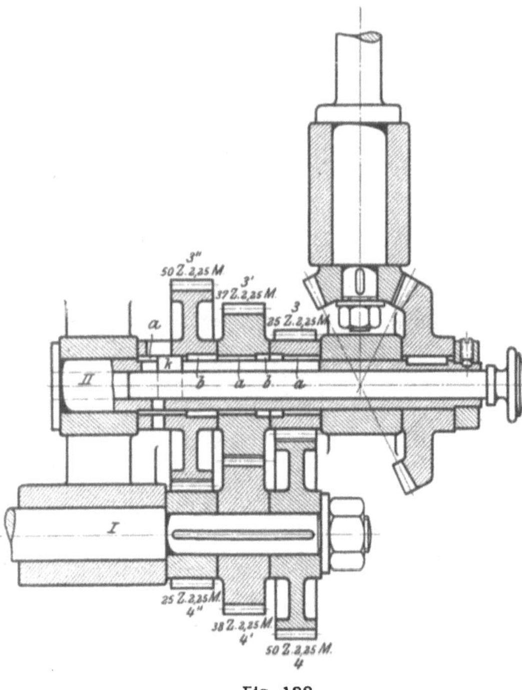

Fig. 182.
Schaltwerk der Hessenmüllerschen Bohrmaschine.

Springkeil jederzeit eingestellt und der Vorschub selbst im Betriebe gewechselt werden. Für das Gewindeschneiden besitzen beide Bänke eine Wechselräderschere.

Die bisherigen Vorschubregler mit Ziehkeil-Einstellung beanspruchen für jeden Größenwechsel des Vorschubes ein besonderes Räderpaar. Der Gedanke lag natürlich nahe, ähnlich wie bei den Stufenrädergetrieben der Hauptbewegung, auch hier mit möglichst wenig Räderpaaren möglichst viel Übersetzungen zu schaffen. Die erste Vorbedingung hierzu ist aber, die Räder in mehr als 2 Gruppen unterzubringen.

So besitzt die wagrechte Fräsmaschine der Firma H. Hessenmüller, Ludwigshafen (Fig. 188) ein Vorschubgetriebe für 9 Geschwindigkeiten. Diese würden bei 2 Rädergruppen außer 18 Rädern einen lang auslegenden Kasten und eine lange ausziehbare Welle erfordern. Alle Mängel verschwinden jedoch, sobald man die Räder in 4 Gruppen mit je 3 losen oder 3 festen Rädern unterbringt (Fig. 189 bis 191). Durch Einstellen der Keile k_1 und k_2 läßt sich dann jedes Räderpaar der einen Gruppe mit jedem der anderen Gruppe einschalten. Der Geschwindigkeitswechsel würde sich demnach auf 9 Vorschübe erstrecken, die allerdings 2 Einstellungen erfordern. Diese sind aber mit 2 Handrädern H_1 und H_2 nach einer Vorschubskala jederzeit ohne jede Gefahr vorzunehmen.

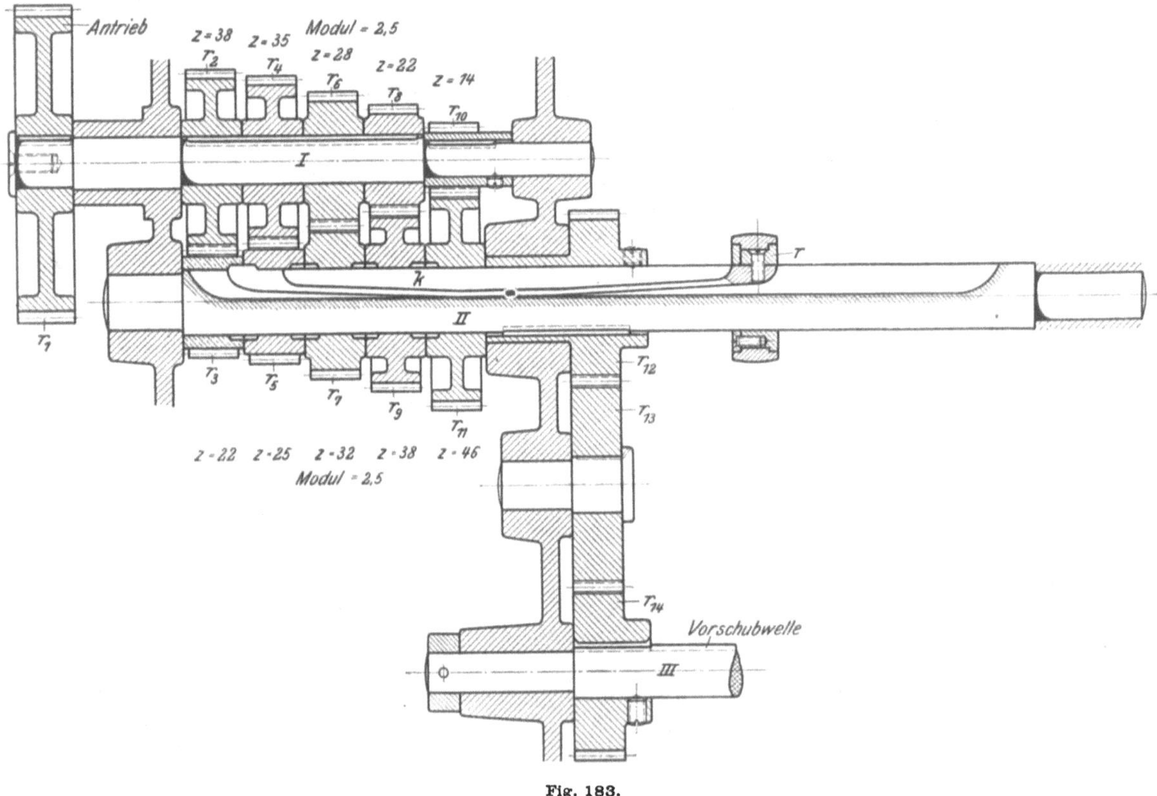

Fig. 183.
Hettners Schaltwerk.

Vorschub-vorgelege:	Einstellungen:
1. $\frac{r_1}{r_2} \cdot \frac{R_1}{R_2}$	k_1 auf r_1, k_2 auf R_1,
2. $\frac{r_1}{r_2} \cdot \frac{R_3}{R_4}$	„ „ „ „ „ R_3.
3. $\frac{r_1}{r_2} \cdot \frac{R_5}{R_6}$	„ „ „ „ „ R_5,
4. $\frac{r_3}{r_4} \cdot \frac{R_1}{R_2}$	k_1 auf r_3, k_2 auf R_1,
5. $\frac{r_3}{r_4} \cdot \frac{R_3}{R_4}$	„ „ „ „ „ R_3,
6. $\frac{r_3}{r_4} \cdot \frac{R_5}{R_6}$	„ „ „ „ „ R_5,
7. $\frac{r_5}{r_6} \cdot \frac{R_1}{R_2}$	k_1 auf r_5 k_2 auf R_1,
8. $\frac{r_5}{r_6} \cdot \frac{R_3}{R_4}$	„ „ „ „ „ R_3,
9. $\frac{r_5}{r_6} \cdot \frac{R_5}{R_6}$	„ „ „ „ „ R_5.

daß jedes der drei Räderpaare der ersten Gruppe mit sämtlichen fünf der zweiten einzeln arbeiten kann, so daß der Arbeitstisch 15 verschiedene Vorschübe bekommt.

Der Antrieb des Reglers erfolgt vom Rade 5 auf Welle A. Auf der letzteren sitzen auch links die 3 festen Räder 6, 8 und 10 der Gruppe I und rechts die 5 Räder 13, 15, 17, 19, 21 der Gruppe II, letztere fest auf der Nabe des losen Kegelrades 22. Die losen Räder beider Gruppen befinden sich auf der unteren Vorgelegewelle B. Die 3 linken Räder 7, 9 und 11 sitzen lose auf der Laufbuchse L und die 5 rechten 12—20 lose auf B selbst.

Der Schwerpunkt der Konstruktion liegt jetzt darin, jedes linke Räderpaar mit sämtlichen rechts einzeln kuppeln zu können. Dies wird durch 4 Springkeile a, b, c und d bewirkt, die in der ausziehbaren Vorgelegewelle B in entsprechenden Abständen sitzen. Von diesen Springkeilen hat der größere Keil a die 3 linken Räderpaare zu kuppeln. Hierzu sind die Laufbuchse L und die Räder 7, 9 und 11 genutet, so daß a von einem Rad ins andere gezogen werden kann.

Für das Kuppeln der rechten Gruppe dienen

Fig. 184.
Schnelldrehbank von E. Hettner, Münstereifel.

Auch der in Fig. 192 dargestellte Vorschubregler einer Gruson-Bandsäge gewährt bei nur 8 Räderpaaren 15 Vorschübe. Dieser Regler läßt sich auch in entsprechender Abänderung bei Fräsmaschinen und dergleichen verwenden. Der 15fache Größenwechsel ist in einfacher und sinnreicher Weise durch zwei Doppelgruppen von festen und losen Rädern gelöst. Die einzelnen Räderpaare beider Gruppen besitzen verschiedene Übersetzungen, und die Einrichtung ist so getroffen,

die kleineren Springkeile b, c und d. Sie lassen sich in dem Schlitz von L verschieben, fassen aber nur die rechten Räder 12—20 und kuppeln diese nacheinander durch Ausziehen der Vorgelegewelle B. Um nun jedes Vorgelege links mit jedem rechts kuppeln zu können, besitzen die Räder 7, 9 und 11 Naben von entsprechender Länge. In diesen ist der Keil a so lange geführt, wie der entsprechende Keil b, c oder d in sämtliche Räder rechts gezogen werden kann. Zum

Ausrücken der Steuerung besitzt auch hier jedes lose Rad eine ringförmige Ausdrehung. In diese passen die Keile, ohne ein Rad zu fassen.

Fig. 185. Fig. 186.

Schnelldrehbank von de Fries, bezw. Schaltwerk von de Fries.

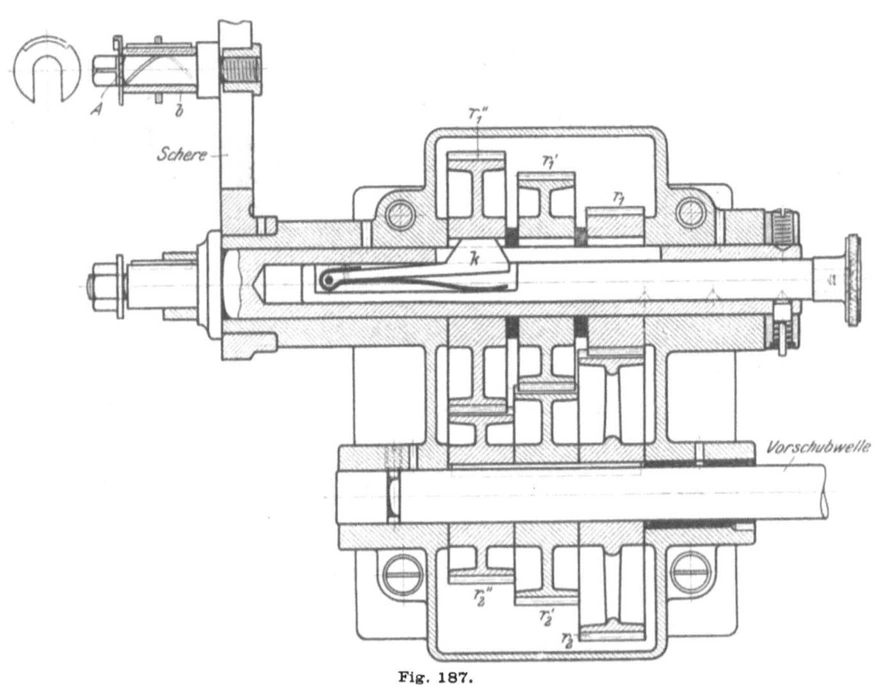

Fig. 187.

Schaltwerk von de Fries & Cie.

Soll auf Grund dieser Konstruktion das Vorgelege $\frac{6}{7}$ mit $\frac{12}{13}$ arbeiten, so ist der Keil a in 7 und d in 12 zu ziehen, während die Keile b und c nur die Laufbuchse fassen. Sind die Vorgelege $\frac{10}{11}$ und $\frac{16}{17}$ zu benutzen, so ist a so weit in 11 zu ziehen, bis b das Rad 16 kuppelt. Die Steuerung treibt dann mittels dieser Vorgelege die Kegelräder 22 und 23, von denen die Schaltung des Tisches abgeleitet wird. Die Bedienung dieses Vorschubapparates ist äußerst einfach. Sie verlangt nur die Vorgelegewelle B vorzuschieben oder zurückzuziehen. Dies geschieht mit Hilfe von Zahnrad und Zahnstange an Hand einer Skala:

Fig. 183.
Fräsmaschine von H. Hessenmüller, Ludwigshafen.

Übersetzungen	Einstellungen	Übersetzungen	Einstellungen
$\varphi_1 = \frac{49}{21} \cdot \frac{42}{28}$	a in 7, d in 12	$\varphi_9 = \frac{25}{45} \cdot \frac{27}{43}$	a in 9, c in 18
$\varphi_2 = \frac{49}{21} \cdot \frac{37}{33}$	a „ 7, d „ 14	$\varphi_{10} = \frac{25}{45} \cdot \frac{22}{48}$	a „ 9, c „ 20
$\varphi_3 = \frac{49}{21} \cdot \frac{32}{38}$	a „ 7, d „ 16	$\varphi_{11} = \frac{9}{63} \cdot \frac{42}{28}$	a „ 11, b „ 12
$\varphi_4 = \frac{49}{21} \cdot \frac{27}{43}$	a „ 7, d „ 18	$\varphi_{12} = \frac{9}{63} \cdot \frac{37}{33}$	a „ 11, b „ 14
$\varphi_5 = \frac{49}{21} \cdot \frac{22}{48}$	a „ 7, d „ 20	$\varphi_{13} = \frac{9}{63} \cdot \frac{32}{38}$	a „ 11, b „ 16
$\varphi_6 = \frac{25}{45} \cdot \frac{42}{28}$	a „ 9, c „ 12	$\varphi_{14} = \frac{9}{63} \cdot \frac{27}{43}$	a „ 11, b „ 18
$\varphi_7 = \frac{25}{45} \cdot \frac{37}{33}$	a „ 9, c „ 14	$\varphi_{15} = \frac{9}{63} \cdot \frac{22}{48}$	a „ 11, b „ 20
$\varphi_8 = \frac{25}{45} \cdot \frac{32}{38}$	a „ 9, c „ 16		

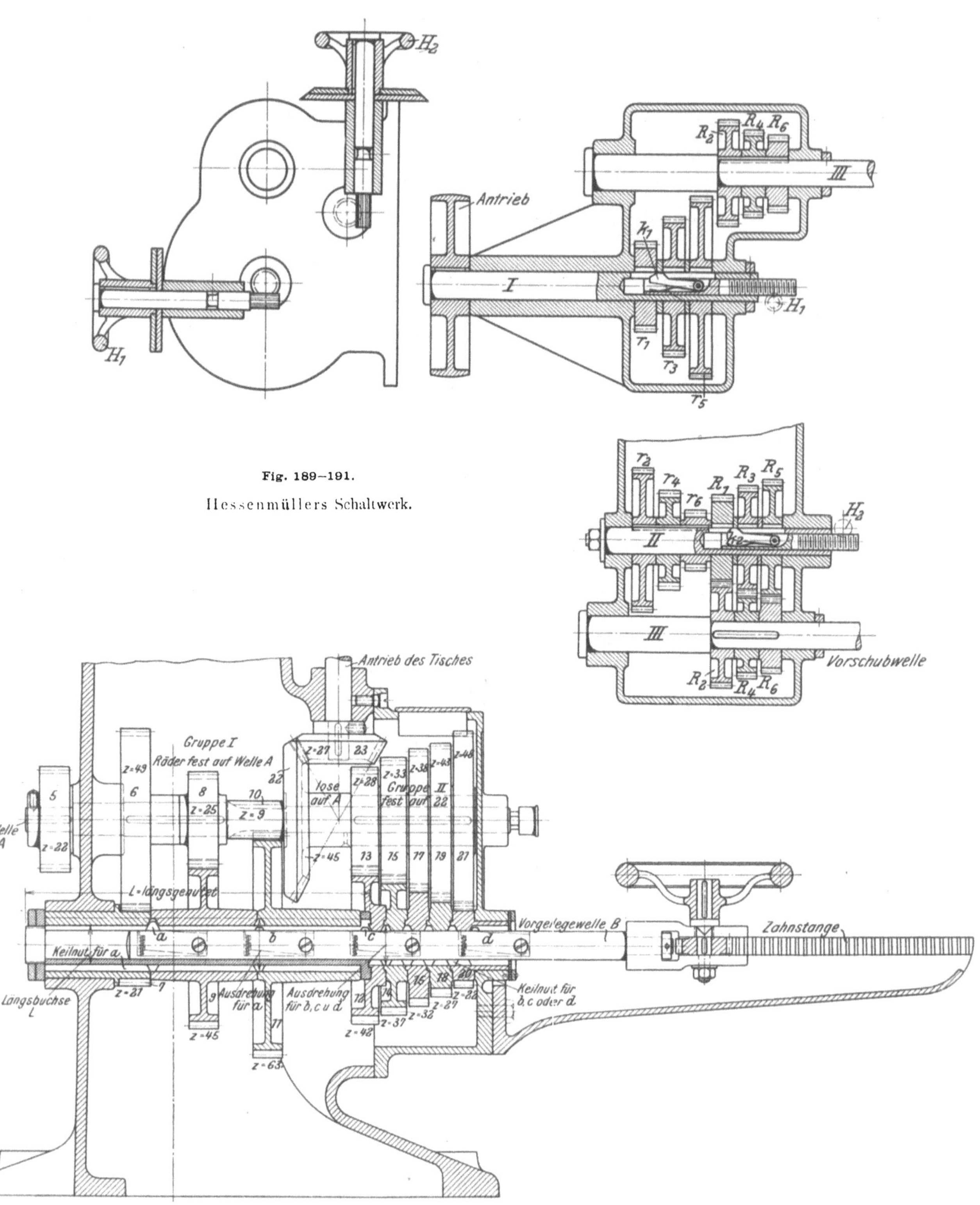

Fig. 189—191.

Hessenmüllers Schaltwerk.

Fig. 192.

Vorschubregler des Grusonwerkes.

Eine noch größere Vielseitigkeit in der Übersetzung ist zu erwarten, wenn die Wechselrädergruppen mehr unabhängig voneinander arbeiten. Dieses Prinzip ist in Fig. 193 vertreten. Auf der treibenden Welle I sitzen hier auf einer Laufbuchse eine Gruppe von 5 Rädern R_1 bis R_5, und zwar auf letzterer festgekeilt. Die zweite Rädergruppe läuft lose auf der getriebenen Welle II. Der Grundgedanke dieses Getriebes ist nun, mit den 5 Räderpaaren die doppelte Zahl, also

steckt. Letztere enthält den Ziehkeil k_2. Es muß daher die Welle II mit der Hülse H nach vorn ausziehbar sein, um k_2 auf r_2 bis r_5 einzurücken.

Der Antrieb des Reglers erfolgt von dem auf I festgekeilten Rade 1, das durch das hintere Rad 2 über H und die Vorgelege auf die getriebene Welle II arbeitet. Die Ausziehbarkeit der letzteren verlangt jedoch, das Triebrad 2 auf einer Buchse anzuordnen, die im Lager gehalten und mittels Feder und Nut auf H wirkt.

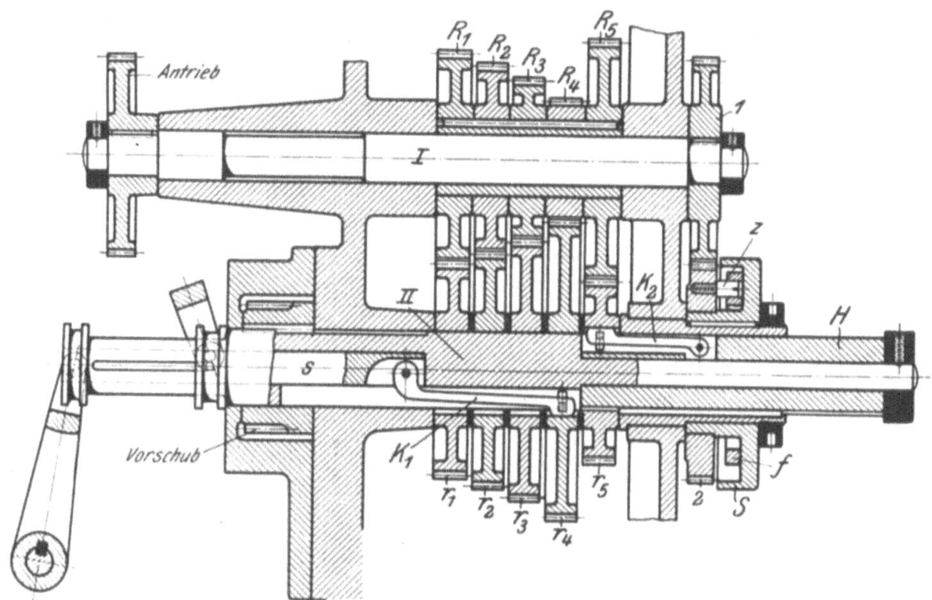

Fig. 193. Vorschubregler der Fräsmaschine der Becker-Brainard Milling Machine Co.

10 Übersetzungen zu erzielen. Hierzu ist jedes Räderpaar rechts mit jedem links zu kuppeln. Dies erfordert an der getriebenen Welle 2 voneinander unabhängig einzustellende Ziehkeile. Ihre Unabhängigkeit ist in folgender Weise geschaffen: Die Welle II, von der auch der Vorschub abgeleitet wird, ist zur Unterbringung des Ziehkeils k_1 ausgebohrt und genutet. Durch Ausziehen der Spindel s lassen sich daher mit k_1 die 4 ersten Räder r_1 bis r_4 auf der getriebenen Welle II abwechselnd kuppeln. Die Einstellung des zweiten Ziehkeils k_2 erstreckt sich auf die 4 Räder rechts r_2 bis r_5. Um den Keil k_2 von außen her einstellen zu können, ist auf das schwächere Ende von II eine lose Hülse H aufge-

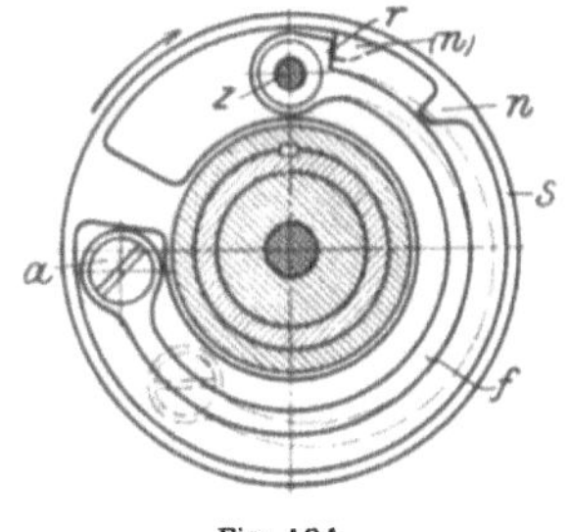

Fig. 194.

Übersetzungen:	Einstellung der Ziehkeile:
1. $\frac{1}{2} \cdot \frac{r_5}{R_5} \cdot \frac{R_4}{r_4}$	k_2 in r_5, k_1 in r_4
2. $\frac{1}{2} \cdot \frac{r_5}{R_5} \cdot \frac{R_3}{r_3}$	k_2 „ r_5, k_1 „ r_3
3. $\frac{1}{2} \cdot \frac{r_5}{R_5} \cdot \frac{R_2}{r_2}$	k_2 „ r_5, k_1 „ r_2
4. $\frac{1}{2} \cdot \frac{r_5}{R_5} \cdot \frac{R_1}{r_1}$	k_2 „ r_5, k_1 „ r_1
5. $\frac{1}{2} \cdot \frac{r_4}{R_4} \cdot \frac{R_3}{r_3}$	k_2 „ r_4, k_1 „ r_3
6. $\frac{1}{2} \cdot \frac{r_4}{R_4} \cdot \frac{R_2}{r_2}$	k_2 „ r_4, k_1 „ r_2
7. $\frac{1}{2} \cdot \frac{r_4}{R_4} \cdot \frac{R_1}{r_1}$	k_2 „ r_4, k_1 „ r_1
8. $\frac{1}{2} \cdot \frac{r_3}{R_3} \cdot \frac{R_2}{r_2}$	k_2 „ r_3, k_1 „ r_2
9. $\frac{1}{2} \cdot \frac{r_3}{R_3} \cdot \frac{R_1}{r_1}$	k_2 „ r_3, k_1 „ r_1
10. $\frac{1}{2} \cdot \frac{r_2}{R_2} \cdot \frac{R_1}{r_1}$	k_2 „ r_2, k_1 „ r_1

Zur einfachen und sicheren Bedienung sind auch hier die Einstellhebel nach einer Tabelle zu handhaben.

Eine besondere Beachtung verdient bei diesem Vorschubregler noch der Antrieb der Hülse H durch das Rad 2. Er bietet eine Verbesserung für das Einrücken der Ziehkeile. Das Rad 2 läuft nämlich lose auf der Nabe der Kuppelscheibe S. Es muß daher mit dieser gekuppelt werden, sobald das Schaltwerk arbeiten soll. Hierzu faßt eine Bogenfeder f mit einem Ende den Zapfen Z des Rades 2, während sie mit dem zweiten Ende bei a an S befestigt ist (Fig. 194). Läuft nun das Rad 2 ständig rechts herum, so wird sich, sobald das Getriebe unter Arbeit steht, die Feder spannen und mit dem Rücken r gegen die Nase n der Scheibe S legen (wie einpunktiert). Das Rad 2 ist daher zwangläufig mit S verbunden. Es wird daher den Vorschub erzeugen, so lange diese Verbindung besteht. Wird aber der Vorschub gewechselt, d. h. k_1 oder k_2 aus einem Rade in ein anderes gezogen, so hört für einen Augenblick die Belastung von S auf. Die Folge ist, daß die gespannte Feder f sich gegen Z stützt und in die ausgezogene Stellung vorschnellt. Dadurch wird die Scheibe S voreilen und die Berührung zwischen n und r unterbrechen. Kommt inzwischen k_1 oder k_2 in das nächste Rad, so sind die Keile zunächst stark entlastet. Erst nachdem die Bogenfeder f wieder durch die Arbeitslast von S gespannt ist, erhalten sie allmählich die volle Last. Die Keile können daher jedesmal entlastet verstellt werden, dabei setzt das Schaltwerk stoßfrei ein.

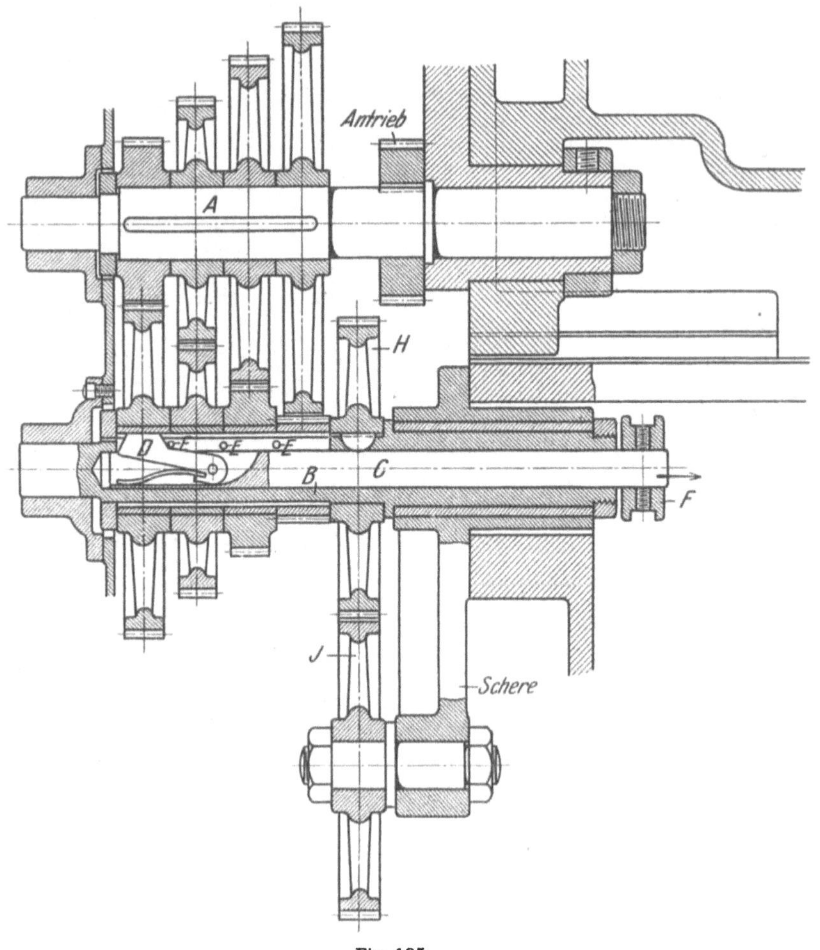

Fig. 195.
Schaltsteuerung einer amerikanischen Drehbank.

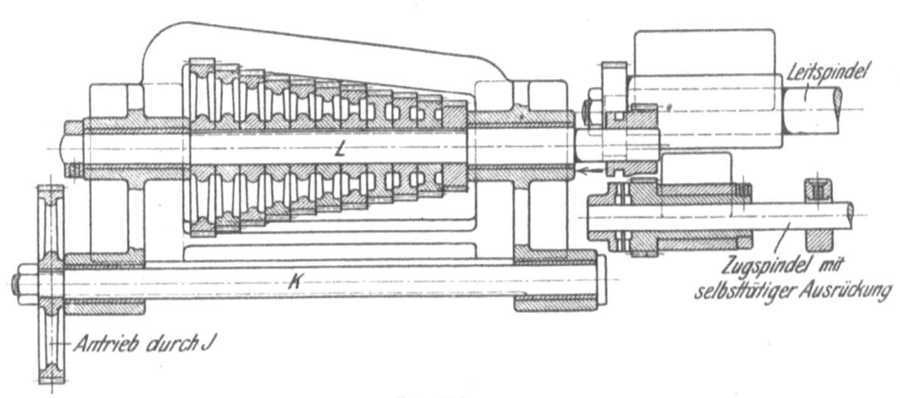

Fig. 196.
Norton-Wechselrädergetriebe.

Durch die Vereinigung von Ziehkeil- und Norton-Wechselrädergetrieben läßt sich in einfacher Weise eine größere Vorschubreihe erzielen.

So würde z. B. ein 44facher Größenwechsel 4 Wechselräderpaare erfordern, die mit einem Ziehkeil einzustellen sind, und ein 11 stufiges Norton-Getriebe. Eine derartige Schaltsteuerung besitzt die in Fig. 98 (S. 54) abgebildete Dreh-

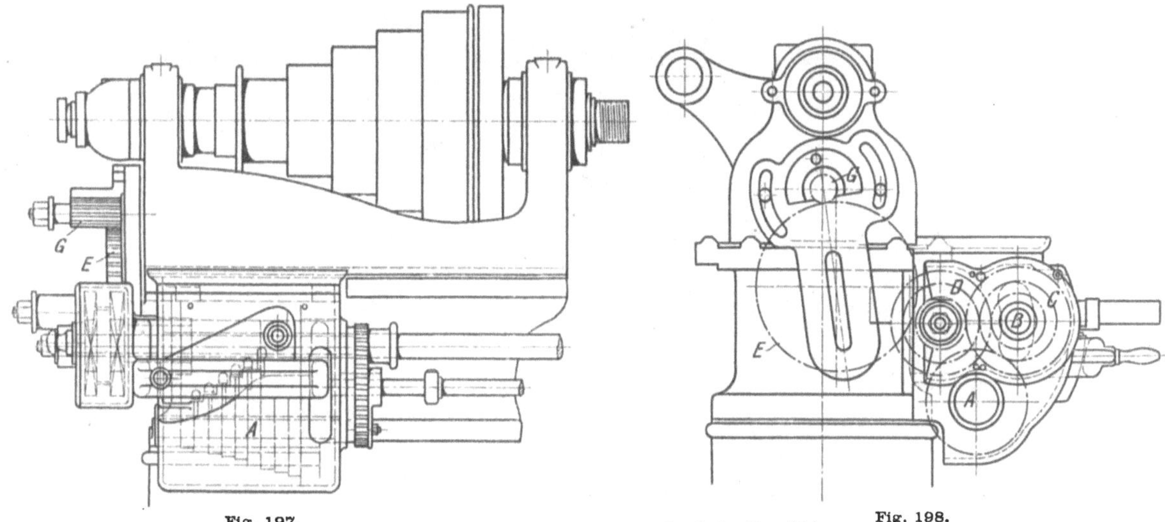

Fig. 197. Wechselräderschaltung der Drehbank in Fig. 201. Fig. 198.

bank. Die Anordnung der Steuerung ist in Fig. 195 u. 196 wiedergegeben. Auf der linken Seite vom Spindelstock sitzt hier die Welle A mit einer Gruppe von 4 festgekeilten Rädern. Letztere kämmen mit den losen Rädern der zweiten Gruppe

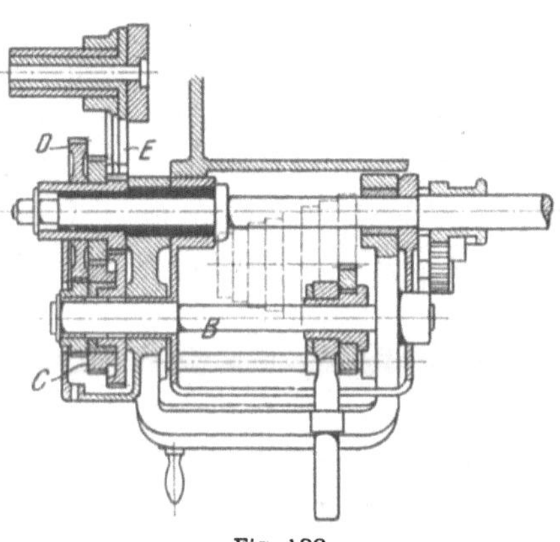

Fig. 199.
Horizontalschnitt durch das Räderwerk.

auf B. Zum Einschalten dieser 4 Übersetzungen dient ein Springkeil D, der mit der Spindel c eingerückt wird. Um das gleichzeitige Einrücken zweier Nachbarräder zu vermeiden, wird D beim Übergang von einem Rad ins andere durch die in B eingetriebenen Stifte E jedesmal zurückgedrückt. Die Einstellung des Ziehkeiles D erfolgt mit einem Handhebel, der den Stellring F auf C faßt.

Der Antrieb dieser Schaltsteuerung wird von der Drehbankspindel aus vermittelt. Durch Zwischenräder treibt letztere das rechts sitzende Rad auf A. Das obige Wechselrädergetriebe erteilt daher der Welle B 4 Geschwindigkeiten, die durch das Vorgelege $\frac{H}{J}$ auf die Welle K des Nortongetriebes gelangen (Fig. 196). Durch die 11 Wechselräder des letzteren erhält demnach die Leitspindel oder auch die Zugspindel 44 verschiedene Geschwindigkeiten.

Diese Konstruktion gestattet daher eine weitgehende Ausnutzung aller gegebenen Faktoren. Der Vorschubwechsel läßt sich selbst im Betriebe ohne Mühe vornehmen. Leit- und Zugspindel besitzen getrennten Antrieb und lassen sich durch Verschieben des rechten Triebes auf L abwechselnd einrücken.

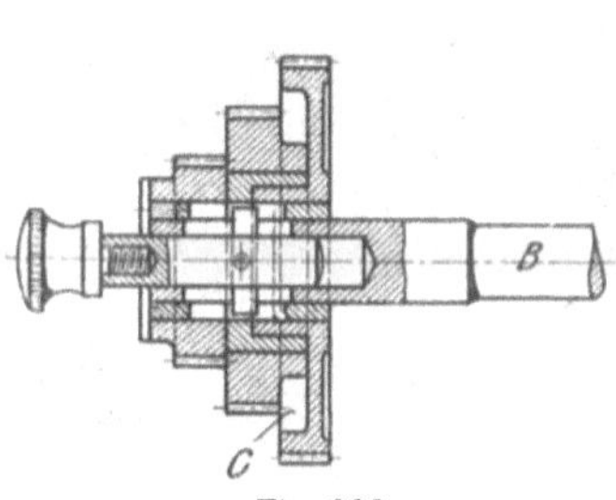

Fig. 200
Schnitt durch die Welle B.

Eine einfache Lösung läßt sich auch für 72 Vorschubgeschwindigkeiten finden. Dieser Größenwechsel würde z. B. ein achtstufiges Nortongetriebe verlangen, das durch ein dreifaches Ziehkeilschaltwerk betätigt wird. Hierdurch wären bereits 24 Geschwindigkeiten erreicht. Wird außerdem für das letzte Schaltwerk ein dreifacher Antrieb vorgesehen, so wäre damit die geforderte Zahl von 72 Vorschüben geschaffen.

Der vorstehende Gedankengang ist in den Fig. 197—201 verkörpert. Auf der Welle A, die die

Fig. 201.
Amerikanische Leitspindel-Drehbank mit Wechselräderschaltung, 200 mm Spitzenhöhe, Schuchardt & Schütte, Berlin.

Leitspindel durch Rädervorgelege treibt, sitzen staffelförmig die 8 Wechselräder in einem geschlossenen Kasten (Fig. 197). Ein zweites um die Leitspindel schwingendes Gehäuse trägt die Welle B mit dem verschiebbaren Zwischenrad, das sich auf die 8 Wechselräder einstellen läßt (Fig. 199). Auf dem vorderen Wellenende von B sitzt außerdem eine Gruppe von 3 losen Zahnrädern C, die mittels eines Ziehkeiles einzeln mit B zu kuppeln sind (Fig. 200). Die Räder C stehen in Eingriff mit der Gruppe D. Auf Grund dieser Anordnung lassen sich schon durch die dreifache Einstellung des Ziehkeils mit je 8 Einstellungen des Norton-Getriebes $3 \times 8 = 24$ Vorschübe erreichen.

Die noch fehlende Verdreifachung liegt in dem Antriebe der Steuerung. Er erfolgt von der Drehbankspindel aus und kann sich auf jedes Rad der Gruppe D erstrecken, so daß hierdurch $3 \times 24 = 72$ Vorschübe zustande kommen. Dieser 3fache Antrieb ist in der Weise gelöst, daß das Ritzel G die 3fache Zahnbreite besitzt. Außerdem ist das Zwischenrad E achsial verschiebbar und durch eine Schere auf jedes Rad der Gruppe D einzustellen (Fig. 198).

Ein dreifaches Ziehkeilwechselgetriebe in Verbindung mit zwei ausrückbaren Vorgelegen benutzt auch die bekannte Firma H. Wohlenberg, Hannover, bei ihren Schnelldrehbänken zum Antriebe der Zugspindel. Das Ziehkeilwechselgetriebe ist hier in geschickter Weise in dem Spindelkasten untergebracht, wie dies Fig. 202 zeigt. Auf der in der Rückwand des Spindelkastens liegenden Welle I sitzt die Gruppe der festen Räder, von denen r_1 durch das Wendeherz von der Arbeitsspindel her den Antrieb erhält. Die Gruppe der losen Räder befindet sich auf II.

In der Bohrung der Welle II stecken 2 Ziehkeile, die mit einem vorstehenden Handhebel und der Spindel s einzustellen sind. Die Konstruktion ist hier derart getroffen, daß in den

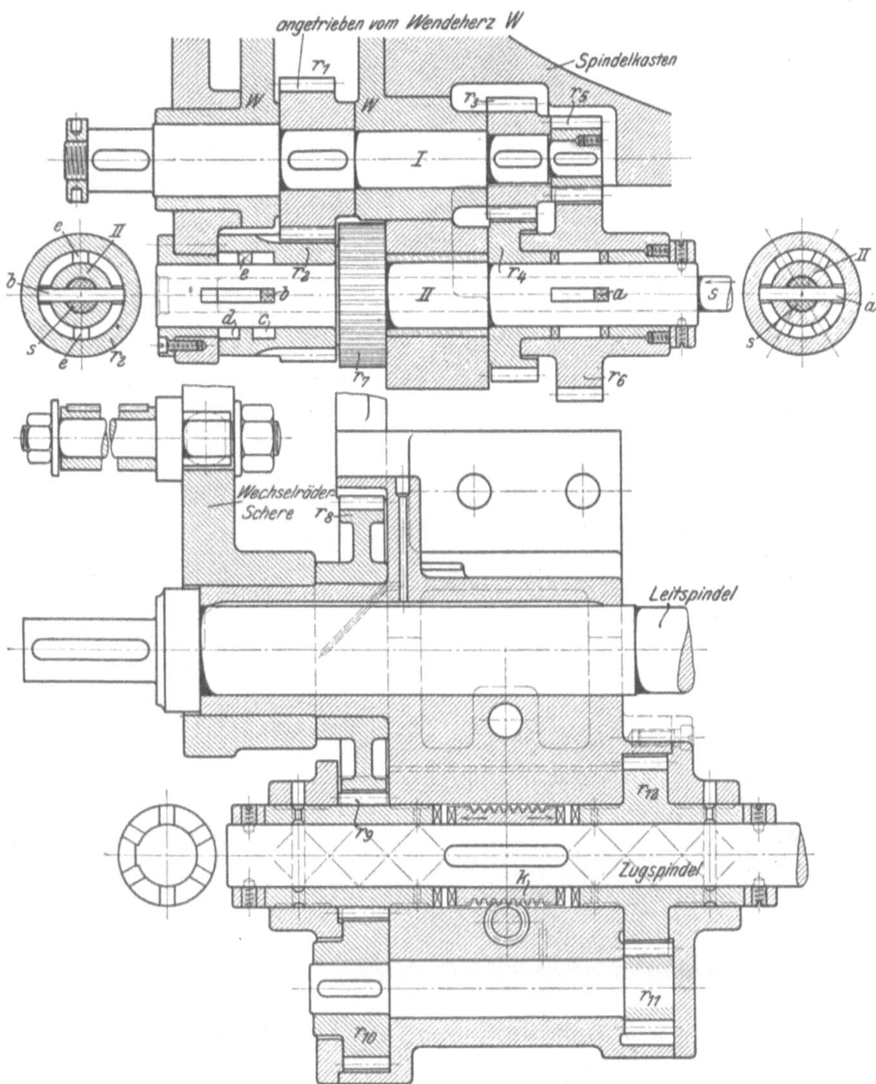

Fig. 202. Schaltwerk der Wohlenbergschen Schnelldrehbank.

äußersten Stellungen des Handhebels der Keil a das Rad r_4 bezw. r_6 faßt. Hierzu besitzen beide Räder 3 Nuten an der vorderen Stirnfläche ihrer Naben. Der Keil b sitzt bei den äußersten Stellungen des Hebels in den Ausbohrungen d bezw. c vom vorderen Rade r_2. Letzteres ist daher so lange entkuppelt. Erst in der Mittellage des Handhebels faßt der Keil b das Rad r_2 in den Nuten e, während die anderen Räder entkuppelt sind, da a in dem freien Raum zwischen r_4 und

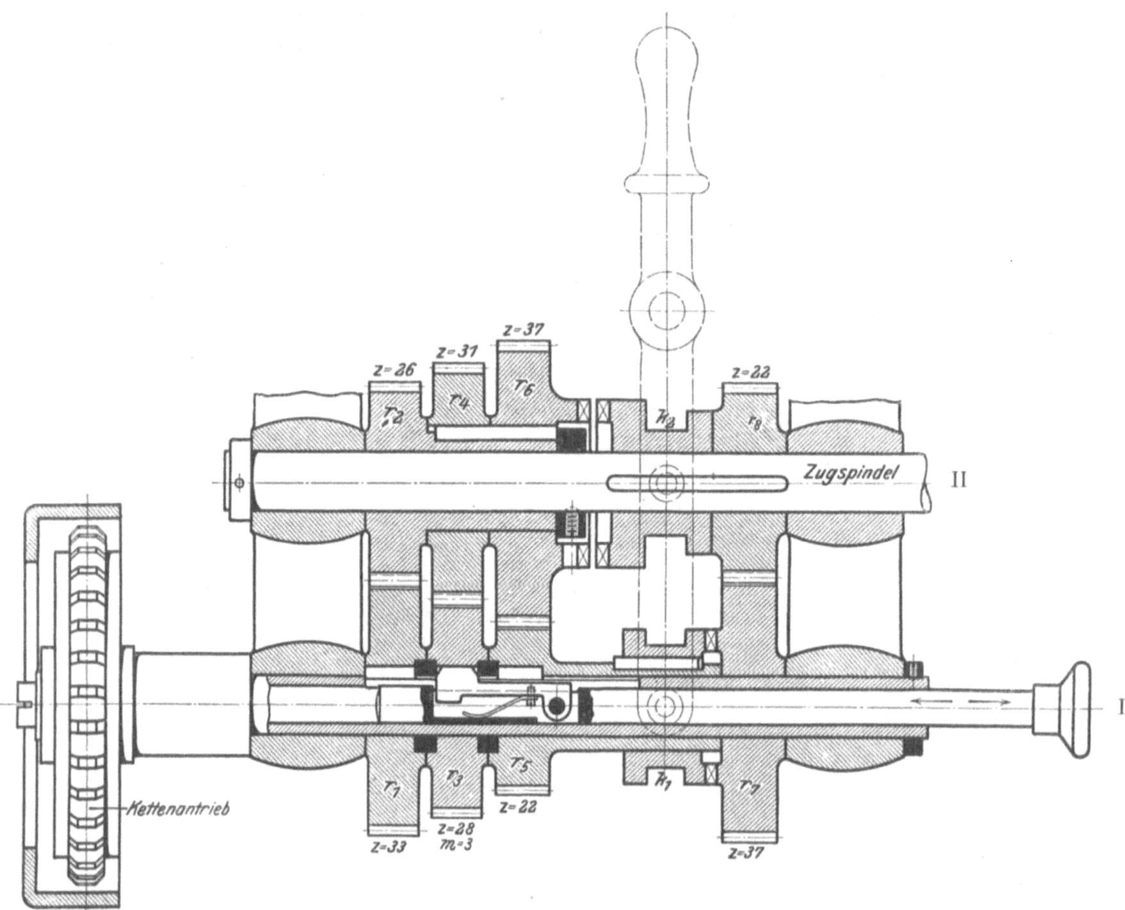

Fig. 203.
Schaltwerk der Drehbank von Gebr. Böhringer, Göppingen.

Fig. 204.
Vorschubsteuerung von Gebr. Böhringer.

r_6 sitzt. Es ist also jede fehlerhafte Keilstellung ausgeschlossen.

Das feste Triebrad r_7, das durch Zwischenräder den Antrieb der Zugspindel vermittelt, erhält also durch das Wechselgetriebe 3 Geschwindigkeiten.

Durch die der Zugspindel vorgebauten Vorgelege $\frac{r_9}{r_{10}} \cdot \frac{r_{11}}{r_{12}}$ wird die Geschwindigkeitsreihe noch verdoppelt. Dies verlangt jedoch, die Vorgelege ein- und ausschalten zu können, eine Forderung, der die Kupplung k gerecht wird. Bemerkenswert ist hier noch die Anbringung des Zwischenrades r_8, das auf dem Lager der Leitspindel läuft.

	Übersetzungen:	Einstellungen:
1.	$\frac{r_1}{r_2} \cdot \frac{r_7}{r_9}$ . . .	k in r_9, b einrücken in e von r_2,
2.	$\frac{r_3}{r_4} \cdot \frac{r_7}{r_9}$ . . .	„ „ „ a nach r_4, b in d,
3.	$\frac{r_5}{r_6} \cdot \frac{r_7}{r_9}$ . . .	„ „ „ „ „ r_6, „ „ c,
4.	$\frac{r_1}{r_2} \cdot \frac{r_7}{r_9} \cdot \frac{r_9}{r_{10}} \cdot \frac{r_{11}}{r_{12}} = \frac{r_1}{r_2} \cdot \frac{r_7}{r_{10}} \cdot \frac{r_{11}}{r_{12}}$	wie bei 1. nur k nach r_{12},
5.	$\frac{r_3}{r_4} \cdot \frac{r_7}{r_{10}} \cdot \frac{r_{11}}{r_{12}}$	„ „ 2. „ „ „ „
6.	$\frac{r_5}{r_6} \cdot \frac{r_7}{r_{10}} \cdot \frac{r_{11}}{r_{12}}$	„ „ 3. „ „ „ „

Fig. 205. Schnelldrehbank Grafenstaden.

Eine ähnliche Zusammenstellung benutzt auch die Firma Gebr. Böhringer, Göppingen, bei ihren Schnelldrehbänken (Fig. 132) für den Antrieb der Zugspindel. Dieses Vorschubgetriebe (Fig. 203) ist für einen sechsfachen Wechsel eingerichtet, für den es 4 Räderpaare beansprucht. Von ihnen können die 3 ersten Räderpaare einzeln auf die Zugspindel arbeiten und zu diesem noch über das Vorgelege $\frac{r_7}{r_8}$. Diese Schaltung ist, wie aus Fig. 203 und 204 ersichtlich, in der Weise gelöst, daß die Räder r_1, r_3, r_5 durch einen Ziehkeil auf I zu kuppeln sind. Um mit und ohne das Vorgelege $\frac{r_7}{r_8}$ steuern zu können, müssen 1. die Räder r_2, r_4, r_6 als Block lose auf der Zugspindel laufen und mit ihr zu kuppeln sein und 2. muß sich r_5 mit r_7 kuppeln lassen. Hierdurch entstehen folgende Schaltungen:

1. $\frac{r_1}{r_2}$
2. $\frac{r_3}{r_4}$
3. $\frac{r_5}{r_6}$

} k_2 auf r_6 einstellen, so daß k_1 ausgerückt ist, und Ziehkeil vorziehen;

4. $\frac{r_1}{r_2} \cdot \frac{r_6}{r_5} \cdot \frac{r_7}{r_8}$
5. $\frac{r_3}{r_4} \cdot \frac{r_6}{r_5} \cdot \frac{r_7}{r_8}$
6. $\frac{r_7}{r_8}$

} wie vorhin, nur den Hebel in die gezeichnete Stellung bringen.

Die 6 Vorschübe dieser Bank liegen zwischen 0,3 und 2 mm. Bei den größeren Modellen tritt noch zu den drei ersten Vorgelegen ein viertes, so daß sich der Größenwechsel auf 8 Vorschübe erstreckt, die zwischen 0,3 und 4 mm liegen.

Es sei hier darauf hingewiesen, daß die Anordnung des

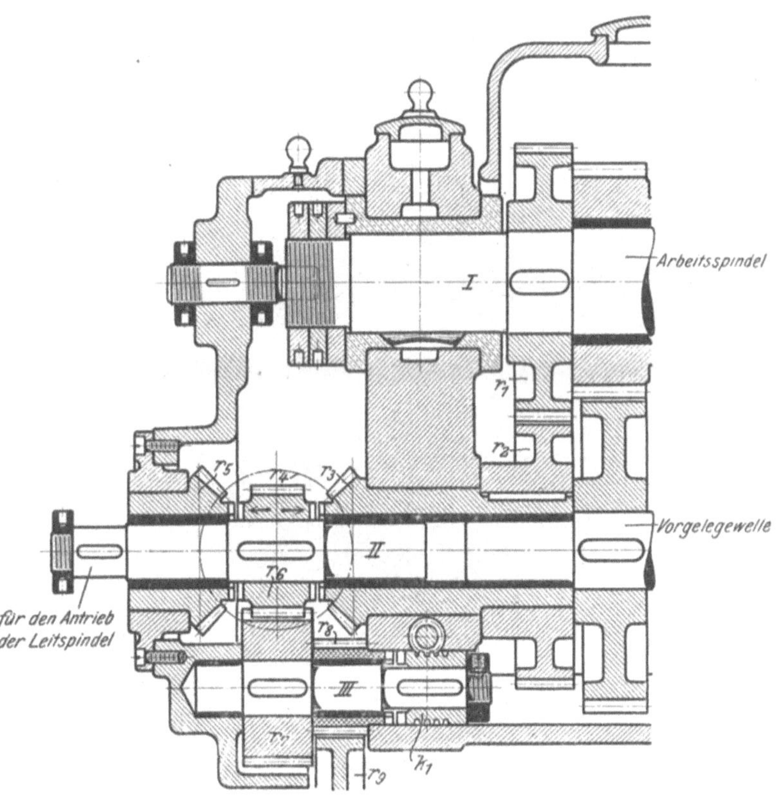

Fig. 206. Antrieb des Schaltwerks bei der Wohlenbergschen Schnelldrehbank.

Ziehkeiles in der treibenden Welle grundsätzlich vermieden werden sollte, um das Rückwärtstreiben der Räder ins Schnelle auszuschließen. Bei sehr hohen Geschwindigkeiten wird hierdurch sehr leicht das Öl herausgeschleudert, und die Gefahr des Fressens herbeigeführt. Gegen diesen Grundsatz verstoßen auch die früheren Ausführungen in Fig. 182, 187, 189 bis 192, während die Konstruktionen in Fig. 183, 192, 193 und 195 sachlich richtig sind.

Auch die Elsässische Maschinenbau-Gesellschaft, Grafenstaden, führt bei ihren Schnelldrehbänken ein ähnliches Getriebe aus (Fig. 205). Durch die Handkurbel (a) läßt sich die Kupplung (k) abwechselnd auf 2 Vorgelege einschalten. Diese treiben 3 Wechselräderpaare, die sich durch einen Ziehkeil einrücken lassen.

Die vorhin erwähnte Firma H. Wohlenberg, Hannover, benutzt bei ihren Schnelldrehbänken (Fig. 86) zur Erzeugung der Vorschübe das Mäandergetriebe. Die Schaltsteuerung wird auch hier von der Drehbankspindel I angetrieben (Fig. 206). Das Vorgelege $\frac{r_1}{r_2}$ betätigt zunächst ein Kegelräderwendegetriebe, das direkt oder indirekt auf r_6 arbeitet. Durch Umlegen eines Handgriffes am hinteren Spindelkasten (Fig. 86) kann der Support daher nach beiden Seiten laufen. Das Rad r_6 vermittelt nun den weiteren Antrieb des Vorschubes. Es treibt zunächst r_7 auf Welle III, von der aus durch $\frac{r_8}{r_9} \cdot \frac{r_9}{r_{10}} \cdot \frac{r_{10}}{r_{11}}$ das eigentliche Wechselrädergetriebe betätigt wird (Fig. 207). Bei diesem Antrieb ist noch eins zu beachten. Die Leitspindel wird bei der Wohlenbergschen Schnelldrehbank ebenfalls von der Umsteuerwelle II betrieben und zwar in der üblichen Weise von einem Rade außerhalb des Kastens. Solange aber die Leitspindel benutzt wird, muß die Zugspindel ausgerückt sein. Diese Aufgabe ist durch die Kupplung k_1 gelöst (Fig. 206). Wird letztere mit dem unteren Handgriff (Fig. 86) aus dem Rade r_8 zurückgezogen, so ist die Zugspindel ausgeschaltet. Die Leitspindel kann hierauf durch Einschwenken der Schere benutzt werden.

Das Wechselrädergetriebe (Fig. 207 und 208) ist nach dem bekannten Prinzip der Zickzackschaltung gebaut. Das breite Rad r_{11}, das einerseits mit r_{10} kämmt, treibt das Doppelräderpaar $r_{12}\,r_{13}$, von dem r_{13}

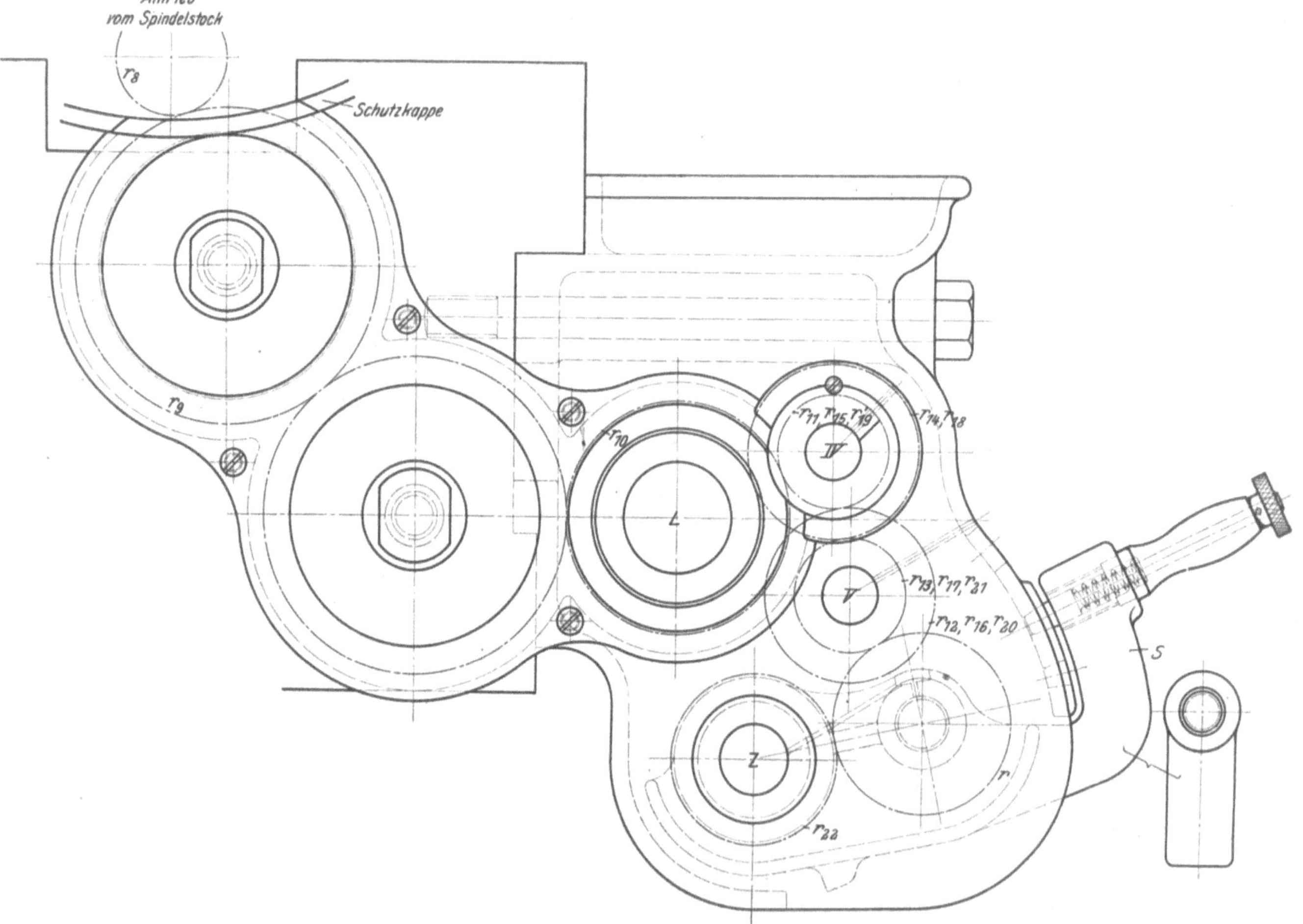

Fig. 207. Schaltwerk der Wohlenbergschen Schnelldrehbank.

wieder im Sinne des früheren Stufenrädergetriebes (Fig. 110) auf das Räderpaar r_{14} r_{15} wirkt und so fort. Die Schwinge S kann daher mit dem Zwischenrade r abwechelnd in r_{12}, r_{13}, r_{16}, r_{17}, r_{20} und r_{21} eingerückt werden und so der Zugspindel Z durch r_{22} 6 Vorschübe von der Größe 2,1 ÷ 1,4 ÷ 0,93 ÷ 0,62 ÷ 0,41 ÷ 0,27 mm erteilen.

Als eine Vervollkommnung für den Schnellbetrieb verdient noch eine Konstruktion der mehrfach rühmlichst erwähnten Firma H. Wohlenberg angeführt zu werden. Sie bietet eine wesentliche Erleichterung beim Übergang vom Gewindeschneiden zum Glattdrehen oder umgekehrt. Soll nämlich nach beendetem Gewindeschneiden gleich glatt gedreht werden, so sind, um einen brauchbaren Vorschub zu erhalten, bei einer einfachen Leitspindelbank die Wechselräder umzustecken. Das Prinzip der Wohlenbergschen Konstruktion ist nun, das umständliche und zeitraubende Auswechseln der Räder zu umgehen. Diese Aufgabe ist hier durch einen doppelten Räderantrieb der Leitspindel gelöst (Fig. 209 u. 210). Für das Gewindeschneiden ist der bekannte Leitspindelantrieb vorgesehen, bei dem die Wechselräder in einer Schere sitzen. Für das Glattdrehen ist der Antrieb der Leitspindel in ähnlicher Weise wie in Fig. 202 ausgebildet. Von der Umsteuerwelle I, die durch das Wendeherz w von der Arbeitsspindel aus getrieben wird, erhält nämlich das Rad r_7 durch ein doppeltes Ziehkeil-Wechselgetriebe zwei Geschwindigkeiten. Durch die Zwischenvorgelege $\frac{r_7}{r_8} \cdot \frac{r_9}{r_{10}} \cdot \frac{r_{10}}{r_{11}}$ gelangen diese auf das Leitspindelrad r_{11}, so daß die Bank mit zwei Vorschüben glatt drehen kann. Der Schwerpunkt der Konstruktion liegt nun darin, die beiden Antriebe der Leitspindel nach Bedarf einzeln einschalten zu können. Hierzu sind die beiden Triebräder r_{11} und r_{15} auf dem verschiebbaren Zapfen Z aufgekeilt. Letzterer läuft in der Hülse h und faßt mit Feder und Nut das schwächer gedrehte Ende der Leitspindel L. Zum Einschalten von r_{11} oder r_{15} wird die Hülse h mit dem Trieb A verschoben. Zum Glattdrehen ist daher r_{11} in die Ebene von r_{10} und zum Gewindeschneiden r_{15} auf r_{14} in der Schere einzurücken. Alle übrigen Räder bleiben daher in Eingriff. Der Übergang vom Gewindeschneiden zum Glattdrehen kann daher durch einfaches Drehen eines Handrades H bewirkt werden.

Als eine erfreuliche Leistung für die Entwicklung der Bohrmaschinen für den Schnellbetrieb kann man die freistehende Bohrmaschine der Neißer Eisengießerei und Maschinenbauanstalt Hahn & Koplowitz Nchf., Neiße, ansehen (Fig. 212 bis 215). Das bisher übliche säulenartige Gestell mit allen möglichen Verstrebungen, wie sie die Fig. 181 zeigt, ist durch einen gut durchkonstruierten Hohlgußständer ersetzt, der an die senkrechten Fräsmaschinen erinnert. Die Maschine zeigt in ihren Formen amerikanische Schule. Sie gestattet nach Angaben der Firma mit einem 50er Novobohrer Löcher zu bohren bei einer Schnittgeschwindigkeit von 22 m in der Minute und einem Vorschub von 0,45 mm für eine Spindelumdrehung.

Der Antrieb der Maschine erfolgt durch eine 4-läufige Stufenscheibe, die als Charakteristik für den Schnellbetrieb als kleinsten Stufendurchmesser 300 mm bei

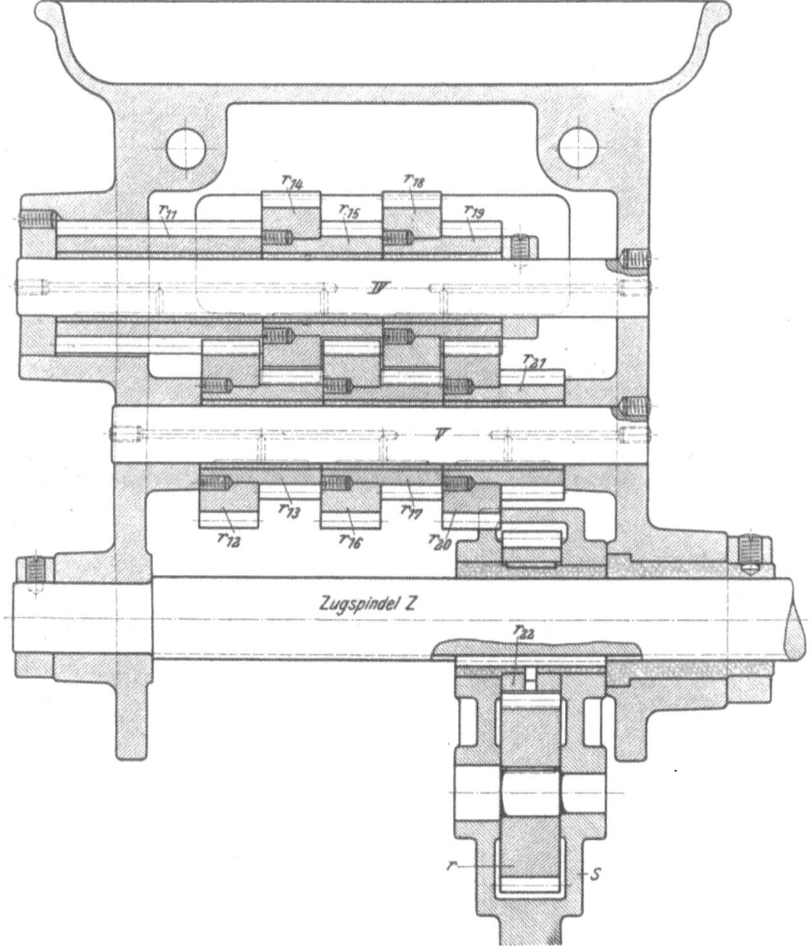

Fig. 208. Schaltwerk, Wohlenberg, Hannover.

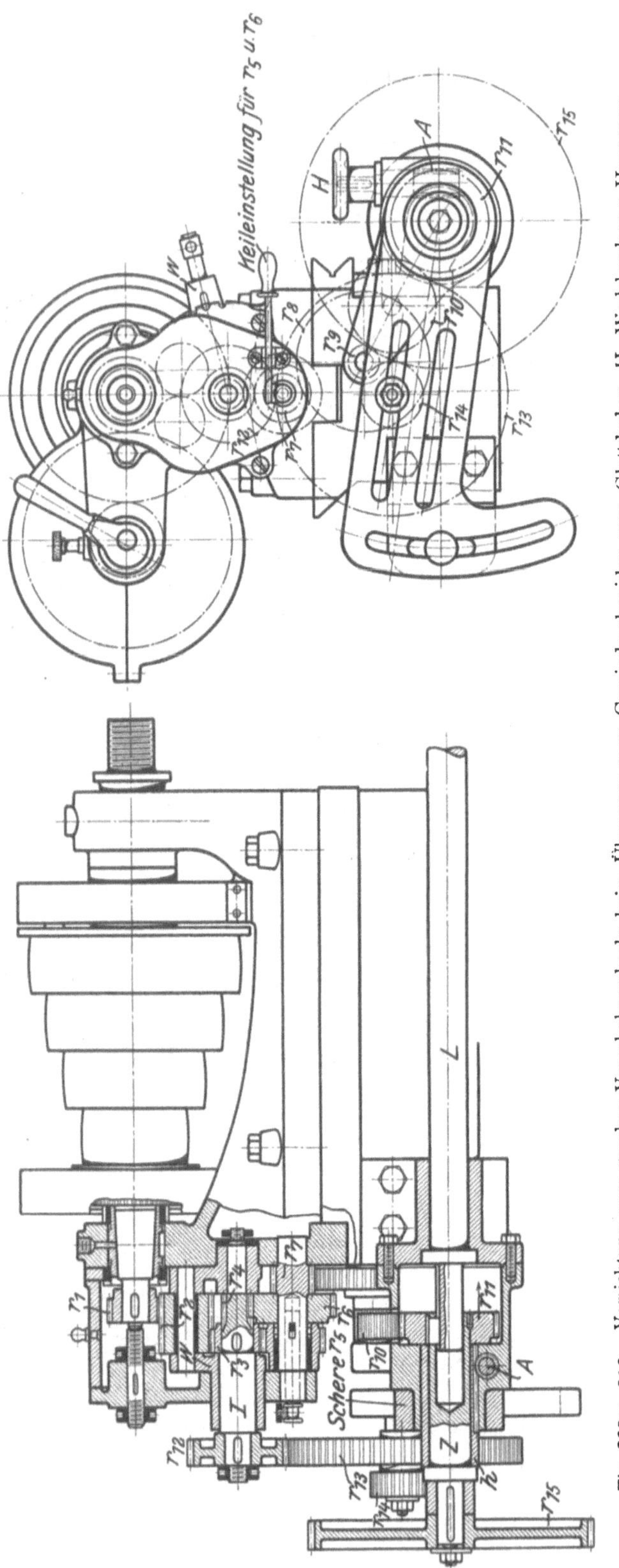

Fig. 209 u. 210. Vorrichtung zum raschen Vorschubwechseln beim Übergang vom Gewindeschneiden zum Glattdrehen, H. Wohlenberg-Hannover.

einer Breite von 110 mm besitzt. Die Stufenscheibe S kann direkt durch die Kegelräder 1, 2 die Bohrspindel treiben oder auch über die ausrückbaren Vorgelege $\frac{r_1}{R_1} \cdot \frac{r_2}{R_2}$ auf die Spindel arbeiten. Hierzu ist der Spindelstock in der bekannten Weise durchgeführt. Er gestattet also für jede Umdrehung des Deckenvorgeleges 8 Antriebsgeschwindigkeiten.

Der für die wirtschaftliche Ausnutzung der Schnellstahlbohrer erforderliche größere Vorschubwechsel ist durch ein 6faches Schaltwerk gelöst.

Die 6 Vorschübe des Bohrers, die zwischen 0,1 und 0,45 mm liegen, werden von der Bohrspindel abgeleitet. Das Vorschubgetriebe besteht aus 2 Gruppen von Wechselräderpaaren, die durch Ziehkeile in 6facher Schaltung arbeiten können. Durch das Handrad H_1 kann ein Ziehkeil abwechselnd auf $\frac{r_1}{r_2}$, $\frac{r_3}{r_4}$, $\frac{r_5}{r_6}$ eingestellt werden, so daß die mittlere Vorschubwelle I 3 verschiedene Geschwindigkeiten erfährt. Der 2. Ziehkeil ist mit dem Kopf k_1 auf die Räderpaare $\frac{r_7}{r_8}$ und $\frac{r_9}{r_{10}}$ einzurücken. Die Schneckenwelle II erhält demnach 6 verschiedene Umläufe, die über das Schneckengetriebe $\frac{r_{11}}{r_{12}}$ auf das Schaltzahnstangengetriebe $\frac{r_{13}}{r_{14}}$ der Bohrspindel gelangen. Zum Bohren von Hand ist das Handrad H_2 vorgesehen, mit dem bei ausgerücktem Schaltwerk die Maschine gesteuert werden kann. Das Hochschlagen des Bohrers mit H_3 verlangt das Schneckengetriebe $\frac{r_{11}}{r_{12}}$ vorher zu entkuppeln. Hierzu ist die Handkurbel H_3 zurückzuziehen (Fig. 214). Alle Handgriffe liegen dem Arbeiter bequem zur Hand, so daß die Arbeitszeit gut ausgenutzt werden kann.

Der Arbeitstisch der Maschine ist als Konsol mit einem Kreuzschlitten ausgebaut. Größere Werkstücke lassen sich auch auf der Grundplatte bohren. Dies bedingt aber, den Tisch auszuschwenken. Der Arbeitstisch ist daher um den Zapfen Z des Schlittens S drehbar, in seiner Arbeitsstellung aber durch die Schraube s gehalten (Fig. 211). Verzichtet man auf das Ausschwenken des Tisches, so läßt sich der Tisch, wie bei den Fräsmaschinen, durch eine Teleskopspindel bei A hochstellen. Hierdurch würde der Tisch tragfähiger.

Diese Schnellbohrmaschinen werden als einfache und doppelte freistehende Maschinen gebaut (Fig. 216). Sie sind bereits in mehreren Eisenbahnwerkstätten zu finden und zeigen deutlich den Einfluß, den die Schnellstähle auf die Gestaltung unserer Maschinen ausüben.

Als die nächste Entwicklungsstufe möchte ich hier eine amerikanische Bauart anführen (Fig. 217), die ebenfalls für den Schnellbetrieb besonders eingerichtet ist. Sie bohrt Löcher bis zu 38 mm bei einem kleinsten Spindeldurchmesser von 51 mm. Der Antrieb ist auch hier für 8 verschiedene Umläufe eingerichtet, die zwischen 25 und 370 liegen. Hierfür ist allerdings ein Stufenrädergetriebe vorgesehen mit einer Antriebsscheibe 305 × 76 und 500 Umdrehungen i. d. Minute. Auch der Vorschub besitzt ein positives Schaltwerk, das hier 3 verschiedene Größen gestattet.

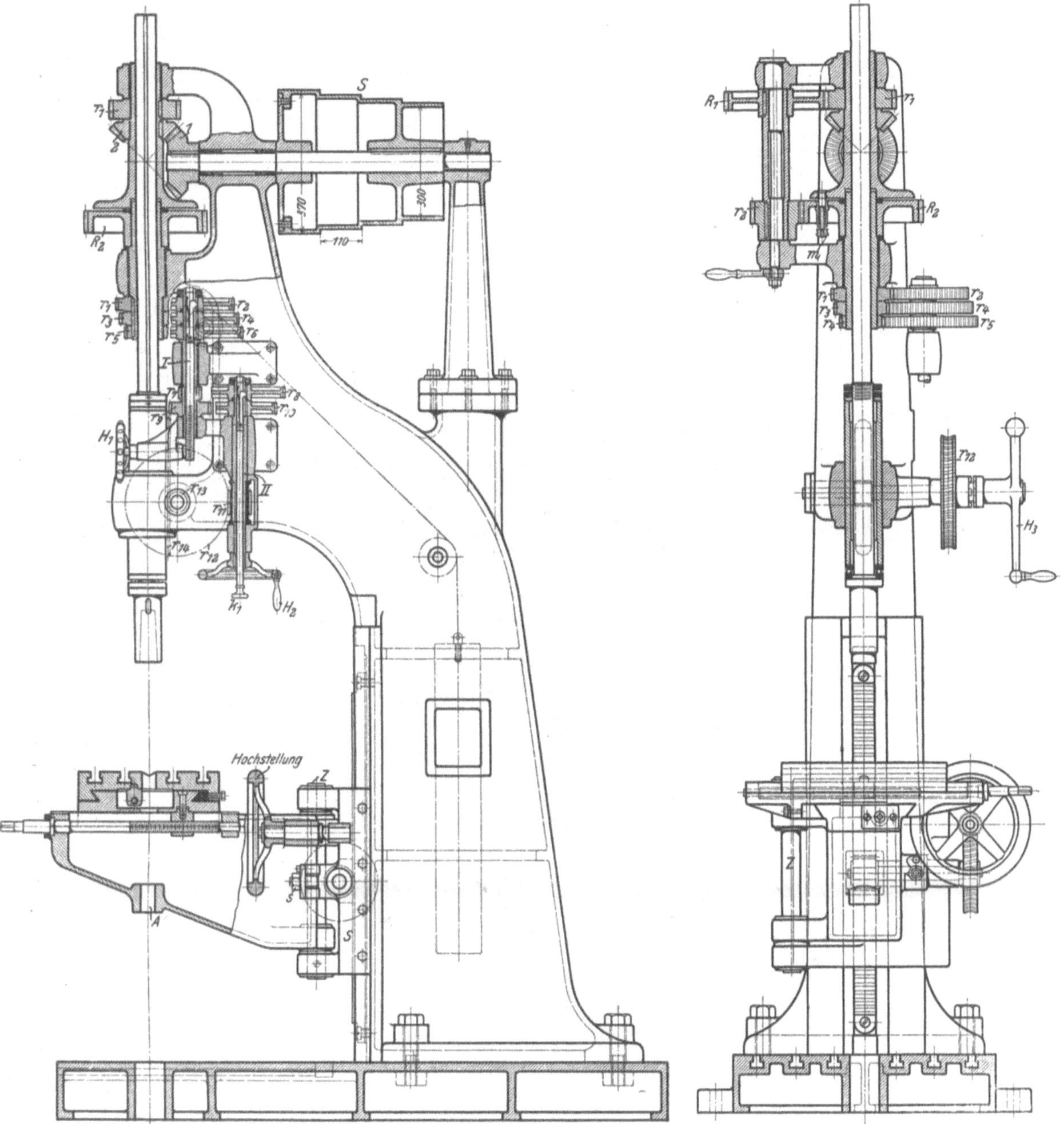

Fig. 211. Freistehende Schnellbohrmaschine Hahn & Koplowitz Nachf., Neiße. Fig. 212.

Ich möchte die Schaltwerke nicht ohne eine Bemerkung abschließen. Manche der vorstehenden Konstruktionen zeigt, wie ausgeprägt das Bestreben ist, das Anwendungsgebiet einer Maschine zu erweitern und dazu ihre Bedienung möglichst zu vereinfachen. Groß ist die Zahl der Vorschübe und dementsprechend auch die Anzahl der Räder des Schaltwerks. Es drängt sich unwillkürlich die Frage auf, wo bleibt die altbewährte Einfachheit. Die Ursache dieser überladenen Konstruktionen ist wohl darin zu suchen, daß sich viele Betriebe nicht klar sind über die Anforderungen, die sie an ihre Maschinen zu stellen haben. Sie verlangen eine möglichst große Vielseitigkeit von ihren Maschinen, während eine strengere Arbeitsteilung von viel größerem Nutzen wäre, und auch zu einer einfacheren Bauart der Maschine zurückführen würde.

Fig. 213.

Fig. 214.

Fig. 215. Ausschwenkbarer Aufspanntisch.

Neben den unmittelbaren Antriebsmechanismen der Leit- und Zugspindel hat der Schnellbetrieb auch einige hübsche Ausführungen von Schloßplatten gezeitigt.

Schon in meinem Buche „Die Werkzeugmaschinen und ihre Konstruktionselemente“ habe ich darauf hingewiesen, daß bei der großen Vielseitigkeit unserer Drehbänke die Bedienung eine ganze Menge Handgriffe erfordert. Es erscheint daher zweifelhaft, ob ein Durchschnittsarbeiter bei einer solchen Gruppe von Handgriffen in jedem Augenblick die erforderliche Übersicht über die Maschine hat. Diese Tatsache verlangt jedenfalls eine übersichtliche Anordnung der einzelnen Züge in der Schloßplatte. Der Arbeiter soll möglichst schnell und fehlerlos mit einem Griff den betreffenden Zug ein- und ausschalten können.

Grundsätzliche Neuerungen waren in der Konstruktion der Schloßplatte durch die Einführung des Schnellstahles nicht zu erwarten. Die Schnelldrehbänke besitzen meist die bekannten Ausführungen. Mit Rücksicht auf die schweren Schnitte der Schnellstähle ist aber eine bessere Lagerung,

Fig. 216. Doppelte freistehende Bohrmaschine, Hahn & Koplowitz Nachf., Neiße.

meist Doppellagerung, der Bolzen für die Steuerräder angestrebt (Fig. 221 u. 228). Diese Doppellagerung ist in der Regel durch ein zweites Schild oder durch eine kastenförmige Platte erreicht. Vielfach findet man für das Längsschloß und das Planschloß Reibungsschluß wohl als Sicherheit gegen zu hohe Belastung. Der Schnellbetrieb hat allerdings für die Bedienung einige hübsche Vervollkommnungen geschaffen, sei es durch die gegenseitige Verriegelung der einzelnen Züge, oder sei es durch die Selbstausrückung des Supports an bestimmten Arbeitsgrenzen oder auch durch das Zurückziehen des Stahles mit dem Öffnen des Mutterschlosses.

Die in Fig. 150 dargestellte Schnelldrehbank von Heidenreich & Harbeck, Hamburg, besitzt zum Steuern des Supports nach neuerem amerikanischen Muster nur eine Leitspindel. Für das Gewindeschneiden ist das Mutterschloß M eingebaut (Fig. 218). Der gewöhnliche Längszug und der Planzug werden ebenfalls von der genuteten Leitspindel gesteuert. Beide Züge sind aber zur leichteren und sicheren Bedienung vollkommen getrennt und durch je ein Reibungsschloß zu schließen. Der Längszug wird durch die Schnecke 1 betätigt. Er besteht aus den Getrieben $\frac{1}{2}, \frac{3}{4}, \frac{5}{6}$. Mit ihm ist zugleich die Einstellvorrichtung des Supports vereinigt (Handrad H, Fig. 219). Der Planzug (Fig 220) setzt sich aus $\frac{7}{8}, \frac{9}{10}, \frac{10}{11}$ zusammen und hat in der Schnecke 7 seinen besonderen Antrieb. Der Support setzt sich selbsttätig still durch die Welle U, die an der Arbeitsgrenze durch Stellring und Anschlag gedreht wird. Hierbei rückt U die Kupplung des Kegelräderwendegetriebes in Fig. 121 u. 148 aus. Die Leitspindel wird infolgedessen stillgesetzt und mit ihr augenblicklich der Support. Verriegelungen sind nicht vorgesehen wohl mit Rücksicht auf die getrennten Züge.

Bei den Leit- und Zugspindeldrehbänken wird bekanntlich nur das Gewindeschneiden von der Leitspindel besorgt, alle anderen Arbeiten erledigt die glatte Zugspindel.

Ein Musterbeispiel einer derartigen Schloßplatte hat die Schnelldrehbank der Magdeburger Werkzeugmaschinenfabrik, G. m. b. H., Magdeburg-Neustadt, aufzuweisen (Fig. 167). Längs- und Planzug besitzen hier (Fig. 221 bis 226) in dem Kegelräderwendegetriebe $\frac{1}{2}$ bezw. $\frac{1'}{2}$ einen gemeinsamen Antrieb. Als Schloß dient ein einschwenkbares Stirnrad 4, das zum Langdrehen in 5 und zum Plandrehen in 5' einzuschwenken ist, eine Einrichtung,

Fig. 217.
Schnellbohrmaschine amerikanischer Bauart.

die auch bei den Hessenmüllerschen Bänken zu finden ist*). Es ist also ausgeschlossen, mit den beiden Zügen Fehler zu begehen.

Das einschwenkbare Stirnrad 4 ist auch zum Selbstausrücken des Supports bestimmt. Die Schwinge S, die das Rad 4 trägt, wird nämlich von dem Exzenter e gefaßt. Das Exzenter selbst ist bei a

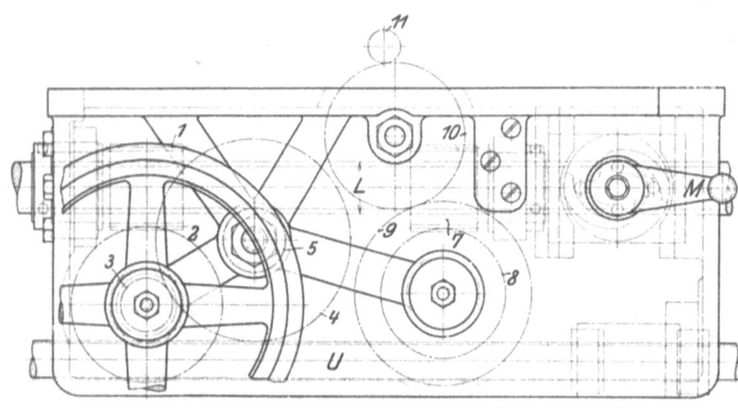

Fig. 218.

Schloßplatte, Heidenreich & Harbeck, Hamburg.

verzahnt und wird von der ebenfalls verzahnten Stange s herumgelegt. Zum Ein- und Ausschwenken des Rades 4 ist der Handgriff g vorgesehen, (Fig. 226), der auf P den Planzug und auf L den Längszug einstellt, während in der Mittelstellung von g die Zugspindel ausgeschaltet ist. Für das augenblickliche Stillsetzen des Supports ist eine Vorrichtung getroffen, die mit der Ausrückung**) des Fräserschlittens der Zahnstangenfräsmaschine übereinstimmt. Ihre Wirkungsweise ist wie folgt: Beim Langdrehen steht der Riegel r rechts vor dem Kloben m. Wird z. B. nach dem Reitstock hin gedreht, so stößt das hintere Ende von g gegen den rechten Anschlag k (Fig. 225). Die Folge ist, daß die Stange s nach rechts gezogen wird und den Riegel r zurückdrückt. Sobald aber an dem Riegel Schneide auf Schneide steht, schnellt im nächsten Augenblick durch den Federdruck die Stange s nach rechts vor und schwenkt das Rad 4 aus. Der Support ist also augenblicklich stillgesetzt.

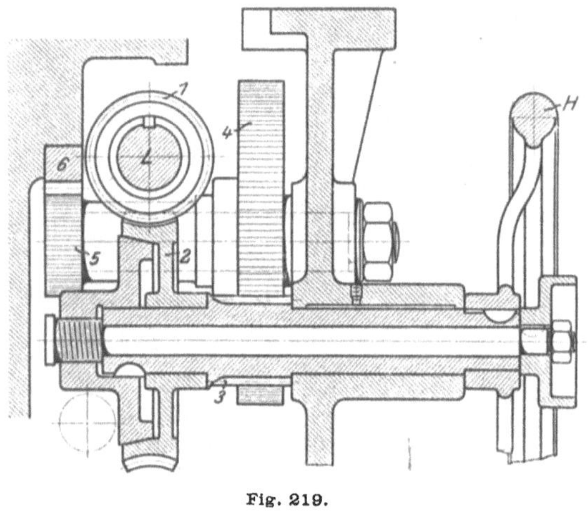

Fig. 219.

Längsschloß.

Auch Mutterschloß und Zugspindel sind bei der Magdeburger Schloßplatte in sehr einfacher Weise verriegelt. Der untere Mutterbacken besitzt nämlich eine schleifenartige Nut b. In diese faßt der Zapfen z des Ausrückers der Kegelräder. Ist die Mutter offen, so steht die Schleife b vor z. Die Zugspindel kann infolgedessen eingeschaltet werden, wobei z die Mutter verriegelt. Ist aber die Mutter zu, so ist z, wie gezeichnet, nach beiden Richtungen gesperrt.

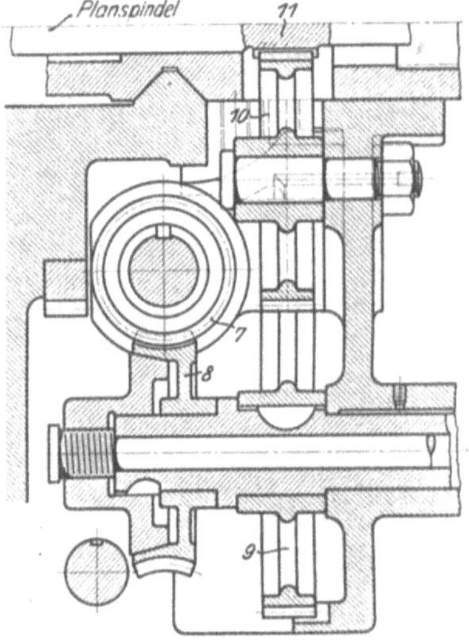

Fig. 220.

Planschloß.

Die Magdeburger Schloßplatte erfüllt daher alle Anforderungen: fehlerfreies Bedienen, starke Lagerung der Bolzen durch 2 Schilder und augenblickliches Stillsetzen an bestimmten Arbeitsgrenzen. Überhaupt zeigt die Bank in allen Einzel-

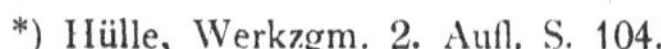

*) Hülle, Werkzgm. 2. Aufl. S. 104.
**) Ebendort S. 65.

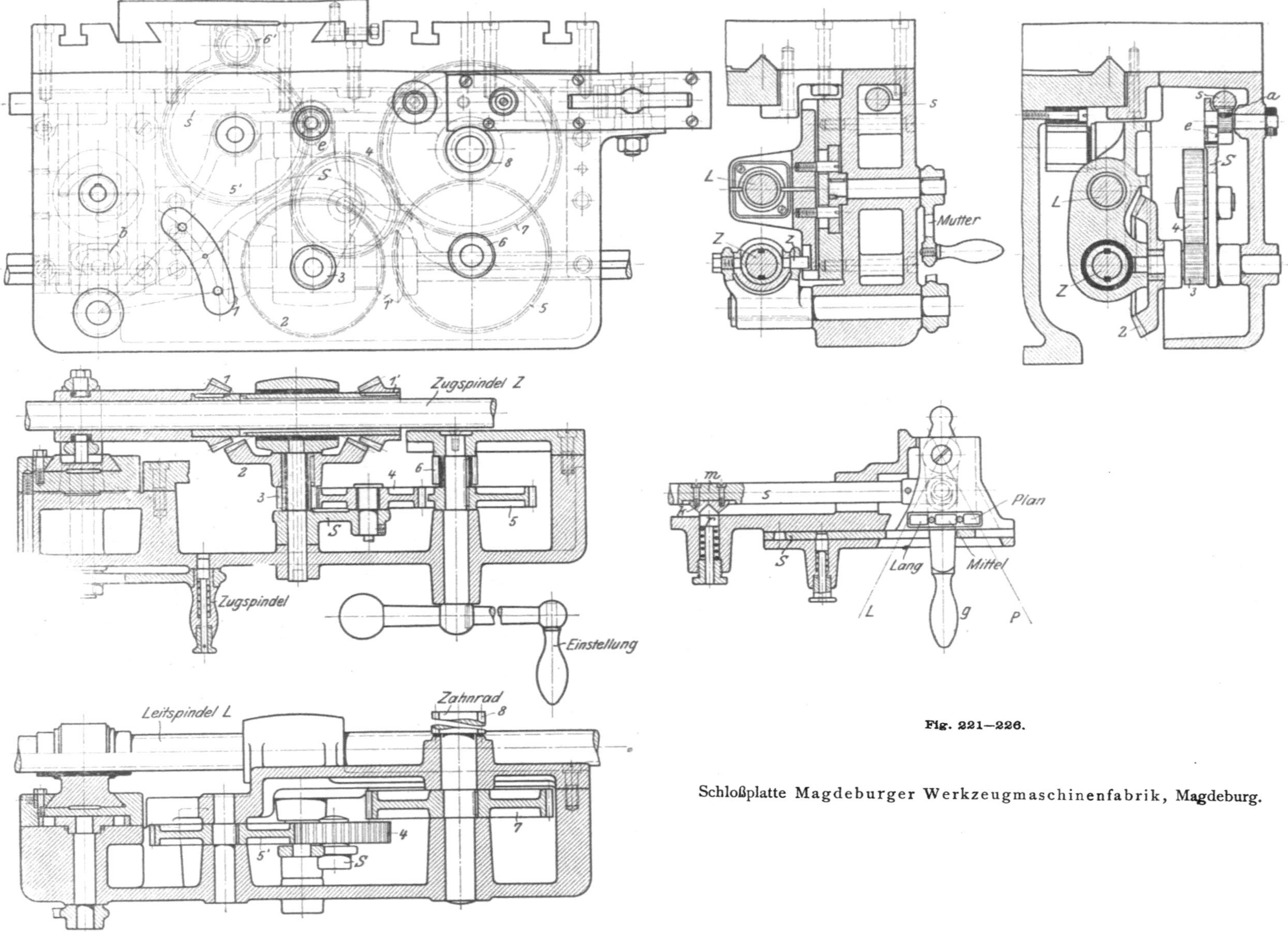

Fig. 221–226.

Schloßplatte Magdeburger Werkzeugmaschinenfabrik, Magdeburg.

teilen gut durchdachte Konstruktionen, und so oft ich sie in Werkstätten fand, wurde sie gelobt, ein erfreuliches Zeichen für die Spezialisierung einer Fabrik.

Als Abschluß dieser Abhandlung möchte ich noch eine Einrichtung besprechen, die wohl geeignet ist, zur Erhöhung der Leistungsfähigkeit einer Bank und zur Vereinfachung ihrer Bedienung beizutragen. Diese Einrichtung befindet sich an den Drehbänken der Firma Hahn & Koplowitz Nchf., Neiße (Fig. 227). Sie bezweckt beim Gewindeschneiden mit dem Öffnen des Mutterschlosses zugleich den Stahl zurückzuziehen, eine Aufgabe, die auch von anderen Firmen, wie Wohlenberg, Hannover, in sehr hübscher Weise gelöst ist*).

Die Bänke von Hahn & Koplowitz besitzen hierzu folgende Einrichtung (Fig. 228—232): Der Handgriff h, der das Mutterschloß öffnet und schließt, betätigt durch die Kegeltriebe 1', 2' bezw. 1, 2'' die Welle I. Letztere treibt durch 2 Schraubenrädchen $\frac{3'}{4'}$ die Schraube S, die einerseits in der Schloßplatte drehbar gelagert ist und andererseits den Winkel w faßt. Der Winkel w sitzt zwischen den Leisten l an dem Bettschlitten verschiebbar, und in ihm ist die Planspindel P festgelegt. Wird nun beim Gewindeschneiden die Mutter geöffnet, so wird durch die Kegelräder und die Schraubenräder 3, 4 die Schraube S gedreht. Diese verschiebt infolgedessen den Winkel mit der Planspindel, die den Obersupport mit dem Stahl zurückzieht.

Um auch diese Vorrichtung bei Mutter- und Bolzengewinde verwerten zu können, ist das Kegelräderwendegetriebe 1, 2', 2'' vorgesehen, von dem sich die Räder 2' und 2'' einzeln kuppeln lassen. Wird z. B. der Griff g in 2' eingeschaltet, so arbeiten die Räder 1', 2' und der Stahl wird in der einen

Fig. 227.

Drehbank von Hahn & Koplowitz, Neiße.

*) Hülle, Die Werzeugmaschinen 2. Aufl. S. 121.

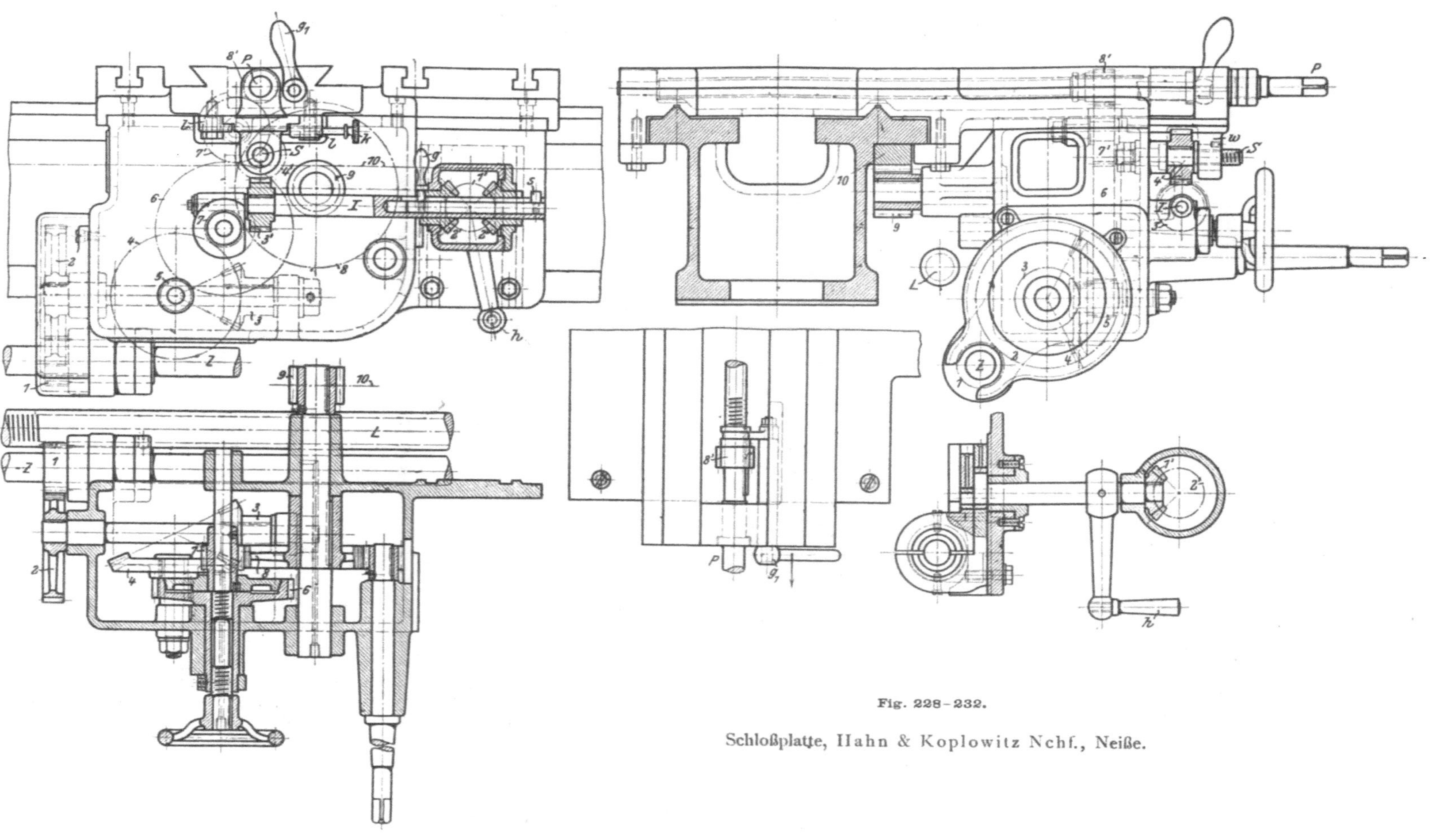

Fig. 228–232.

Schloßplatte, Hahn & Koplowitz Nchf., Neiße.

Richtung zurückgezogen. Zieht man g ganz nach links, so kuppelt der Stift s das Rad 2'', und der Stahl wird entgegengesetzt zurückgeholt. Bei gewöhnlichen Dreharbeiten wird der Winkel w durch den Einsteckstift k festgehalten.

Bemerkenswert ist an dieser Schloßplatte die gute Lagerung der einzelnen Triebe. Der von der Zugspindel Z betätigte Längszug setzt sich zusammen aus $\frac{1}{2}, \frac{3}{4}, \frac{5}{6}, \frac{7}{8}, \frac{9}{10}$. Er wird geschlossen durch Kuppeln der Räder 6 und 7. Der Planzug besteht ebenfalls aus den gemeinsamen Rädern 1 bis 6, dem Rade 7' und dem Planrade 8', das sich zum Ein- und Ausschalten des Planzuges mit dem Griff g_1 auf der Planspindel verschieben läßt.

Durch das liebenswürdige Entgegenkommen einiger Firmen ist es mir ermöglicht worden, die Abhandlung über „Stufenrädergetriebe“ noch um einige wohl durchdachte Bauarten zu ergänzen. Auch diese Getriebe bekunden von dem unermüdlichen Bestreben, den größeren Arbeitsleistungen der Schnellstähle durch eine kräftige Bauart der Maschine, insbesondere des Antriebes, gerecht zu werden.

Als erstes dieser Getriebe möchte ich das Stufenrädergetriebe der Elsässischen Maschinenbau-Gesellschaft, Grafenstaden i. E., anführen. Die Firma bringt das Getriebe bei ihren schweren Supportdrehbänken von 400 mm Spitzenhöhe zur Ausführung (Fig. 233). Das Stufenrädergetriebe Grafenstaden ist für 17 Antriebsgeschwindigkeiten eingerichtet. Die hierzu erforderliche Anordnung der Rädervorgelege ist aus dem Bilde der Fig. 234 ersichtlich. Zur Bedienung des Spindelstockes sind 5 Handhebel erforderlich, die nach der Schalttafel in Fig. 235 bis 237 einzustellen sind. Der Geschwindigkeitswechsel bewegt sich zwischen 3,8 und 350 Umdrehungen der Spindel in der Minute. Das Schaltungsschema des Räderwerkes ist in Fig. 238 dargestellt. Nach ihm ergeben sich die nachstehenden Schaltungen:

Fig. 233.
Supportdrehbank der Elsässischen Maschinenbau-Gesellschaft Grafenstaden.

Tabelle I.
Umdrehungen der Spindel
bei 350 Umdrehungen der Antriebsscheibe.

	Rädervorgelege	Umdrehung der Spindel	
1.	$\frac{A}{B} \cdot \frac{E}{F} \cdot \frac{J}{K} \cdot \frac{L}{M} \cdot \frac{N}{O} \cdot \frac{P}{Q} =$	3,8	mit Rädervorgelege 1 : 27
2.	$\frac{C}{D} \cdot \frac{E}{F} \cdot \frac{J}{K} \cdot \frac{L}{M} \cdot \frac{N}{O} \cdot \frac{P}{Q} =$	5,2	
3.	$\frac{A}{B} \cdot \frac{G}{H} \cdot \frac{J}{K} \cdot \frac{L}{M} \cdot \frac{N}{O} \cdot \frac{P}{Q} =$	6,8	
4.	$\frac{C}{D} \cdot \frac{G}{H} \cdot \frac{J}{K} \cdot \frac{L}{M} \cdot \frac{N}{O} \cdot \frac{P}{Q} =$	8,9	
5.	$\frac{A}{B} \cdot \frac{E}{F} \cdot \frac{N}{O} \cdot \frac{P}{Q} =$	11,4	mit Rädervorgelege 1 : 9
6.	$\frac{C}{D} \cdot \frac{E}{F} \cdot \frac{N}{O} \cdot \frac{P}{Q} =$	15,4	
7.	$\frac{A}{B} \cdot \frac{G}{H} \cdot \frac{N}{O} \cdot \frac{P}{Q} =$	20,1	
8.	$\frac{C}{D} \cdot \frac{G}{H} \cdot \frac{N}{O} \cdot \frac{P}{Q} =$	26,4	
9.	$\frac{A}{B} \cdot \frac{E}{F} \cdot \frac{J}{K} \cdot \frac{L}{M} =$	34	mit Rädervorgelege 1 : 3
10.	$\frac{C}{D} \cdot \frac{E}{F} \cdot \frac{J}{K} \cdot \frac{L}{M} =$	45,3	
11.	$\frac{A}{B} \cdot \frac{G}{H} \cdot \frac{J}{K} \cdot \frac{L}{M} =$	59,4	
12.	$\frac{C}{D} \cdot \frac{G}{H} \cdot \frac{J}{K} \cdot \frac{L}{M} =$	77,8	

	Rädervorgelege	Umdrehung der Spindel	
13.	$\frac{A}{B} \cdot \frac{E}{F}$	$= 102$	direkt durch die Räder
14.	$\frac{C}{D} \cdot \frac{E}{F}$	$= 133{,}5$	
15.	$\frac{A}{B} \cdot \frac{G}{H}$	$= 175$	
16.	$\frac{C}{D} \cdot \frac{G}{H}$	$= 230$	
17.	Direkt durch die Riemenscheibe	$= 350$	

Insgesamt 17 Geschwindigkeiten von 3,8 bis 350.

Das zweite Getriebe gehört zu einer Support-Drehbank der Firma Wagner & Co., Dortmund. Die Spitzenhöhe dieser Bank (Fig. 239 u. 240) beträgt 1650 mm und der Durchmesser der Planscheibe 3200 mm. Ich sah diese Maschine auf dem Stettiner Vulkan und kann nur meine Freude über die wohlgelungene Massenverteilung ausdrücken: schwer im Bau und doch elegant in der Form. Soweit mir bekannt, arbeitet die Maschine auch zur vollsten Zufriedenheit.

Der Antrieb der Wagnerschen Bank erfolgt durch einen Elektromotor von 20 PS mit etwa 750 Umläufen in der Minute. Der Motor arbeitet auf die Antriebsscheibe A des Stufenrädergetriebes, das für $4 \times 8 = 32$ Geschwindigkeiten ausgebaut ist (Fig. 241 u. 242). Dieser Geschwindigkeitswechsel ist, wie folgt, geschaffen: Die Antriebswelle I treibt durch die mit der Kupplung k_1 abwechselnd einzuschaltenden Vorgelege $\frac{a}{b}$ und $\frac{c}{d}$ das Wellenstück II. Letzteres kann durch k_2 direkt mit der Vorgelegewelle III gekuppelt werden. Durch diese Schaltung erhält III also 2 verschiedene Umläufe. Schaltet man k_2 auf h um, so arbeiten die Vorgelege $\frac{e}{f} \cdot \frac{g}{h}$ auf III. Hierdurch erhält die Welle III durch Umschalten von k_1 nochmals 2 Geschwindigkeiten. In gleicher Weise lassen sich noch durch die Vorgelege $\frac{e}{f} \cdot \frac{i}{k}$ und $\frac{e}{f} \cdot \frac{l}{m}$ 4 weitere Geschwindigkeiten erzielen. Sie verlangen nur die Kupplung k_3 rechts oder links einzurücken und k_2 auszuschalten. Die so erreichten 8 Geschwindigkeiten der Welle III können auf vierfachem Wege auf den Zahnkranzantrieb $\frac{v}{w}$ der Planscheibe gelangen, und zwar abwechselnd durch die Vorgelege $\frac{n}{o}$, $\frac{p}{q}$, $\frac{r}{s}$ oder $\frac{t}{u}$.

Die Bedienung dieses Stufenrädergetriebes erfordert ebenfalls 5 Handgriffe zum Umlegen der Kupplungen k_1 bis k_5. Mit der Kupplung k_1 können keine Fahrlässigkeiten begangen werden, wohl aber mit den anderen. Um Zahnbrüche zu vermeiden, sind daher die Kupplungen k_2 und k_3, k_4 und k_5 gegenseitig gesperrt. Diese Sperre ist nach Fig. 243 eingerichtet. Wird z. B. k_2 auf 1 eingestellt, so legt sich der Kloben m gegen die Stellringe der Sperrstäbe s. Hierdurch ist k_3 nach rechts durch den oberen, nach links durch den unteren Sperrstab s gehalten. Ähnlich sind auch die Verriegelungen für die übrigen Hebelstellungen.

Fig. 234.
Antriebs-Räderwerk, Grafenstaden.

Schaltungen des Stufenrädergetriebes von Wagner & Co.:

	Vorgelege:	Einstellung der Kupplungen $k_1\ k_2\ k_3\ k_4\ k_5$
1.	$\frac{a}{b} \cdot \frac{n}{o} \cdot \frac{v}{w} = \frac{25}{106} \cdot \frac{32}{32} \cdot \frac{17}{145}$	b e — o —
2.	$\frac{c}{d} \cdot \frac{n}{o} \cdot \frac{v}{w} = \frac{22}{109} \cdot \frac{32}{32} \cdot \frac{17}{145}$	d e — o —
3.	$\frac{a}{b} \cdot \frac{e}{f} \cdot \frac{g}{h} \cdot \frac{n}{o} \cdot \frac{v}{w} = \frac{25}{106} \cdot \frac{53}{151} \cdot \frac{102}{102} \cdot \frac{32}{32} \cdot \frac{17}{145}$	b h — o —
4.	$\frac{c}{d} \cdot \frac{e}{f} \cdot \frac{g}{h} \cdot \frac{n}{o} \cdot \frac{v}{w} = \frac{22}{109} \cdot \frac{53}{151} \cdot \frac{102}{102} \cdot \frac{32}{32} \cdot \frac{17}{145}$	d h — o —

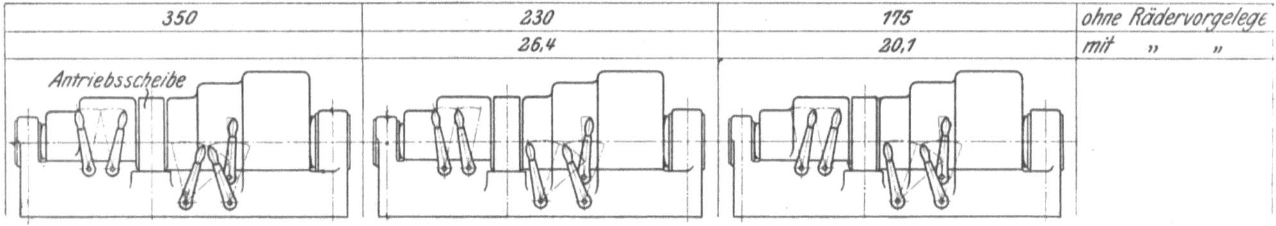

Fig 235

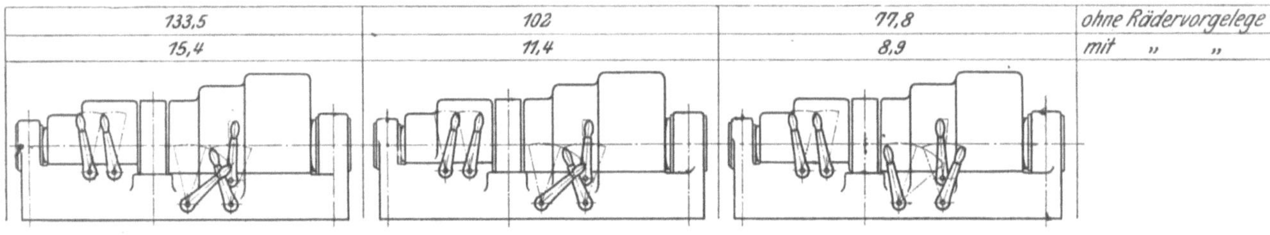

Fig 236

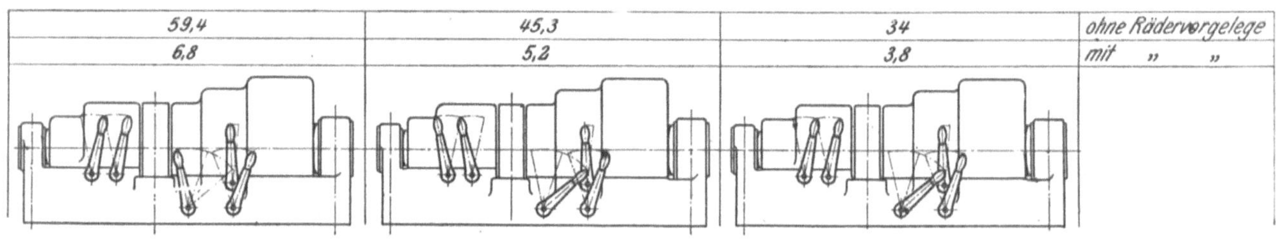

Fig 237

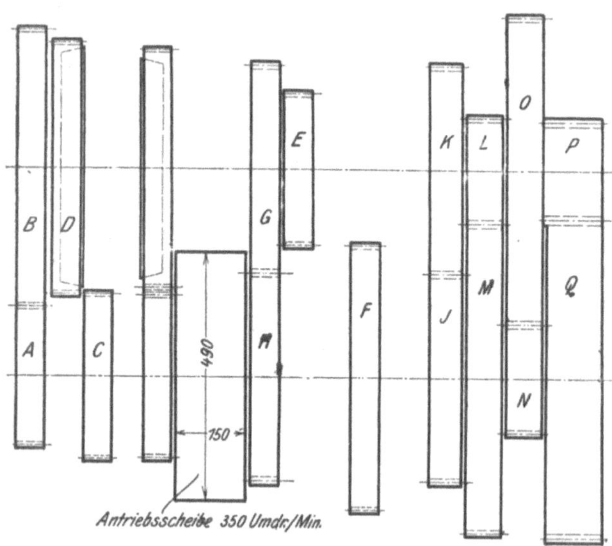

Fig. 238.

Schema des Grafenstadener Stufenrädergetriebes.

	Vorgelege:	Einstellung der Kupplungen $k_1\ k_2\ k_3\ k_4\ k_5$
5.	$\frac{a}{b} \cdot \frac{e}{f} \cdot \frac{i}{k} \cdot \frac{n}{o} \cdot \frac{v}{w}$	
	$= \frac{25}{106} \cdot \frac{53}{151} \cdot \frac{52}{152} \cdot \frac{32}{32} \cdot \frac{17}{145}$	b — k o —
6.	$\frac{c}{d} \cdot \frac{e}{f} \cdot \frac{i}{k} \cdot \frac{n}{o} \cdot \frac{v}{w}$	
	$= \frac{22}{109} \cdot \frac{53}{151} \cdot \frac{52}{152} \cdot \frac{32}{32} \cdot \frac{17}{145}$	d — k o —
7.	$\frac{a}{b} \cdot \frac{e}{f} \cdot \frac{l}{m} \cdot \frac{n}{o} \cdot \frac{v}{w}$	
	$= \frac{25}{106} \cdot \frac{53}{151} \cdot \frac{18}{152} \cdot \frac{32}{32} \cdot \frac{17}{145}$	b — m o —
8.	$\frac{c}{d} \cdot \frac{e}{f} \cdot \frac{l}{m} \cdot \frac{n}{o} \cdot \frac{v}{w}$	d — m o —

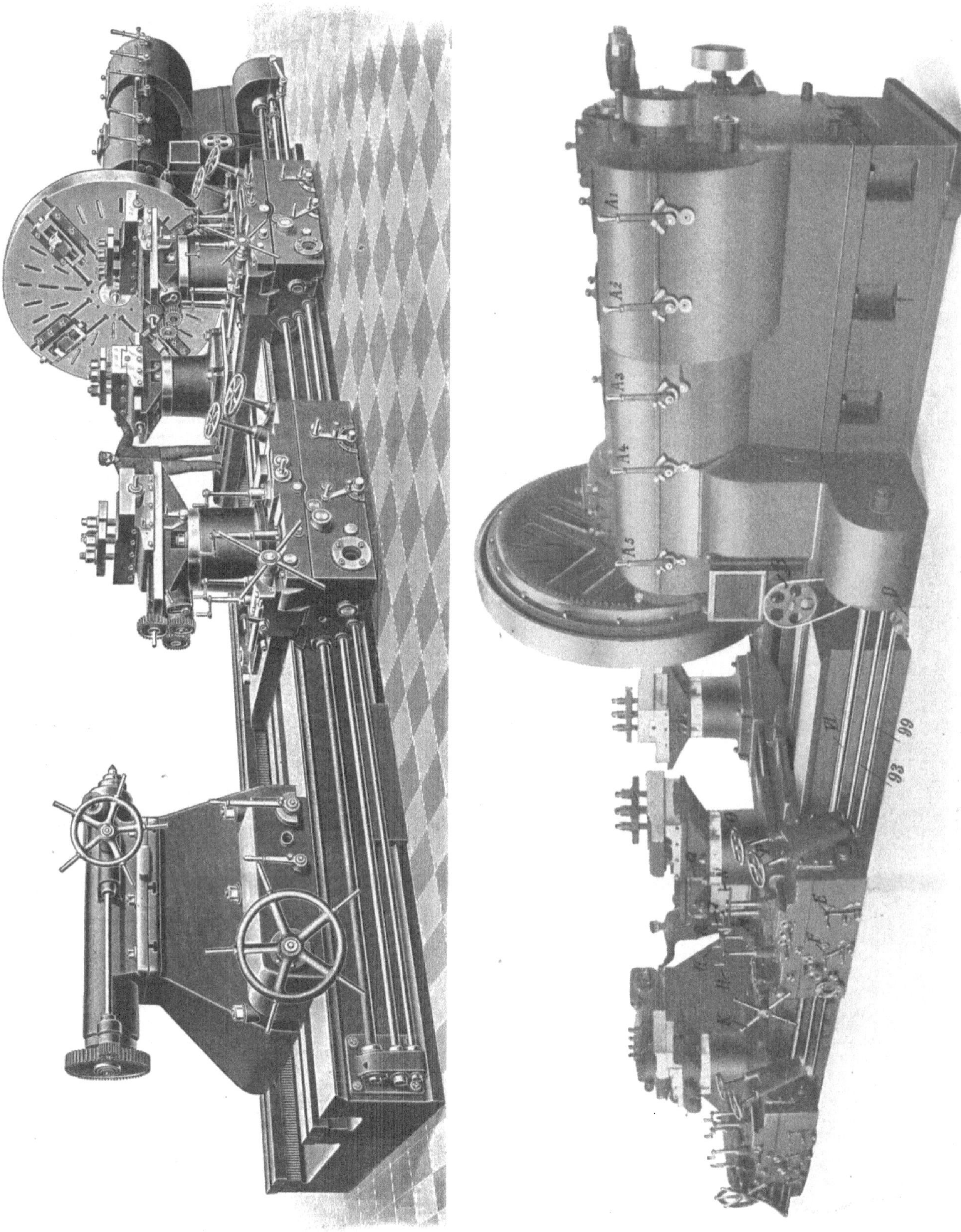

Fig. 239 u. 240. Support-Drehbank von Wagner & Cie., Dortmund.

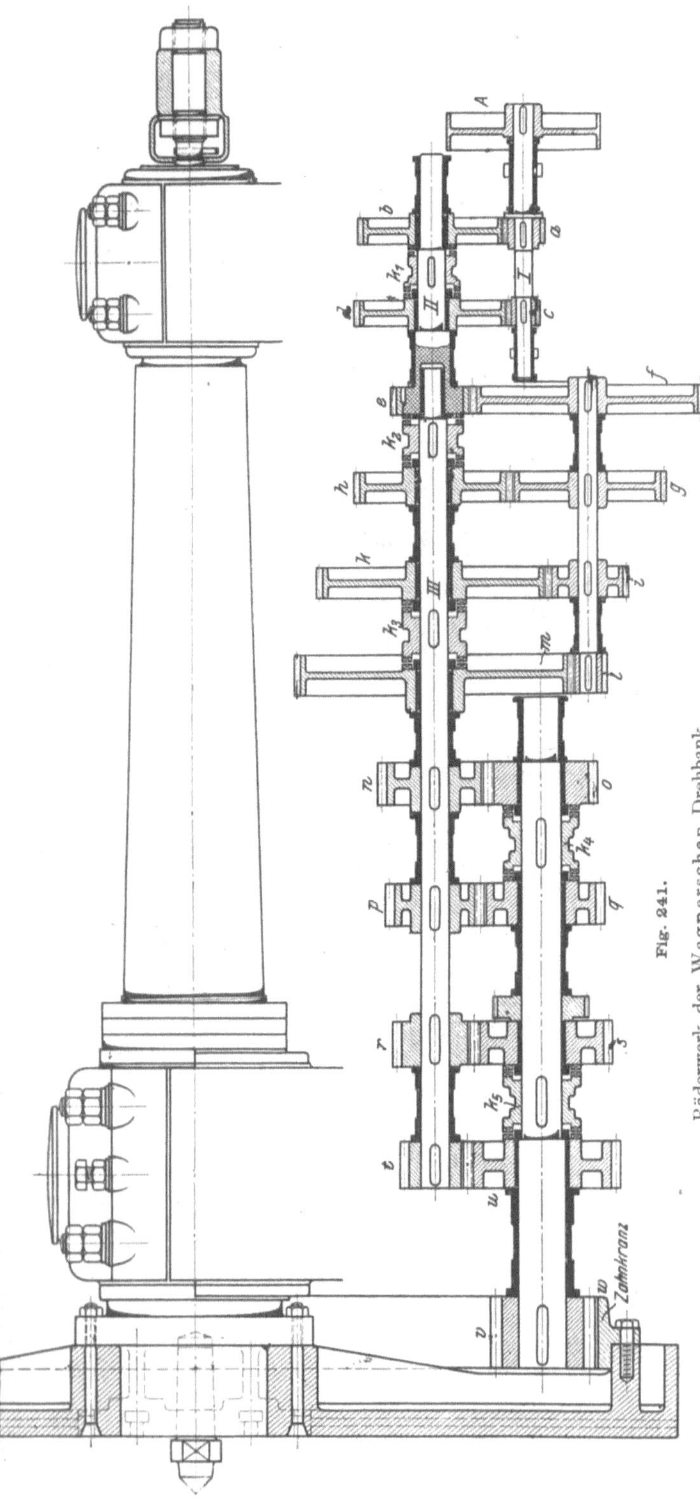

Fig. 241. Räderwerk der Wagnerschen Drehbank.

Schaltet man k_4 auf q ein, so arbeitet statt $\frac{n}{o}$ das Vorgelege $\frac{p}{q}$, und man erhält nochmals 8 Geschwindigkeiten. Durch die Benutzung der Kupplung k_5, die entweder auf s oder u einzuschalten ist, kommt das Vorgelege $\frac{r}{s}$ bezw. $\frac{t}{u}$ in Tätigkeit, so daß die Gesamtzahl der Übersetzungen $4 \times 8 = 32$ beträgt.

Als drittes Getriebe sei hier der neue Antrieb der Schnelldrehbänke von Berner & Cie., Nürnberg, erwähnt. Die Firma scheint über einen guten Stab von Konstrukteuren zu verfügen.

Auf Seite 16 u. ff. habe ich den Stufenscheibenantrieb der Bernerschen Schnelldrehbänke besprochen und kritisiert. Bei gewissenhafter Bedienung waren bei ihm 4 Handgriffe zu untersuchen. Sie ließen sich allerdings ohne jede Fahrlässigkeit einstellen, abgesehen vom Mitnehmer, der ja bei Schnelldrehbänken wenig benutzt wird.

Der neue Stufenscheibenantrieb von Berner & Cie. kann 1. ohne Vorgelege, 2. mit zwei Vorgelegen und 3. mit vier Vorgelegen arbeiten. Seine Charakteristik besteht darin, daß es durch eine geschickte Anordnung der Räder gelungen ist, die Rädervorgelege mit einem einzigen Hebel fehlerfrei ein- und auszuschalten, ein Zeichen dafür, daß die Firma bestrebt ist, ihre Maschinen in jeder Hinsicht zu vervollkommnen.

Die durch D. R.-P. 199698 geschützte Konstruktion ist in Fig. 244 und 245 dargestellt. Die vierläufige Stufenscheibe kann, wie gezeichnet, durch den Springbolzen m unmittelbar auf die Hauptspindel arbeiten. Soll nun die Maschine längere Zeit ohne Vorgelege laufen, was allerdings bei einer Schnelldrehbank nur selten vorkommt, so kann das Rad B von Hand zurückgezogen werden. Bei kurzen Arbeitsperioden soll das Rad B mitlaufen, damit die Vorgelege stets zum Eingriff bereit sind.

Das Wechseln der Rädervorgelege verlangt jetzt nichts anderes, als die Radhülse auf II nach links oder rechts zu verschieben, je nachdem 2 oder 4 Vorgelege benutzt werden sollen. Wird z B. die Radhülse nach links verschoben, so kämmen die Räder C und D, und die Stufenscheibe S arbeitet über $\frac{A}{B} \cdot \frac{C}{D}$ auf die Hauptspindel. Sollen sämtliche Vorgelege laufen, so ist die Radhülse auf II nach rechts zu ziehen. Es arbeiten dann die 4 Vorgelege von der Übersetzung

$$\varphi = \frac{A}{B} \cdot \frac{C}{E} \cdot \frac{F}{G} \cdot \frac{H}{D}.$$

Diese Arbeitsweise bedingt in der Konstruktion des Spindelstockes:

1. das Rad C auf II durch Feder und Nut verschiebbar anzuordnen;
2. die Räder G und H mit einer Laufbuchse b auf II laufen zu lassen;

Fig. 242

3. zum Verschieben von G, H und C die lose Radhülse b mit dem festen Rade C, wie gezeichnet, drehbar zu verbinden.

Man möchte von vornherein das Verschieben der Räder als eine wenig glückliche Lösung bezeichnen, zumal hier mehrere Zahneingriffe herzustellen sind. Aber auch diesen Umstand hat der Konstrukteur geschickt zu umgehen gewußt. Zur Erleichterung des Einrückens sind nämlich die Radbreiten so bemessen, daß zuerst das Rad C mit E in Eingriff kommt, darauf F mit G und schließlich H mit D. Es ist also stets ein stillstehendes Rad in ein laufendes Rad einzurücken oder umgekehrt, so daß das Verschieben der Räder leicht und schnell von statten geht. Selbstverständlich muß dieses Verschieben während des Nachlaufens der Stufenscheibe bei ausgerücktem Deckenvorgelege vorgenommen werden.

Für die Handlichkeit des Spindelstocks ist ebenfalls gut gesorgt. Der Dreher faßt zum Ein- und Ausrücken der Vorgelege die auf der Vorderseite der Maschine liegende Handkurbel h, die durch die Räder 1, 2 die Zahnstange z mit der Gabel g betätigt (Fig. 245). Letztere faßt bei c den Räderblock und verschiebt ihn auf II nach rechts oder links. Bei dem Spindelstock fehlt daher jede Exzenterwelle, jede Kupplung, der Arbeiter kann alles von seinem Stande erledigen. Für ihn kommen nur 2 Handgriffe in Frage:

1. der Springbolzen m, der ja nur selten benutzt wird;
2. die Handkurbel h, die sich fehlerfrei einstellen läßt.

Der neue Bernersche Spindelstock zählt daher zu den besten bisher bekannten Konstruktionen.

Dem Zuge der Zeit folgend, stattet die Firma Berner & Cie. ihre Schnelldrehbänke neuerdings auch mit einem Stufenrädergetriebe aus. An ihm merkt man amerikanische Schule.

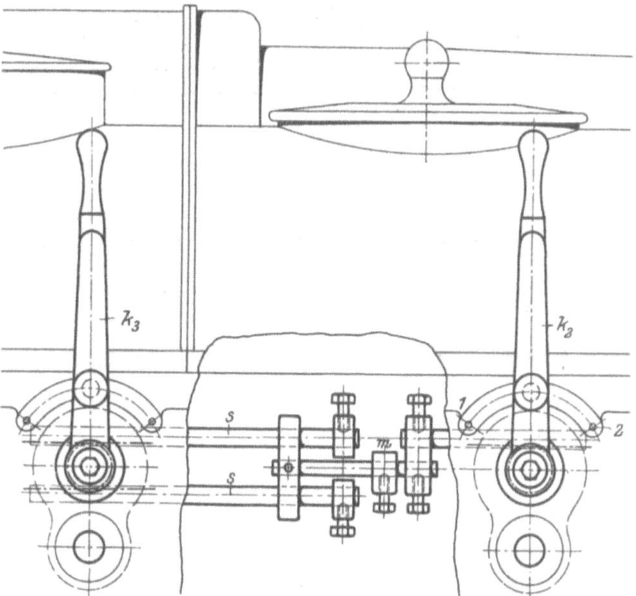

Fig. 243. Verriegelung der Kupplungshebel.

Der Bernersche Stufenräderantrieb zeigt eine große Verwandtschaft mit dem Getriebe in Fig. 97 Seite 53. Dieses Getriebe ist für 8 Geschwindigkeiten gebaut. Berner & Cie. treiben noch die Welle I in Fig. 97 durch zwei weitere vorgebaute Vorgelege $\frac{r_1}{r_2}$, $\frac{r_3}{r_4}$ an (Fig. 246). Die Geschwindigkeitsreihe erstreckt sich daher auf 16 Antriebsgeschwindigkeiten. Berner & Cie. verfolgen also denselben Weg wie Gebr. Böhringer in Fig. 125. Nur bauen Berner & Cie. eine neue Welle IV vor, so daß eine weitere Hohlwelle wegen ihrer zweifelhaften Schmierung umgangen wird. Eine Neuerung zeigt noch der Bernersche Spindelstock gegenüber den Getrieben in Fig. 97 u. 125. Der Rücklauf der Hauptspindel läßt sich nämlich vom Spindelkasten aus bewirken. Zum Umsteuern der Hauptspindel ist in der Antriebsscheibe ein Umlaufräderwerk vorgesehen, so daß sich die Maschine ohne Benutzung des Deckenvorgeleges jederzeit durch Umlegen eines Handgriffs umsteuern läßt. Auch in der Konstruktion der Spindellagerung besitzt die Bernersche Bank eine empfehlenswerte Einrichtung. Wie bei dem Spindelstock der Pratt & Whitney Co. (Fig. 126) sind auch hier die Lager durch Ringmuttern von außen her nachzustellen.

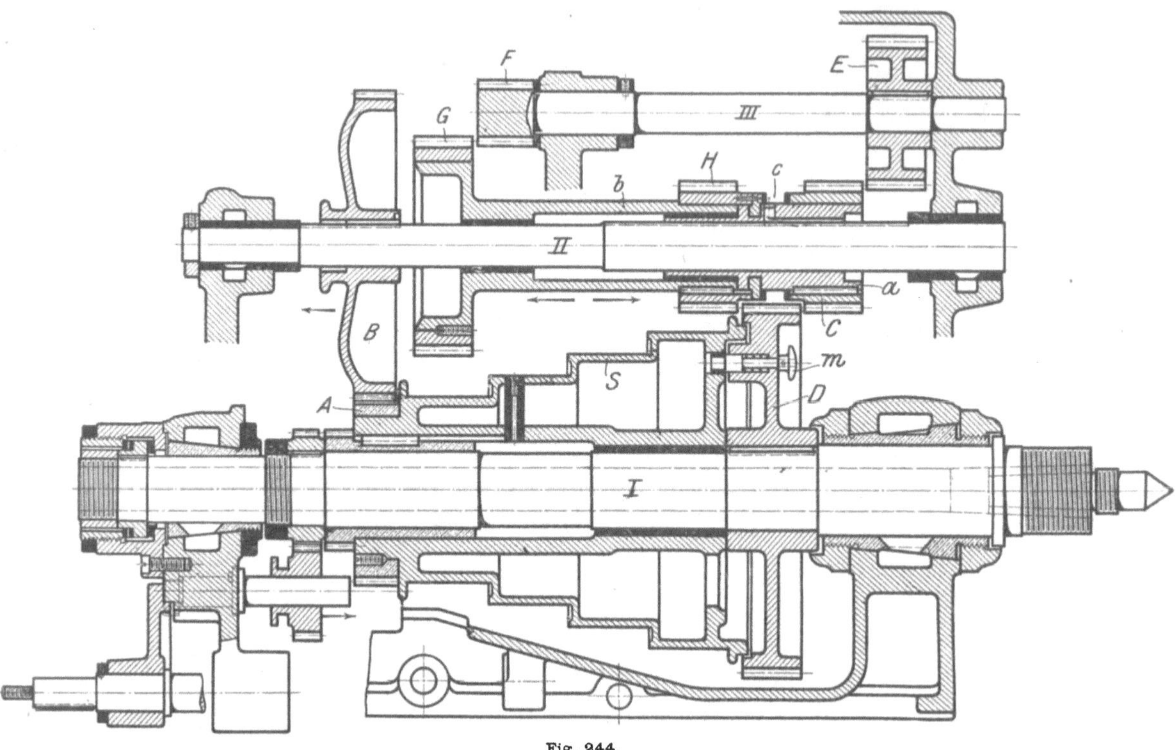

Fig. 244.

Spindelstock von Berner & Cie., Nürnberg.

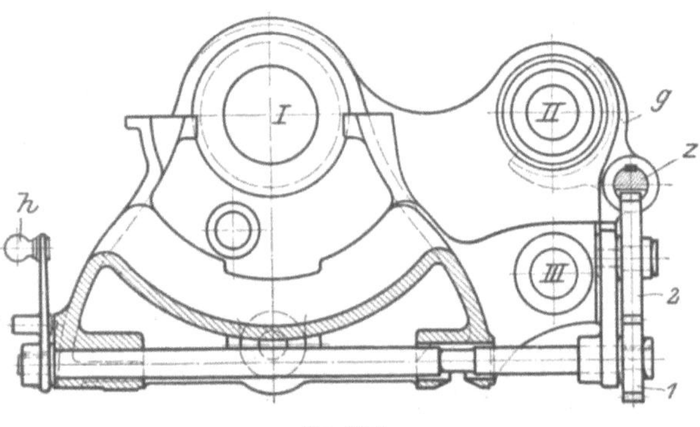

Fig. 245

Querschnitt durch den Spindelkasten

Der Bernersche Stufenräderantrieb besitzt daher alle Einrichtungen, die zum schnellen und sicheren Wechseln der Geschwindigkeit benutzt werden können.

Welche Früchte das Streben nach einem raschen und gefahrlosen Geschwindigkeitswechsel gezeitigt hat, zeigt das neue Deckenvorgelege des Saxoniawerks Paul Heuer, Dresden (Fig. 247). Die Firma greift auf die Riemenkegeltriebe zurück (Fig. 49 S. 31 u. ff.). Soll bei ihnen der Riemen einwandfrei durchziehen, so darf die Steigung der Kegeltrommeln höchstens 1 : 10, besser nur 1 : 15 betragen. Bei dieser geringen Steigung würde mit einem Kegeltriebe nur eine beschränkte Geschwindigkeitsänderung erzielt

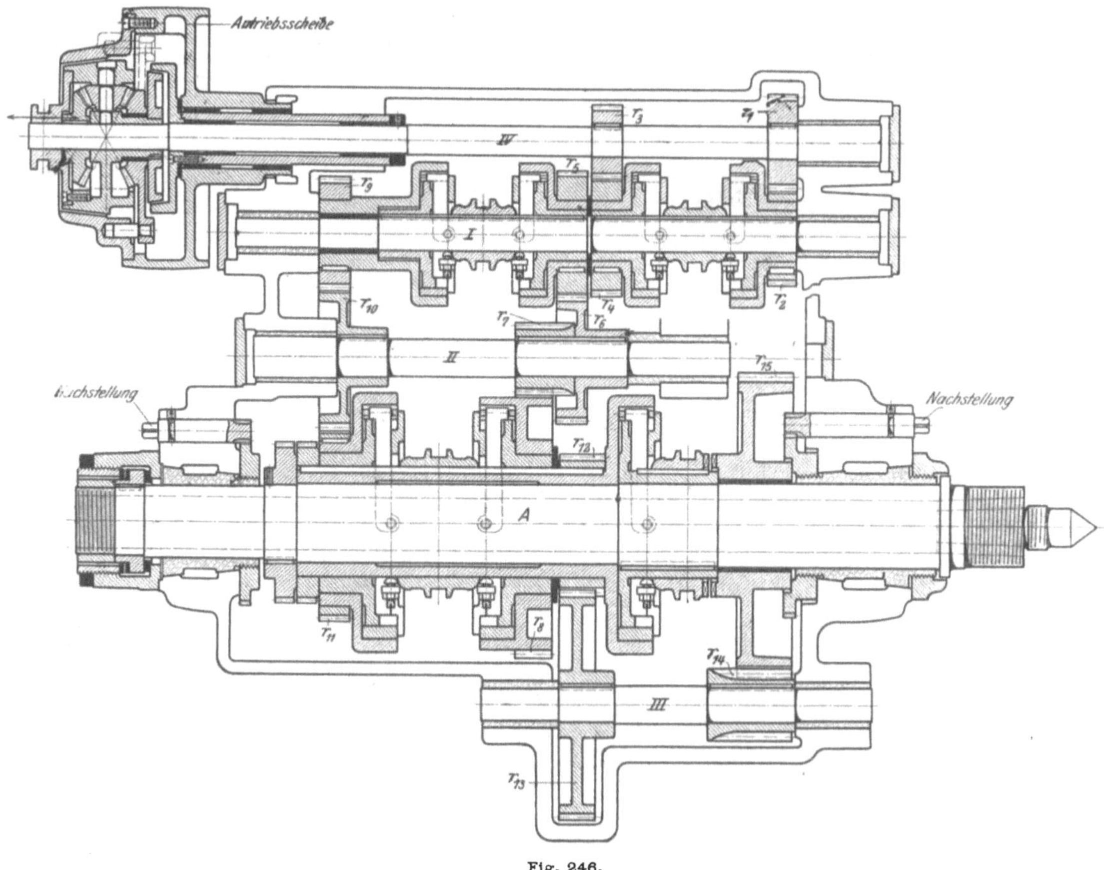

Fig. 246.

Stufenrädergetriebe von Berner & Cie.

werden können. Die Firma legt daher bei ihrem neuen Vorgelege 2 Kegeltriebe hintereinander. Der vordere Kegeltrieb wird durch die im Bilde sichtbaren Antriebsscheiben von der Haupttransmission betätigt. Durch das unten rechts angebrachte Rädervorgelege treibt er den hinteren Kegeltrieb, von dessen oberer Trommel die Arbeitsmaschine ihren Antrieb erhält (Fig. 248). Durch diese Hintereinanderschaltung von 2 Kegeltrieben erreicht man bei einer Übersetzung der Trommeln von je 1:2 eine 16fache Geschwindigkeitsänderung. Erhält z. B. die Antriebstrommel 100 Umläufe in der Minute, so wäre die kleinste Umlaufszahl des Vorgeleges 25 und die größte 400, vorausgesetzt, daß das Rädervorgelege die Übersetzung 1:1 hat. Durch die Übersetzung dieses Rädervorgeleges und die der Kegeltriebe selbst lassen sich die Grenzen der minutlichen Umlaufzahlen den vorliegenden Bedürfnissen anpassen, wie dies aus der nachstehenden Zusammenstellung der Firma ersichtlich ist.

Zur Änderung der Geschwindigkeit sind bekanntlich die beiden Riemen auf den Trommeln zu verschieben und zwar bei der gewählten Lage der Kegel in derselben Richtung. Der hierzu erforderliche Riemenrücker, der mit je einer Gabel die beiden Riemen faßt, ist auf einer glatten

Fig. 247

Deckenvorgelege, Saxoniawerk P. Heuer, Dresden.

Spindel geführt und durch eine hochgängige Schraube mittels Kettenrad und Kette einzustellen.

Mit dieser Bauart sind ähnliche Vorzüge verbunden, wie sie bereits bei den verstellbaren Riementrommeln (S. 36) angeführt sind, d. h.

1. rasche Geschwindigkeitsänderung während des Ganges und bei voller Belastung der Maschine;
2. bequemes Ausprobieren der richtigen Geschwindigkeit u. dgl.

Die starke Inanspruchnahme der Riemen kann nach den Vorschlägen Gehrkens durch den verstärkten Riemen vermindert werden.

Fig. 248.

Leitspindelbank mit Saxonia-Deckenvorgelege.

Fig. 249.

Spindelstock der Saxonia-Bank.

Die Leitspindeldrehbank „Saxonia“ (Fig. 250) besitzt gegenüber den bisher bekannten Bauarten einige bemerkenswerte Unterschiede. Zunächst ist der Spindelstock mit Rücksicht auf den größeren Geschwindigkeitswechsel des Deckenvorgeleges mit nur 2 Übersetzungen ausgestattet (Fig. 249—253). Das Deckenvorgelege arbeitet auf die Scheibe S der Welle I, die durch das Vorgelege $\frac{r_1}{R_1}$ bei eingerücktem Mitnehmer m die Drehbankspindel II treibt. Für schwere Schnitte sind noch zwei weitere Vorgelege $\frac{r_2}{R_2} \cdot \frac{r_3}{R_3}$ eingebaut, die sich mit dem außerhalb des Spindelkastens sitzenden Handhebel H ein- und ausschwenken lassen.

Der Support erhält den Vorschub in der bekannten Weise durch das Wendeherz w und Wechselräder (Fig. 250—253). Sie treiben die glatte Zugspindel Z, die durch die Räder 1—7 den Planzug vermittelt, und zum Langdrehen durch ein rechts eingebautes Vorgelege die kurze Leitspindel L treibt (Fig. 248 und 254—256). Bemerkenswert ist noch die Einrichtung für das

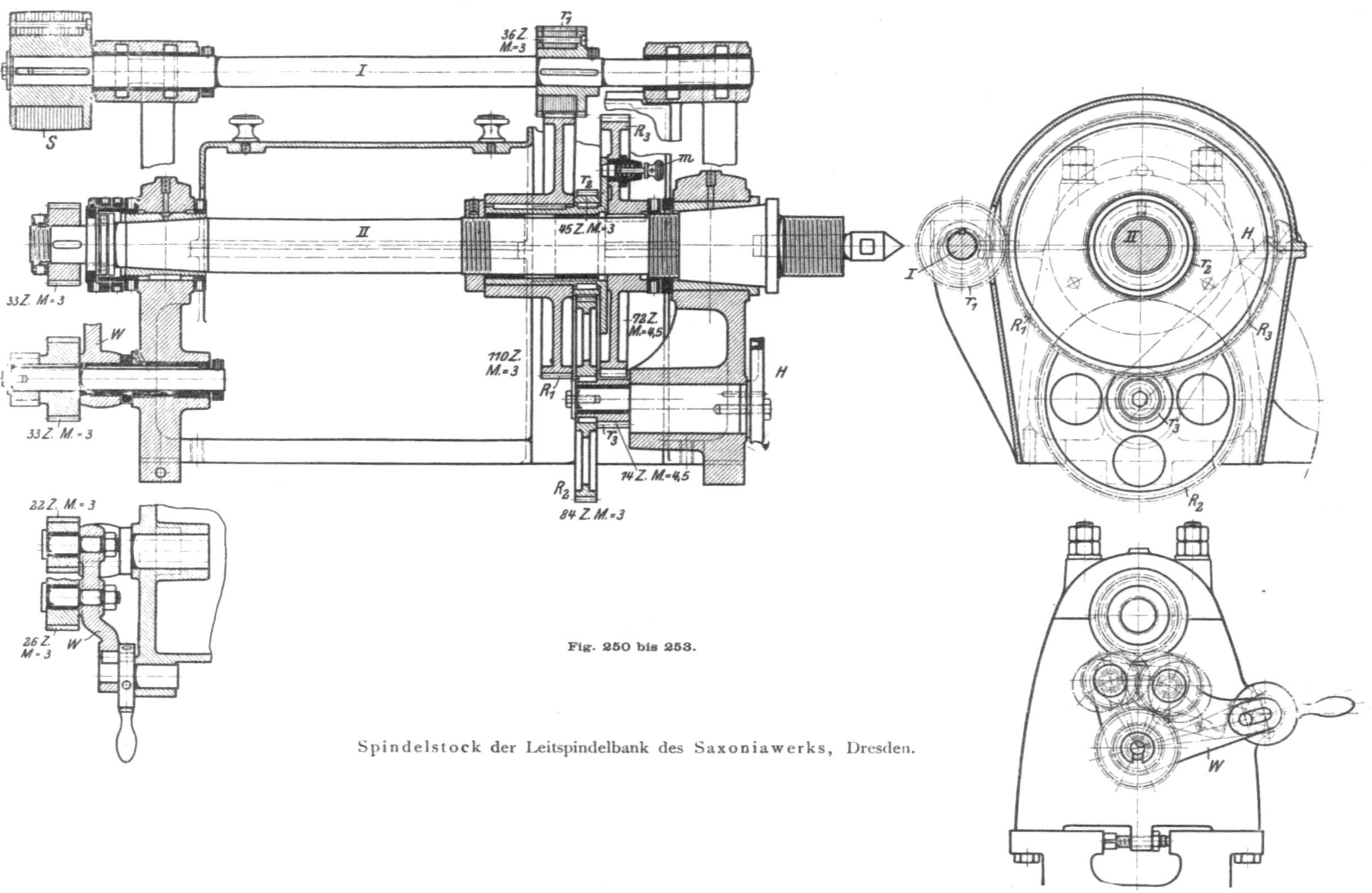

Fig. 250 bis 253.

Spindelstock der Leitspindelbank des Saxoniawerks, Dresden.

Größe	Überträgt im Mittel etwa PS	Übersetzungsverhältnis etwa 1:2	etwa 1:3	etwa 1:4	etwa 1:5	etwa 1:6	etwa 1:7	etwa 1:8	Gewicht etwa kg
	Antrieb n = 500	Umläufe etwa	Umläufe etwa	Umläufe etwa	Umläufe etwa	Umläufe etwa	Umläufe etwa	Umläufe etwa	
1	$1^1/_4$	150—300	125—375	100—400	90—450	85—510	80—560	70—560	150
2	$2^1/_2$	150—300	125—375	100—400	90—450	85—510	80—560	70—560	200
3	$3^1/_2$	150—300	125—375	100—400	90—450	85—510	80—560	70—560	250
4	5	150—300	125—375	100—400	90—450	80—480	70—490	—	300
5	$7^1/_2$	150—300	125—375	100—400	90—450	80—480	—	—	400
6	10	120—240	100—300	90—360	80—400	—	—	—	500
7	15	120—240	100—300	90—360	—	—	—	—	650
8	22	120—240	100—300	90—360	—	—	—	—	900

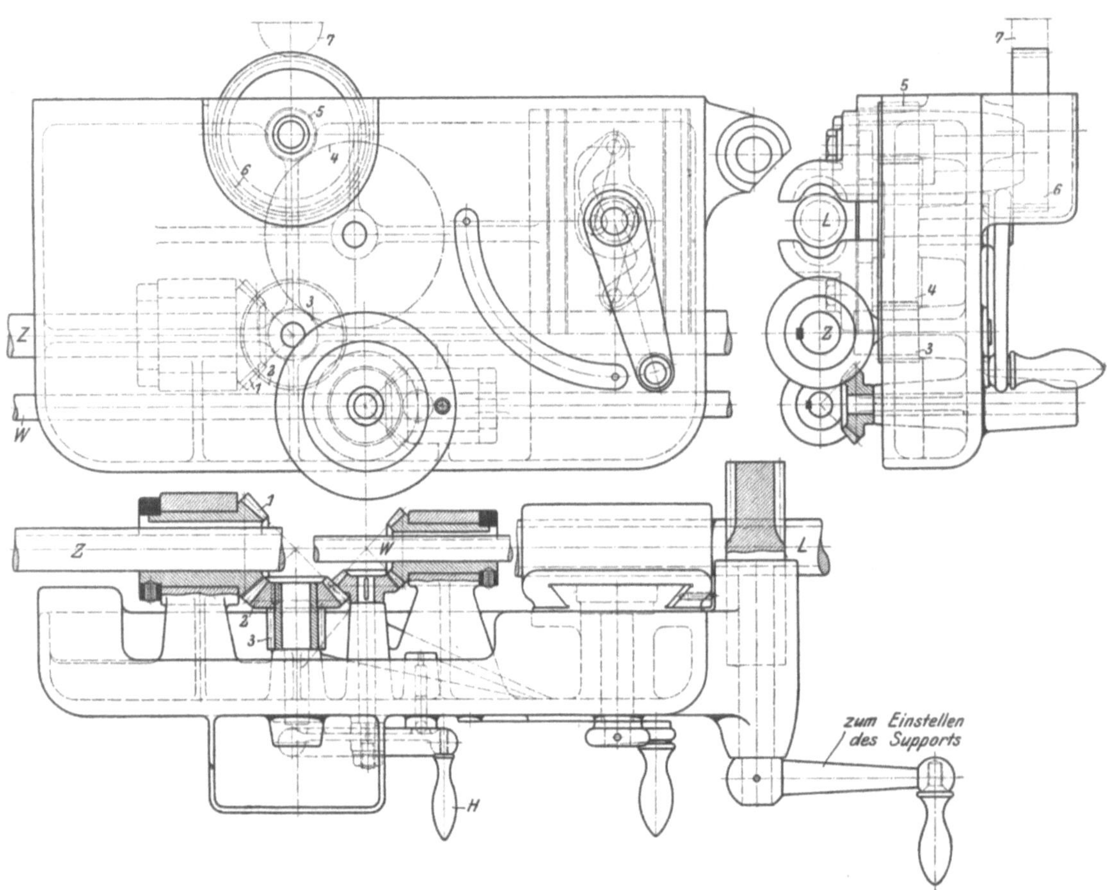

Fig. 254 bis 256.
Schloßplatte der Saxonia-Bank.

Wechseln der Geschwindigkeit. Mit dem Handrade H der Schloßplatte läßt sich nämlich vom Stande des Drehers jederzeit die Schnittgeschwindigkeit ohne jeden Zeitverlust regeln. Hierzu ist durch das Handrad H die Welle w zu drehen, die durch weitere Räder auf das Kettengetriebe des Deckenvorgeleges zum Verschieben der Riemen wirkt.

Druck von H. S. Hermann in Berlin